SolidWorks 2020 中文版

入门、精通与实战

左嘉琦 罗晓程 陈彦豪 编著

U0280683

電子工業出版社·

Publishing House of Electronics Industry

北京·BEIJING

内 容 简 介

本书从 SolidWorks 2020 的基础知识入手，以实际工作案例为脉络，采用通俗易懂的讲解方式，对每个操作步骤配有文字说明和图例介绍，帮助读者了解完整的设计过程，提高设计能力。

本书共 11 章，从 SolidWorks 2020 中文版软件的操作入门到软件二维与三维建模技术的应用提升，再到产品模型的渲染、零件装配设计、机械工程图设计等行业的实战应用，是一本难得的快速入门及全面精通的好书。

本书适合 SolidWorks 的初学者及想提高 SolidWorks 操作水平的读者阅读，也可作为对三维工程设计有浓厚兴趣的读者的自学参考用书。

图书在版编目（CIP）数据

SolidWorks 2020中文版入门、精通与实战 / 左嘉琦，罗晓程，陈彦豪编著.—北京：电子工业出版社，2021.6

ISBN 978-7-121-40899-1

Ⅰ.①S… Ⅱ.①左… ②罗… ③陈… Ⅲ.①计算机辅助设计—应用软件 Ⅳ.①P391.72

中国版本图书馆CIP数据核字（2021）第056734号

责任编辑：赵英华

印　　　刷：三河市君旺印务有限公司

装　　　订：三河市君旺印务有限公司

出版发行：电子工业出版社
　　　　　北京市海淀区万寿路173信箱　　　邮编：100036

开　　本：787×1092 1/16　　印张：23　　字数：592千字

版　　次：2021年6月第1版

印　　次：2021年6月第1次印刷

定　　价：89.00元

凡所购买电子工业出版社图书有缺损问题，请向购买书店调换。若书店售缺，请与本社发行部联系，联系及邮购电话：（010）88254888，88258888。

质量投诉请发邮件至 zlts@phei.com.cn，盗版侵权举报请发邮件至 dbqq@phei.com.cn。

本书咨询联系方式：（010）88254161～88254167转1897。

SolidWorks 是由三维软件开发商 SolidWorks 公司发布的三维机械设计软件，是目前市场上唯一集三维设计、分析、产品数据管理、多用户协作及模具设计、线路设计等功能于一体的软件。为了满足 SolidWorks 软件日新月异的变化及广大用户的需求，本书综合多位老师的丰富教学经验，将基础知识与实例相结合同步进行讲解，帮助读者熟练使用 SolidWorks 软件。

本书编者长期从事 SolidWorks 专业设计和教学工作，对 SolidWorks 软件有较深入的了解，并积累了大量实际工作经验。本书采用通俗易懂的讲解方式，系统阐述了 SolidWorks 各种工具、命令的使用，通过分享设计实例作品使读者掌握完整的造型设计制造过程，提升设计能力。

本书内容

本书图文并茂，讲解深入浅出，贴近工程，把众多专业知识点有机地融合到每章内容中。全书共分为 11 章，大致内容介绍如下。

第 1 章：本章主要介绍 SolidWorks 2020 的工作界面、基本操作、环境设置、参考几何体的创建及鼠标笔势等入门基础知识。

第 2 章：本章主要介绍 2D 平面草图的绘制知识。

第 3 章：本章主要介绍草图的变换与约束，包括草图变换操作和草图对象的约束。

第 4 章：本章详细介绍 3D 草图和空间曲线的创建。

第 5 章：本章主要介绍凸台/基体特征的创建与建模应用。

第 6 章：本章主要介绍附加特征的创建与建模应用。

第 7 章：本章详细讲解基础曲面、曲面修改和曲面编辑等相关工具指令，以及曲面工具在曲面造型设计中的实战应用。

第 8 章：本章详细介绍 PhotoView 360 模型的渲染设计功能，通过典型范例讲解产品渲染的整个操作流程。

第 9 章：本章全面介绍建立装配体、零部件压缩与轻化、装配体的干涉检查、控制装配体的显示、其他装配体技术及装配体爆炸视图的完整设计。

第 10 章：本章内容包括 SolidWorks 2020 工程图环境设置、建立工程图、修改工程图、尺寸标注和技术要求、材料明细表及如何将其转换为 AutoCAD 文档。

第 11 章：本章主要介绍 SolidWorks 机械设计插件、运动仿真模块和有限元分析模块的综合运用。

本书特色

本书以实用、易理解、操作性强为准绳，以实际工作案例为脉络，透彻地讲解软件的具体使用方法，帮助读者找到一条学习使用 SolidWorks 的捷径。

本书最大特色在于：

- 功能指令全；
- 穿插海量典型的实际案例；
- 视频教学与书中内容相结合；
- 赠送大量有价值的学习资料及练习内容。

本书适合 SolidWorks 的初学者及想提高 SolidWorks 操作水平的读者阅读，通过学习读者可打下良好的三维工程设计基础。

作者信息

本书由广西特种设备检验研究院梧州分院的左嘉琦、罗晓程和陈彦豪编写。由于时间仓促，本书难免有不足和错漏之处，还望广大读者批评和指正！

感谢您选择了本书，希望我们的努力对您的工作和学习有所帮助，也希望您把对本书的意见和建议告诉我们。

读者服务

读者在阅读本书的过程中如果遇到问题，可以关注 "有艺"公众号，通过公众号中的"读者反馈"功能与我们取得联系。此外，通过关注"有艺"公众号，您还可以获取艺术教程、艺术素材、新书资讯、书单推荐、优惠活动等相关信息。

扫一扫关注"有艺"

资源下载方法：关注"有艺"公众号，在"有艺学堂"的"资源下载"中获取下载链接，如果遇到无法下载的情况，可以通过以下三种方式与我们取得联系：

1. 关注"有艺"公众号，通过"读者反馈"功能提交相关信息；
2. 请发邮件至 art@phei.com.cn，邮件标题命名方式：资源下载+书名；
3. 读者服务热线：（010）88254161~88254167 转 1897。

投稿、团购合作：请发邮件至 art@phei.com.cn。

视频教学

随书附赠实操教学视频，扫描右侧二维码关注公众号即可在线观看。

扫码看视频

目 录

CONTENTS

CONTENTS

CONTENTS

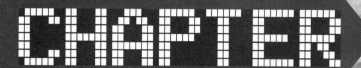

CHAPTER 1

SolidWorks 2020 快速入门

本章导读

本章主要介绍 SolidWorks 2020 的工作界面及基本操作，使读者对其有一个初步的认识。

知识要点

- ☑ 工作界面
- ☑ 基本操作
- ☑ 工作环境的设置
- ☑ 参考几何体的创建
- ☑ 鼠标笔势

1.1 工作界面

SolidWorks 软件是在 Windows 环境下开发的，可以为设计者提供简便和熟悉的工作界面。

安装 SolidWorks 后，可选择【开始】|【程序】|【SolidWorks 2020】|【SolidWorks 2020】命令，或者在桌面上双击 SolidWorks 2020 的快捷方式图标，即可启动 SolidWorks 2020。也可以直接双击打开已经做好的 SolidWorks 文件，启动 SolidWorks 2020 后，进入启动界面，如图 1-1 所示。

图 1-1　启动界面

初级用户打开 SolidWorks 2020 后会弹出欢迎界面，如图 1-2 所示。通过此欢迎界面，打开最近文档或单击 零件 按钮，将进入零件设计工作环境中。

图 1-2　欢迎界面

SolidWorks 2020 的工作界面，如图 1-3 所示，主要由菜单栏、功能区、管理器窗口、状态栏、任务窗格和绘图区域等组成。

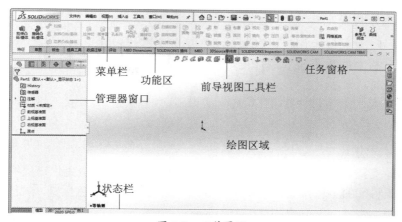

图 1-3　工作界面

1.2　基本操作

在绘图的过程中，视图的操作与键鼠操作非常重要，通过鼠标可以很容易地完成一些常用的操作。

1.2.1　视图的基本操作

视图的基本操作主要包括以下两类。

● 以不同的视角观察模型得到的视图。

● 显示不同方式的模型视图。

基本操作有以下方式。

1. 视图方向

通过在前导视图工具栏中单击标准视图的各个图标来显示模型，如图 1-4 所示。

利用其中的【前视】、【后视】、【左视】、【右视】、【上视】和【下视】命令可分别得到 6 个基本视图方向的视觉效果，如图 1-5 所示。

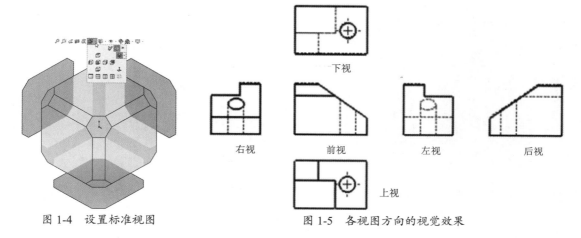

图 1-4　设置标准视图

图 1-5　各视图方向的视觉效果

2. 模型的显示样式

用 SolidWorks 建模时，用户可以利用前导视图工具栏中的各项命令进行窗口显示方式的控制，如图 1-6 所示。

各种显示样式的效果图，如图 1-7 所示。

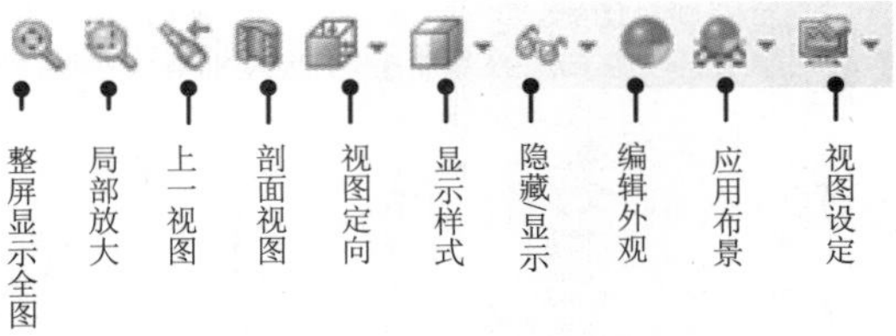

整屏显示全图　局部放大　上一视图　剖面视图　视图定向　显示样式　隐藏显示　编辑外观　应用布景　视图设定

图 1-6　前导视图工具栏

3. 动态和上色预览

当用户选择支持动态预览的特征后移动指针，就可以看到模型变化过程的动态预览。上色预览提供生成特征的上色预览，使用户在选定前就可以查看上色预览，如图 1-8 所示。

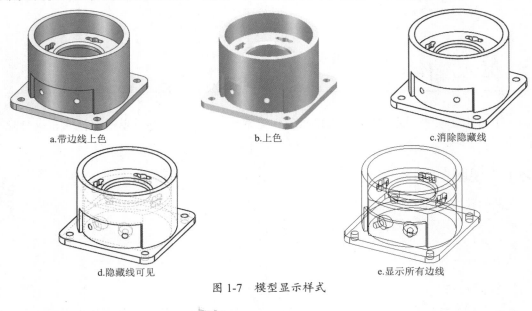

a.带边线上色　　　　　　　　b.上色　　　　　　　　c.消除隐藏线

d.隐藏线可见　　　　　　　　　　　　e.显示所有边线

图 1-7　模型显示样式

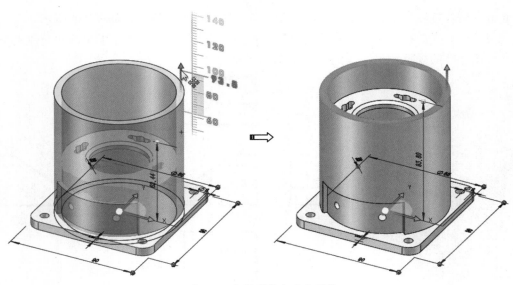

图 1-8　上色预览和动态预览

1.2.2　键鼠操作

另外，在绘图的过程中，大量使用快捷键、快捷菜单和鼠标是提高作图速度及其准确性的非常重要的方式。

SolidWorks 中常用的快捷键如表 1-1 所示。

表 1-1　常用的快捷键

模型旋转	旋转：水平/竖直方向键	90°旋转：Shift+方向键	顺时针/逆时针旋转：Alt+左/右方向键
视图操作	平移模型：Ctrl+方向键	放大：Shift+ Z	缩小：Z	整屏显示全图：F
视图定向	视图定向菜单：空格键	前视：Ctrl+1	右视：Ctrl+4	上视：Ctrl+5

常用快捷菜单主要有 4 种：一是在图形区单击鼠标右键，二是在零件特征表面单击鼠标右键，三是在特征设计树上单击其中一个特征，四是在工具栏上单击鼠标右键。在有命令执行时，单击不同的位置，也会出现不同的快捷菜单，这里就不一一介绍了，用户可以在实践中慢慢体会。

> **技巧点拨：**
> 用户可以改变使用方向键旋转模型时的转动增量，选择菜单栏中的【工具】|【选项】|【系统选项】|【视图旋转】命令，然后在方向键文本框内更改数值。

按空格键弹出【方向】快捷工具栏，然后用鼠标进行选择，观察不同视图，如图 1-9 所示。

图 1-9　【方向】快捷工具栏

1.3　工作环境的设置

SolidWorks 提供了大量的设计资源，用户可以根据自己的需要建立工作环境和进行自定义。要掌握 SolidWorks，必须熟悉该软件的工作环境和系统设置。在系统默认状态下，有些工具栏是隐藏的，它的功能不可能一一罗列在界面上供用户调用，这就要求用户根据自己的需要设置常用的工具栏，并且还可以在所设置的工具栏中任意添加或删除各种命令按钮，以使设计工作更加方便快捷。因此，用户一定要熟练掌握 SolidWorks 工作环境的设置。

1. 自定义工具栏的设置

自定义工具栏的设置有两种方法：一是选择菜单栏中的【工具】|【自定义】命令，二是用鼠标右键单击工具栏的空白处，在弹出的快捷菜单中选择【自定义】命令，弹出【自定义】对话框，如图 1-10 所示。该对话框中包含【工具栏】、【快捷方式栏】、【命令】、【菜单】、【键盘】、【鼠标笔势】和【自定义】7 个选项卡。

- 【工具栏】选项卡。用户可根据自己的习惯勾选【使用带有文本的大按钮】及下面各种命令按钮的复选框，从而设定窗口中显示的常用工具栏、工具图标的大小，以及是否显示工具的文字提示。

图 1-10 【自定义】对话框

技巧点拨:

建议勾选【激活 CommandManager】和【使用带有文本的大按钮】复选框,使命令按钮醒目易区别,便于初学者快速理解。

- 【快捷方式栏】选项卡。用户可以根据日常工作的需要,将常用的工具定义在快捷工具栏中。这些工具命令可以是关联的,也可以是非关联的。创建快捷工具栏的方法是:将【按钮】列表中的图标拖到弹出的快捷工具栏中。还可以在【工具栏】列表中选择其他工具栏,将该工具栏中的图标拖放到快捷工具栏中供用户快捷使用,如图 1-11 所示。

- 【命令】选项卡。在【类别】列表框中选取要增减命令的工具栏,一般有两

图 1-11 【快捷方式栏】选项卡

种操作。添加命令按钮操作：在【按钮】列表框中单击相应的命令按钮，直接将其拖动到相应的工具栏中。删除命令按钮操作：在【按钮】列表框中选中相应的命令按钮，并将其从相应工具栏中拖放到图形区即可，如图 1-12 所示。

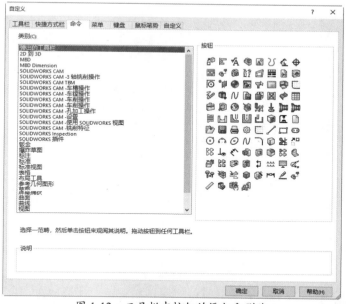

图 1-12　工具栏中按钮的添加和删除

- 【菜单】选项卡。列举了所有主菜单及对应子菜单的内容和命令。可以在【类别】列表框中选择主菜单，在【命令】列表框中选择需要进行更改操作的选项，单击右侧相应操作的按钮即可。在选项卡下面的区域也有具体的技巧提示。一般用户采用默认的【菜单】选项设置，以便计算机工作环境通用，如图 1-13 所示。

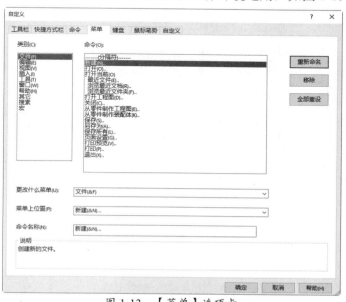

图 1-13　【菜单】选项卡

- 【键盘】选项卡。可以设定命令的快捷键。在【类别】和【命令】列表中，选择需要修改或添加快捷键的命令，在【快捷键】栏相应的文本框中输入新设定的字母或字母组合。建议初学者不要进行快捷键的设置，否则会影响与他人之间的学习交流，如图 1-14 所示。

图 1-14　【键盘】选项卡

● 【鼠标笔势】选项卡。用来设置鼠标笔势的类型，以及鼠标笔势命令的显示情况，如图 1-15 所示。

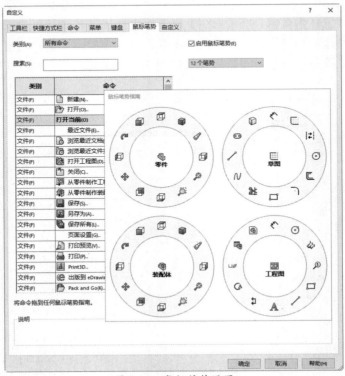

图 1-15　鼠标笔势设置

● 【自定义】选项卡。对快捷键、菜单和界面组合进行统一的设定，如图 1-16 所示。
在 SolidWorks 中提供消费产品设计、机械设计和模具设计 3 种工作流程，每种流
程的工作界面包含不同的工具栏，用户可以直接设定工作流程以制定用户界面。

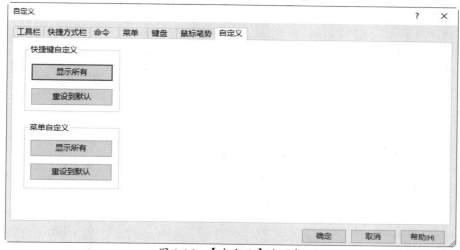

图 1-16   【自定义】选项卡

2. 系统选项设置

系统选项设置包括【系统选项】和【文档属性】两部分。【系统选项】主要对系统环境
进行设置定义，如普通设置、工程图设置、颜色设置、显示性能设置等。【系统选项】中所
做的设置保存在系统注册表中，它不是文件的一部分，它对当前和将来所有文件都起作用。
【文档属性】对零件属性进行定义，使设计出的零件符合一定的规范，如尺寸、注释、箭头、
单位等。【文档属性】所做的设置只作用于当前文件，常用于建立文件模板。

用户可以根据自己的使用习
惯对 SolidWorks 操作环境进行设
置。SolidWorks 操作环境具体设
置步骤如下：选择菜单栏中的【工
具】|【选项】命令，或者单击快
速访问工具栏中的【选项】按钮，
如图 1-17 所示，即可打开【系统
选项】对话框。

图 1-17   快速访问工具栏中的【选项】按钮

（1）颜色设置。

在 SolidWorks 中，大部分的特征都是从二维草图开始的，所以必须熟练掌握与草图有
关的选项设置。此外，用户可根据自己的喜好选择颜色，定制工作区和控制区的背景颜色。
选择【工具】|【选项】命令，打开【系统选项】对话框，如图 1-18 所示。

在【系统选项】选项卡的左侧列表中单击【颜色】命令，右侧显示颜色设置选项。在【当
前的颜色方案】选项区中提供了设定颜色方案的快速方法，例如【Blue Highlight】（蓝光背
景）、【Green Highlight】（绿光背景）等方案，选择其中任何一种即可设定背景颜色方案。在
【颜色方案设置】选项区中选择【视区背景】。

单击【编辑】按钮，弹出如图 1-19 所示的【颜色】对话框。在此对话框中即可设定【视区背景】颜色。其他选项的颜色方案也可逐一设定，例如"工程图，纸张颜色""工程图，背景"等。

另外，比较简单的背景颜色设置方法就是单击前导视图工具栏中的【应用布景】按钮🐞，根据需要来设置背景颜色，如图 1-20 所示。

图 1-18 【系统选项】对话框

图 1-19 【颜色】对话框

图 1-20 背景颜色的设置

（2）单位设置。

系统的【文档属性】选项卡设置仅应用于当前文件，在此介绍【单位】选项，如图 1-21 所示。该选项用来指定激活的零件装配体或工程图文件所使用的线性单位类型和角度单位类型。如果选择了【自定义】选项，则可以激活其余的选项。除个别选项外，建议不要轻易对【系统选项】和【文档属性】选项卡中的各选项进行设置。初学者先在系统默认状态下进行操作，当对 SolidWorks 有了进一步的认识后，再根据自己的需要对【系统选项】和【文档属性】选项卡中的各选项进行设置。

在对话框中的【基本单位】选项区【长度】后面的【小数】文本框中输入数值，可以设置标注尺寸的精度。

技巧点拨：

如果默认单位是英寸，用户仍可在文本框中输入公制单位的值，如输入"25mm"，SolidWorks 会自动将数值转换成默认单位的值。

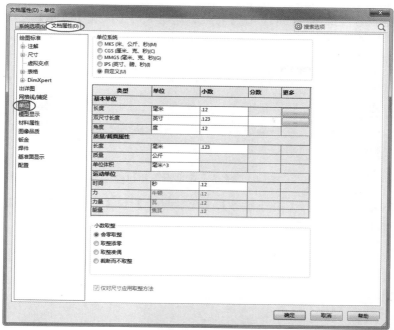

图 1-21　【单位】选项

1.4　参考几何体的创建

在 SolidWorks 中，参考几何体可定义曲面或实体的形状或组成。参考几何体包括基准面、基准轴、坐标系和点。

1.4.1　基准面的创建与修改

基准面是用于草绘曲线、创建特征的参照平面。SolidWorks 向用户提供了 3 个基准面：前视基准面、右视基准面和上视基准面。这 3 个系统默认建立的基准面是不显示的，若要显示，须在属性面板中将其设为【显示】，如图 1-22 所示。同理，选择要隐藏的基准面，并在弹出的快捷工具栏中单击【隐藏】按钮便可。

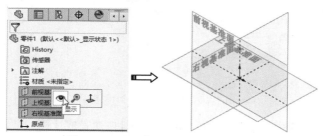

图 1-22　显示系统默认的 3 个基准面

1. 自定义基准面

建模时，除了使用系统默认的 3 个基准面作为参考，还可以使用已有的模型表面作为基准面，有时还要创建一些特殊的基准面进行辅助建模。

当需要创建自定义的基准面时，在【特征】选项卡的【参考几何体】工具栏中单击【基准面】按钮 ▦（如图 1-23 所示），或者在菜单栏中执行【插入】|【参考几何体】|【基准面】命令，弹出【基准面】属性面板，如图 1-24 所示。

图 1-23　单击【基准面】按钮 ▦

【基准面】属性面板中有【第一参考】、【第二参考】和【第三参考】等选项。当选取一个平面作为参考时，仅定义【第一参考】即可，如图 1-25 所示。

图 1-24　【基准面】属性面板

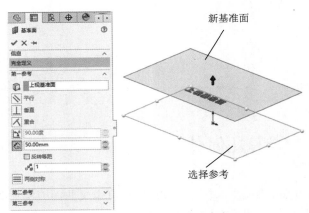

图 1-25　选择平面作为参考

当选取一条直线或一条模型边作为参考时，除定义【第一参考】选项外，还应定义【第二参考】选项，否则系统会提示"输入不完整"，如图 1-26 所示。

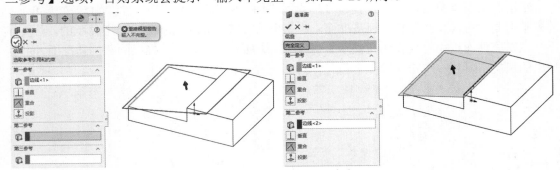

图 1-26　选择边线作为参考

当选取一个草图点或模型的顶点作为参考时，则必须完成【第一参考】、【第二参考】和【第三参考】等选项的定义，如图 1-27 所示。

【基准面】属性面板中的选项含义如下。

- ◲ 平行：选择此选项，新基准面将与所选参考平面平行且偏移一定距离。
- ⊥ 垂直：选择此选项，新基准面将与所选平面或线垂直。

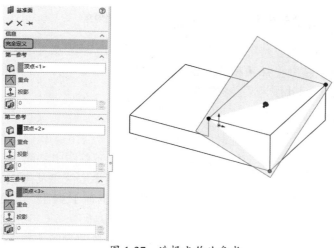

图 1-27 选择点作为参考

- 重合：当选取点作为参考时，新基准面将通过所选点。
- 两面夹角：通过一条边线与一个面成一定夹角生成基准面，如图 1-28 所示。
- 等距距离：当选择平面作为参考并选择【平行】时，可输入等距距离以定义新基准面的位置。
- 两侧对称：选择此选项，在所选平面的两侧生成对称的新基准面，如图 1-29 所示。

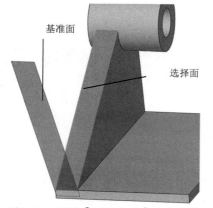

图 1-28 通过【两面夹角】生成基准面

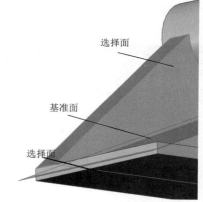

图 1-29 通过【两侧对称】生成基准面

- 反转法线：勾选此复选框，以相反方向生成基准面。

2. 参考基准面的修改

- 修改参考基准面之间的等距距离或角度。双击基准面就可以显示距离或角度，再双击尺寸或者角度数值，在弹出的修改对话框中输入新的数值。
- 调整参考基准面的大小。在图形区单击基准面，拖动基准面的边线，就可以调整基准面的大小了。

技巧点拨：

多数情况下，建议初学者尽量少创建基准面，而是充分利用软件提供的 3 个默认基准面及已有草图线、模型表面、顶点等元素来建模，这样会减少很多不必要的冗余工作。

1.4.2　基准轴、坐标系和点的创建

一般情况下，当用户建立特征后，会自动生成基准轴、基准点等。在特殊情况下，用户需要定义新的基准轴、基准坐标系和基准点来辅助建模。例如，以数学方程式进行参数驱动建模时，就需要建立坐标系作为某些参数的坐标定位。

1. 基准轴的创建

基准轴常用来作为创建旋转特征时的旋转中心线。一般来讲，我们在草图中绘制的旋转中心线，会自动反馈到最终的模型中。如图 1-30 所示，在草图中创建了旋转中心线，完成模型的创建后该旋转中心线是看不见的，但系统会将草图中心线自动生成临时轴，在前导视图工具栏的【隐藏/显示项目】下拉列表中单击【观阅临时轴】按钮 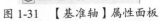 即可显示圆柱体的中心轴。

用户也可以根据建模需要来创建基准轴。在【特征】选项卡的【参考几何体】命令菜单中单击【基准轴】按钮，打开【基准轴】属性面板，如图 1-31 所示。

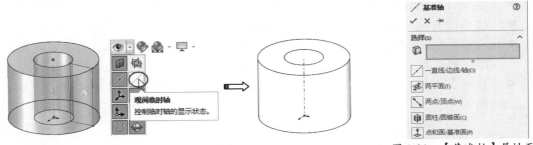

图 1-30　观阅临时轴　　　　　　　　图 1-31　【基准轴】属性面板

技巧点拨：

在【基准轴】属性面板的"参考实体"激活框中，当参考选择错误需要重新选择时，可执行右键菜单中的【消除选择】或【删除】命令将其删除，如图 1-32 所示。

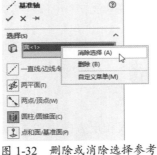

图 1-32　删除或消除选择参考

【基准轴】属性面板中包括 5 种基准轴定义方式，如表 1-2 所示。

2. 基准坐标系

SolidWorks 中的坐标系包括系统绝对坐标系和用户建模时的相对坐标系。系统绝对坐标系在绘图区的原点位置，绝对坐标系是看不见的，也是不能移动的。

相对坐标系也称基准坐标系或工作坐标系。基准坐标系是可以进行移动和旋转操作的，如图 1-33 所示。

表 1-2　5 种基准轴定义方式

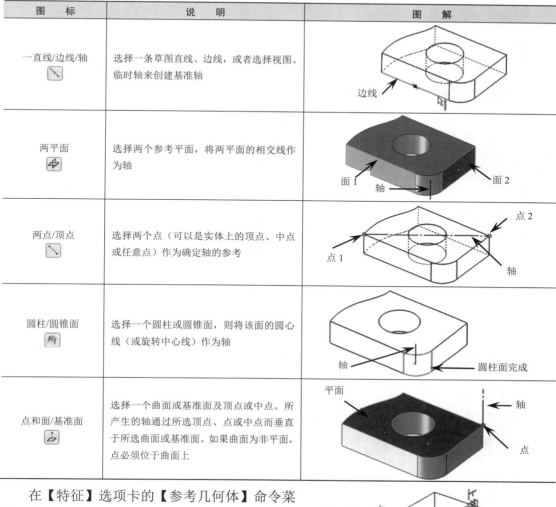

图　　标	说　　明	图　　解
一直线/边线/轴	选择一条草图直线、边线，或者选择视图、临时轴来创建基准轴	边线
两平面	选择两个参考平面，将两平面的相交线作为轴	面 1　轴　面 2
两点/顶点	选择两个点（可以是实体上的顶点、中点或任意点）作为确定轴的参考	点 2　点 1　轴
圆柱/圆锥面	选择一个圆柱或圆锥面，则将该面的圆心线（或旋转中心线）作为轴	轴　圆柱面完成
点和面/基准面	选择一个曲面或基准面及顶点或中点。所产生的轴通过所选顶点、点或中点而垂直于所选曲面或基准面。如果曲面为非平面，点必须位于曲面上	平面　轴　点

在【特征】选项卡的【参考几何体】命令菜单中单击【坐标系】按钮，打开【坐标系】属性面板。要创建基准坐标系，必须指定原点和任意 2 条坐标轴（也可完全定义 3 条坐标轴），如图 1-34 所示。

3. 基准点

参考点可以用作构造对象，例如用作直线起点、标注参考位置、测量参考位置等。用户可以通过多种方法来创建点。在【特征】选项卡的【参考几何体】命令菜单中选择【点】命令，打开【点】属性面板，如图 1-35 所示。

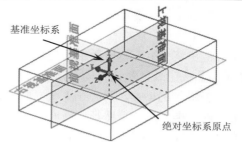

图 1-33　在原点处默认建立的基准坐标系

【点】属性面板中包括 6 种创建点的方式。

- 圆弧中心：在所选圆弧或圆的中心生成参考点。
- 面中心：在所选面的中心生成一个参考点。这里可选择平面或非平面。
- 交叉点：在两个所选实体的交点处生成一个参考点。可选择边线、曲线及草图线段。

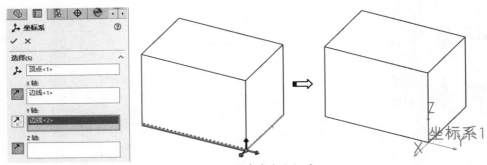

图 1-34　创建基准坐标系

- 投影：生成一个从一个实体投影到另一个实体的参考点。
- 在点上：选取草图中的点来生成参考点。
- 沿边线、曲线或草图线段生成一组参考点。此方法包括【距离】、【百分比】和【均匀分布】。其中，【距离】是指按用户设定的距离生成参考点数；【百分比】是指按用户设定的百分比生成参考点数；【均匀分布】是指在实体上均匀分布的参考点数。

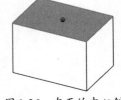

图 1-35　【点】属性面板　　图 1-36　在面的中心创建参考点

图 1-36 所示为在所选面的中心创建参考点。

1.4.3　质心和边界框的创建

1. 质心

质心是物体质量的中心。在 SolidWorks 中，质心主要是指特征组合体的质量中心。如果是一个特征，质心在该特征内，如果设计环境中存在多个且无相互关联的多个特征，那么质心将在整个组合体质量中心处显示。在【特征】选项卡的【参考几何体】下拉菜单中单击【质心】按钮◆，系统自动创建质心。一次只能创建一个质心。

在图 1-37a 中，质心在单个特征内。再创建一个特征，质心位置产生改变，如图 1-37b 所示。

2. 边界框

边界框是根据参考对象的形状计算出来的完全包容对象的包容框。此工具主要用来创建模具的毛坯工件。

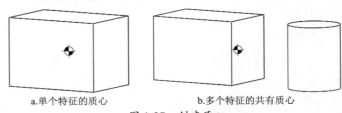

a.单个特征的质心　　　　　b.多个特征的共有质心

图 1-37　创建质心

在【特征】选项卡的【参考几何体】下拉菜单中单击【边界框】按钮，弹出【边界框】属性面板。在模型中选取一个平直的面（或者基准面），单击【确定】按钮✔系统自动创建边界框，如图 1-38 所示。

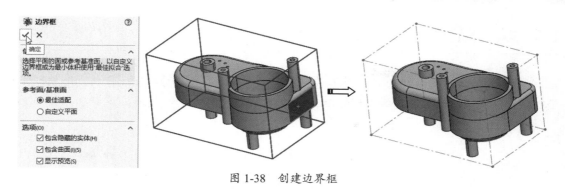

图 1-38　创建边界框

1.5　鼠标笔势

　　使用鼠标笔势作为执行命令的一个快捷键，类似于键盘快捷键。按文件模式的不同，按下鼠标右键并拖动可弹出不同的鼠标笔势。

　　在零件装配体模式中，当用户利用右键拖动鼠标时，会弹出如图 1-39 所示的包含 4 种定向视图的笔势指南。当鼠标移动至一个方向的命令映射时，指南会高亮显示即将选取的命令。

　　如图 1-40 所示，在工程图模式下，按鼠标右键并拖动时弹出的包含 4 种工程图命令的笔势指南。

图 1-39　零件或装配体模式的笔势指南

图 1-40　工程图模式下的笔势指南

　　用户还可以为笔势指南添加其余笔势。通过执行自定义命令，在【自定义】对话框的【鼠标笔势】选项卡中单击【8 笔势】单选按钮即可，如图 1-41 所示。

　　当默认的 4 笔势设置为 8 笔势后，再在零件模式视图或工程图视图中按下鼠标右键并拖动鼠标，则会弹出如图 1-42 所示的 8 笔势指南。

图 1-41　设置鼠标笔势

零件或装配体模式

工程图模式

图 1-42　8 笔势指南

1.6　入门案例——管件设计

在进入 SolidWorks 2020 软件功能的全面学习之前，利用部分草图、实体功能来创建一个机械零件模型，让大家对 SolidWorks 2020 的建模思想有个初步理解。

图 1-43 所示为管件设计图纸。

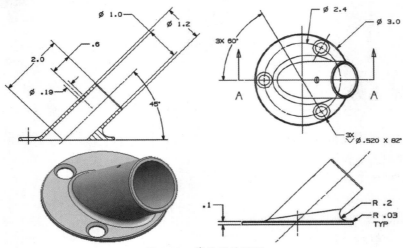

图 1-43　管件设计图纸

① 在欢迎界面中单击 🐾 零件 按钮，新建零件文件并进入零件建模环境，如图 1-44 所示。

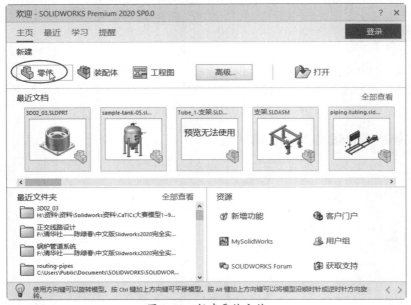

图 1-44　新建零件文件

② 在功能区的【特征】选项卡中单击【拉伸凸台/基体】按钮 🔳，弹出【拉伸】属性面板。然后按提示指定前视基准面作为草图平面，进入草图环境绘制如图 1-45 所示的草图 1。

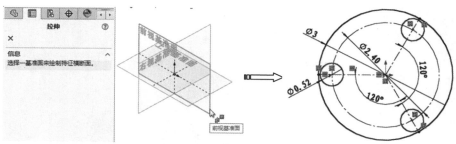

图 1-45   绘制草图 1

③   退出草图环境后在【凸台-拉伸】
属性面板中设置拉伸深度，单击
【确定】按钮✔完成拉伸特征的
创建，如图 1-46 所示。

④   在【特征】选项卡中单击【旋转
凸台/基体】按钮，打开【旋
转】属性面板。然后选择上视基
准面作为草图平面，进入草图环
境绘制如图 1-47 所示的草图 2。

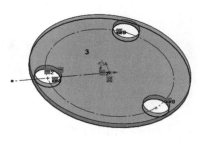

图 1-46   创建拉伸特征

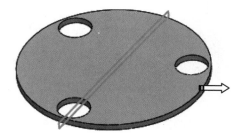

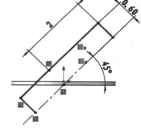

图 1-47   绘制草图 2

技术要点：

在默认情况下，3 个基准面是隐藏的，可以通过特征设计树选取基准面。

技术要点：

旋转截面可以是封闭的也可以是开放的。当截面为开放时，如果要创建旋转实体而非旋转曲面，系统
会提示是否将截面封闭，如图 1-48 所示。

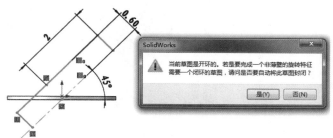

图 1-48   系统提示

⑤ 退出草图环境。在【旋转】属性面板中选择旋转轴和轮廓，最后单击【确定】按钮✔完成旋转凸台基体的创建，如图 1-49 所示。

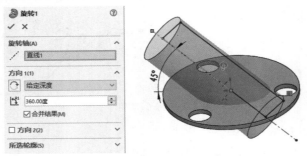

图 1-49　创建旋转凸台基体

提示：

只要绘制了中心线，系统会自动识别旋转轴和截面轮廓。

⑥ 在【特征】选项卡中单击【抽壳】按钮，在【抽壳】属性面板中设置抽壳厚度，选择旋转基体的两个端面作为要移除的面，单击属性面板中的【确定】按钮✔完成抽壳的创建，如图 1-50 所示。

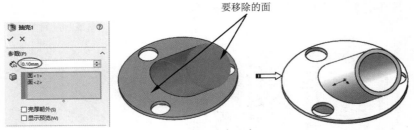

图 1-50　创建抽壳

⑦ 在【特征】选项卡中单击【基准面】按钮，打开【基准面】属性面板。选择拉伸凸台的底端面为参考平面，设置等距值为 0，单击【基准面】属性面板中的【确定】按钮完成基准面的创建，如图 1-51 所示。

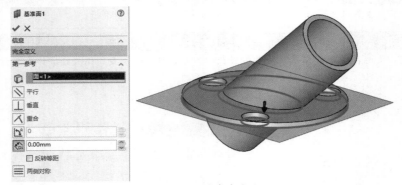

图 1-51　创建基准面

⑧ 在【特征】选项卡中单击【使用曲面切除】按钮，打开【使用曲面切除】属性面板。选择基准面对旋转凸台特征进行切除，切除方向向下，单击【确定】按钮完成切除，结果如图 1-52 所示。

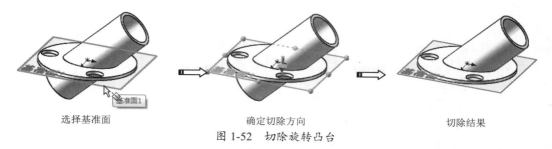

| 选择基准面 | 确定切除方向 | 切除结果 |

图 1-52　切除旋转凸台

⑨　在【特征】选项卡中单击【旋转切除】按钮，打开【旋转切除】属性面板。在上视基
　　准面上绘制旋转截面，如图 1-53 所示。

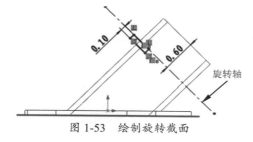

图 1-53　绘制旋转截面

⑩　退出草图环境后指定旋转轴，再单击【确定】按钮完成旋转切除特征的创建，如图 1-54
　　所示。

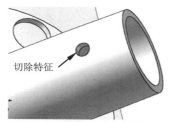

图 1-54　创建旋转切除特征

⑪　在【特征】选项卡中单击【拔模】按钮，打开【拔模】属性面板。选择中性面和拔模
　　面，单击【确定】按钮完成创建，如图 1-55 所示。

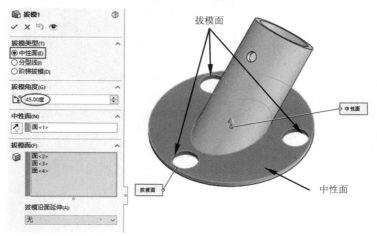

图 1-55　创建拔模面

⑫ 在【特征】选项卡中单击【圆角】按钮 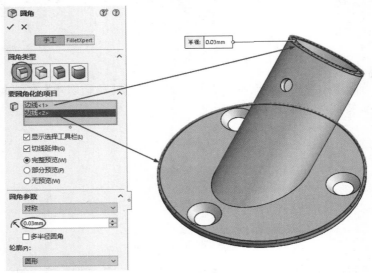，打开【圆角】属性面板。选择要倒圆的边，然后输入圆角半径值，单击【确定】按钮完成圆角的创建，如图 1-56 所示。

图 1-56　创建圆角

⑬ 同理，再选择实体边创建半径为 0.2 的圆角，如图 1-57 所示。

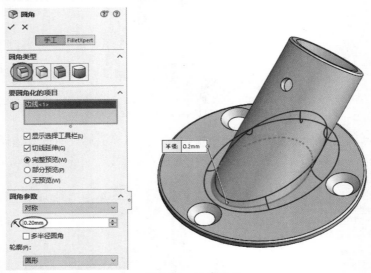

图 1-57　创建圆角

⑭ 至此，完成了管件的设计。

CHAPTER 2

绘制 2D 草图

本章导读

草图绘制在 SolidWorks 三维模型生成中是极为重要的。在进行零件设计时，首先绘制实体模型的草图，再利用拉伸、旋转来生成三维实体模型。草图分为二维草图（2D 草图）和 3D 草图，本章仅介绍二维草图的绘制。

知识要点

- ☑ 草图环境
- ☑ 草图动态导航
- ☑ 草图对象的选择
- ☑ 绘制草图基本曲线
- ☑ 绘制草图高级曲线

2.1　草图环境

草图是由直线、圆弧等基本几何元素构成的几何实体，它构成了特征的截面轮廓或路径，并由此生成特征。

SolidWorks 的草图表现形式有两种：二维草图和 3D 草图。

两者之间的主要区别在于二维草图是在草图平面上进行绘制的；3D 草图则无须选择草图绘制平面就可以直接进入绘图状态，绘出空间的草图轮廓。

2.1.1　草图界面

SolidWorks 2020 向用户提供了直观、便捷的草图工作环境。在草图环境中，可以使用草图绘制工具绘制曲线；可以选择已绘制的曲线进行编辑；可以对草图几何体进行尺寸约束和几何约束；还可以修复草图，等等。

SolidWorks 2020 草图环境界面如图 2-1 所示。

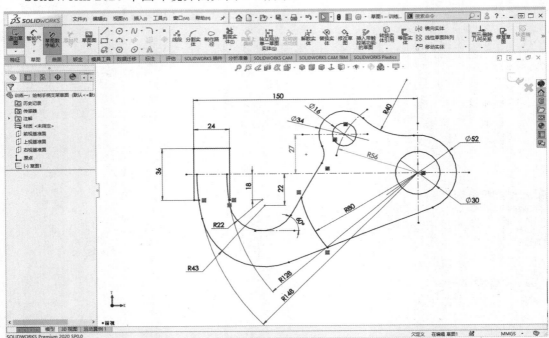

图 2-1　SolidWorks 2020 草图环境界面

2.1.2　草图绘制方法

在 SolidWork 中绘制二维草图时通常有两种绘制方法："单击-拖动"和"单击-单击"。

1．"单击-拖动"方法

适用于单条草图曲线的绘制。例如，绘制直线、圆。在图形区单击一位置作为起点后，在不释放指针的情况下拖动，在直线终点位置释放指针，就会绘制出一条直线，如图 2-2 所示。

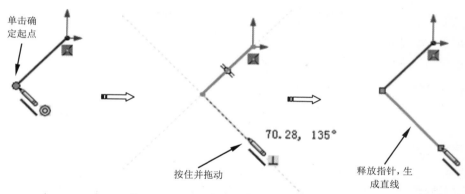

图 2-2　使用 "单击-拖动" 方法绘制直线

技术要点：

　　使用 "单击-拖动" 方法绘制草图后，草图命令仍然处于激活状态，但不会连续绘制。绘制圆时可以采用任意绘制方法。

2. "单击-单击"方法

　　当单击第一个点并释放指针，则是应用了 "单击-单击" 的绘制方法。当绘制直线和圆弧并处于 "单击-单击" 模式时，单击会生成连续的线段（链）。

　　例如，绘制 2 条直线时，在图形区单击一位置作为直线 1 的起点，释放指针后在另一位置单击（此位置也是第一条直线的起点），完成直线 1 的绘制。然后在直线命令仍然激活的状态下，再在其他位置单击（此位置为第二条直线的终点），则绘制出第二条直线，如图 2-3 所示。

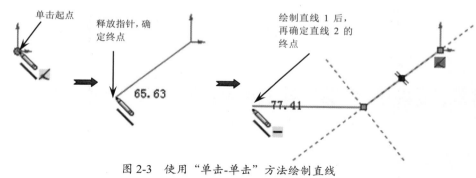

图 2-3　使用 "单击-单击" 方法绘制直线

　　同理，按此方法可以连续绘制出首尾相连的多条直线。要退出 "单击-单击" 模式，双击鼠标即可。

技术要点：

　　当用户使用 "单击-单击" 方法绘制草图曲线，并在现有草图曲线的端点结束直线或圆弧时，该工具会保持激活状态，可以连续绘制。

2.1.3　草图约束信息

　　在进入草图环境绘制草图时，可能会因操作错误而出现草图约束信息。默认情况下，草图的约束信息显示在属性管理器中，有的也会显示在状态栏中。在草绘过程中，用户可能会遇见以下几种草图欠约束的情况。

1. 欠定义

草图中有些尺寸未定义，欠定义的草图曲线呈蓝色，此时草图的形状会随着光标的拖动而改变，同时属性面板中显示欠定义符号，如图 2-4 所示。

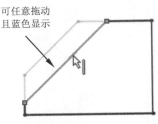

图 2-4　欠定义的草图

2. 完全定义

所有曲线变成黑色，即草图的位置由尺寸和几何关系完全固定，如图 2-5 所示。

技术要点：

解决"欠定义"草图的方法是：为草图添加尺寸约束和几何约束，使其变为"完全定义"草图，但不要"过定义"。

3. 过定义

如果对完全定义的草图再进行尺寸标注，系统会弹出【将尺寸设为从动？】对话框，选择【保留此尺寸为驱动】单选按钮，此时的草图即是过定义的草图，状态信息在状态栏显示，如图 2-6 所示。

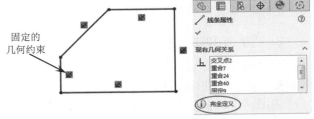

图 2-5　完全定义的草图

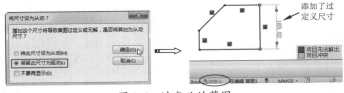

图 2-6　过定义的草图

技术要点：

如果选择"将此尺寸设为从动"单选按钮，那么就不会过定义。因为此尺寸仅仅作为参考使用，没有起到尺寸约束作用。

4. 项目无法解出

表示草图项目无法决定一个或多个草图曲线的位置，无法解出的尺寸在图形区中以红色显示（图中的尺寸 80），如图 2-7 所示。

5. 发现无效的解

草图中出现无效的几何体，如零长度直线、零半径圆弧或自相交叉的样条曲线。如图 2-8 所示为产生自相交的样条曲线。SolidWorks 中不允许样条曲线自相交，在绘制样条曲线时系统会自动控制用户不要产生自相交。

当拖动样条曲线的端点试图使其自相交时，就会显示警告信息。

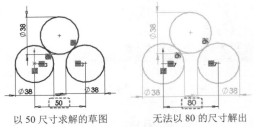

以 50 尺寸求解的草图　　无法以 80 的尺寸解出

图 2-7　项目无法解出

技术要点：

在使用草图生成特征前，不需要完全标注或定义草图。但在零件设计完成之前，应该完全定义草图。

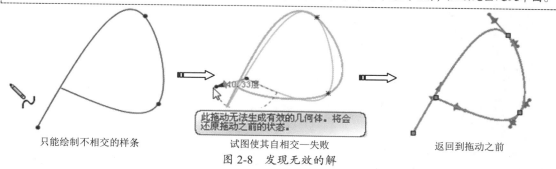

只能绘制不相交的样条　　　　　　　　试图使其自相交—失败　　　　　　　　返回到拖动之前

图 2-8　发现无效的解

2.2　草图动态导航

在 SolidWorks 中，为了提高绘图效率，在草图中使用了动态导航（Dynamic Navigator）技术。所谓动态导航技术就是当光标位于某些特定的位置或者进行某项工作时，程序可以根据当前的命令状态、光标位置、几何元素的类型和相互关系，显示不同的光标和图形，并且自动捕捉端点、中点、交点、圆心等关键点，从而推断设计者的设计意图，引导设计者进行高效的设计。

2.2.1　动态导航的推理指针

在绘制草图的时候，动态导航功能可以智能地识别不同的尺寸类型，例如线性尺寸、角度尺寸等，并且还可以自动捕捉草图的位置关系，与此同时还能自动反馈信息。这些反馈信息包括光标状态、数字反馈信息和各种引导线等，这些光标或者引导线成为推理指针和推理引导线。

对于初学者而言，熟练地掌握各种推理指针和推理引导线所代表的含义，有着十分重要的作用。表 2-1 给出了一些在草图绘制中常用的推理指针供用户参考。

表 2-1　常用的推理指针

指　针	名　称	说　明	指　针	名　称	说　明
	直线	绘制直线或者中心线		矩形	绘制矩形
	多边形	绘制多边形		圆	绘制圆
	三点圆弧	绘制三点圆弧		切线弧	绘制切线弧
	样条曲线	绘制样条曲线		椭圆	绘制椭圆
	点	绘制点		剪切	剪切草图实体
	延伸	延伸草图实体		圆周阵列	可以圆周阵列草图
	线性阵列	可以线性阵列草图		水平直线	可以绘制水平直线
	竖直	可以绘制垂直直线		端点或圆心	捕捉到点的端点或圆心
	重合点	当前点和某个草图重合		中点	捕捉到线段的中点
	垂直直线	可以绘制一条与另一条直线垂直的直线		平行直线	可以绘制一条与另一条直线平行的直线
	相切直线	可以绘制相切直线		尺寸	标注尺寸

2.2.2 图标的显示设置

用户可以通过【程序选项】对话框中的【几何关系/捕捉】界面来设置推理指针显示符号，如图 2-9 所示。

图 2-9 设置程序选项

另外就是在草图中使用动态导航技术能够快速地捕捉对象，但是在捕捉的对象附近有多个关键点的时候会出现干扰。如图 2-10 所示，在捕捉原点的时候，有可以会捕捉到两侧的中点。

为了解决上述问题，SolidWorks 专门提供了过滤器的功能。通过该功能，用户可以有选择地捕捉需要的几何对象，过滤掉其他不需要的对象类型。

常用的调用【选择过滤器】工具栏的方式是单击状态栏上的【切换过滤器选项卡】按钮，或者按【F5】键也可以调出【选择过滤器】工具栏，如图 2-11 所示。该工具栏分为上下两行，上面一行按钮的作用是控制下层按钮的状态；下层的每个按钮代表模型和草图中被捕捉的对象类型，如点、面、线等。当某个工具按钮被选中时，表示该按钮所代表的对象类型可以被捕捉。

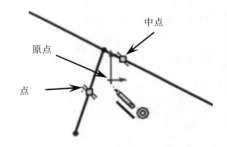

图 2-10 点的捕捉

图 2-11 【选择过滤器】工具栏

技术要点：

如果用户希望所有的草图捕捉都有效，可以按下【选择过滤器】选项卡中的【选择所有过滤器】按钮；反之，如果用户想要取消所有的过滤按钮，让所有捕捉在草图中失效，可以按下【选择过滤器】选项卡中的【清除所有过滤器】按钮。

2.3 草图对象的选择

在使用 SolidWorks 进行设计的时候，经常会用到选择草图、选择特征等项目，以便对其进行编辑、修改、查看属性等操作。

当正常进入草图绘制环境后，【标准】选项卡的【选择】下拉菜单中的【选择】命处于激活状态，如图 2-12 所示。此时鼠标指针在工作区域以 图标显示。当执行其他命令后，【选择】命令会自动进入关闭状态。

图 2-12 处于激活状态的【选择】命令

2.3.1 选择预览

选择是进行操作的基础，在绘制和编辑草图之前都需要进行相应的操作。在 SolidWorks 中，【选择】命令提供了很多方面的交互符号。当鼠标指针接近被选择的对象时，该对象会高亮显示，单击鼠标左键即可选中，这种功能称为选择预览，如图 2-13 所示。

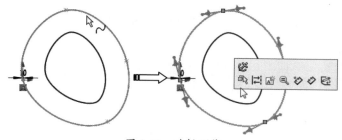

图 2-13 选择预览

当选择不同类型的对象时，鼠标指针的显示形状也不尽相同。表 2-2 列举了草图实体对象类型与鼠标指针的对应关系供参考。

表 2-2 草图实体对象类型与鼠标指针的对应关系

鼠标指针形状	鼠标指针形状	选择对象的类型	鼠标指针形状
直线		端点	
单个点		圆心	
圆		样条曲线	
椭圆		抛物线	
面		基准面	

2.3.2 选择多个对象

在 SolidWorks 2020 中，除了单个选择对象，用户还可以同时选择多个对象。

常用的操作方法有以下两种。

● 在选择对象的同时，按下 Ctrl 键不放。

● 按住鼠标左键不放，拖曳一个矩形，矩形内的图形即被选中。

在使用矩形框选择对象的时候鼠标指针拖动的方向不同，代表的意思也不同。如果从左到右拖动矩形框框选草图实体，框选线显示为实线，框选的草图实体只有完全被框选才能被选中，如图 2-14a 所示。

如果从右到左拖动矩形框框选草图实体，框选线显示为虚线，在选项框内和与选项框相交的对象都能被选中，如图 2-14b 所示。

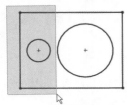 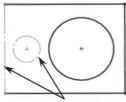 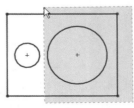 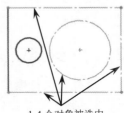

a. 从左到右框选　　　　b. 2 个对象被选中　　　　c. 从右到左框选　　　　d. 4 个对象被选中

图 2-14　选择多个对象

另外，如果用户使用左键+矩形的方法取消选中矩形框中的对象时，可以在依次按住 Ctrl 键选择需要取消的对象即可。

2.4　绘制草图基本曲线

在 SolidWorks 中，通常将草图曲线分为基本曲线和高级曲线。本节将详细介绍草图的基本曲线，包括直线、中心线、圆、圆弧和椭圆等。

2.4.1　直线与中心线

在所有的图形实体中，直线或中心线是最基本的图形实体。

在【草图】选项卡中单击【直线】按钮，打开【插入线条】属性面板，同时鼠标指针由 变为 ，如图 2-15 所示。

当选择一种直线方向并绘制直线起点后，打开【线条属性】属性面板，如图 2-16 所示。

1. 插入线条

【插入线条】属性面板中各选项含义如下。

● 按绘制原样：就是按设计者的意图进行绘制的方法。可以使用"单击-拖动"方法和"单击-单击"方法。

● 水平：绘制水平线，直到释放指针。无论使用何种绘制模式，且光标在窗口中的任意位置，都只能绘制出单条水平直线，如图 2-17 所示。

技术要点：

正常情况下，没有勾选此选项，要绘制水平直线，光标在水平位置平移即可，但光标不能远离锁定的水平线。远离了就只能绘制斜线了。

图 2-15 【插入线条】
属性面板

图 2-16 【线条属性】
属性面板

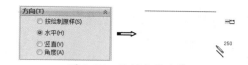

图 2-17 绘制水平直线

- 竖直：绘制竖直线，直到释放鼠标。无论使用何种绘制模式，都只能绘制出单条竖直直线。
- 角度：以与水平线成一定角度绘制直线，直到释放指针。可以使用"单击-拖动"方法和"单击-单击"方法。
- 作为构造线：勾选此复选框将生成一条构造线。
- 无限长度：勾选此复选框可生成一条可修剪的没有端点的直线。

技术要点：

【方向】选项区中的选项和【选项】选项区中的【无限长度】选项可配合快速捕捉工具一起使用，绘制效果会更好。

2. 线条属性

【线条属性】属性面板中各选项含义如下。

- 【现有几何关系】选项区：所绘制的直线是否有水平、垂直约束，若有则将显示在列表中。
- 【添加几何关系】选项区：包括【水平】、【竖直】和【固定】3 种约束类型。任选一种约束类型，直线将按其来进行绘制。
- 【参数】选项区：包括【长度】选项 和【角度】选项 ，如图 2-18 所示。其中【长度】选项用于输入直线的精确值；【角度】选项用于输入直线与水平线之间的角度值。当绘制方向为水平或竖直时，【角度】选项不可用。
- 【额外参数】选项区：用于设置直线端点在坐标系中的参数，如图 2-19 所示。

图 2-18 【参数】选项区

图 2-19 【额外参数】选项区

中心线用作草图的辅助线，其绘制过程不仅与直线相同，其属性管理器中的操控面板也是相同的。不同的是，使用【中心线】草图命令生成的仅是中心线。因此，这里就不再对中心线进行详细描述了。

利用【直线】命令，不但可以绘制直线，还可以绘制圆弧。

动手操作——利用【直线】和【中心线】命令绘制直线与圆弧图形

① 新建 SolidWorks 零件文件。

② 在功能区【草图】选项卡中单击【草图绘制】按钮 ，选择前视基准面作为草图平面，并自动进入草图环境，如图 2-20 所示。

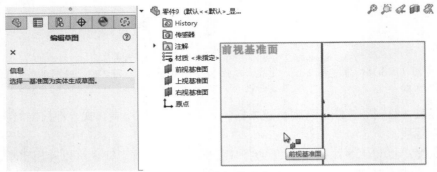

图 2-20 选择草图平面

③ 单击【草图】选项卡中的【中心线】按钮 ，在【插入线条】属性面板中选择【水平】单选按钮，勾选【作为构造线】复选框，再输入长度值，在原点位置单击以确定中心线起点，向左拖动光标并单击以确定终点，即可完成水平中心线的绘制，如图 2-21 所示。

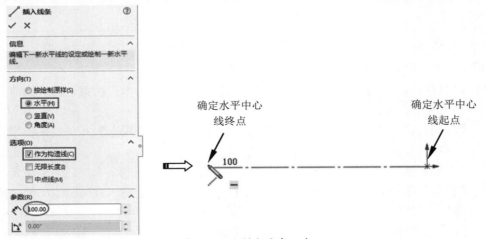

图 2-21 绘制水平中心线

④ 用相同的方法，继续绘制中心线，结果如图 2-22 所示。

⑤ 单击【草图】选项卡中的【直线】按钮 ，绘制如图 2-23 所示的 3 条连续直线，但不要终止直线命令。

技术要点：

不终止命令，是想将直线绘制自动转换成圆弧绘制。

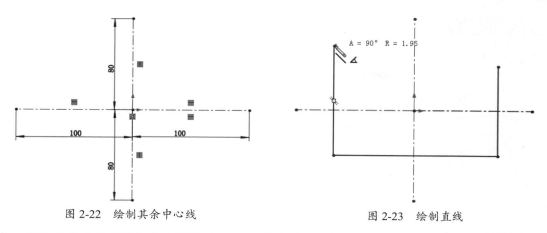

图 2-22　绘制其余中心线　　　　　　　　　图 2-23　绘制直线

⑥　在没有终止【直线】命令即将绘制下一直线时，将指针移动到该直线的起点位置，然后重新移动指针，此时即将绘制的曲线非直线而是圆弧，如图 2-24 所示。

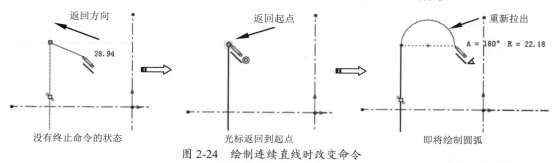

图 2-24　绘制连续直线时改变命令

技术要点：

　　绘制连续直线时，当光标返回到直线起点后，会因拖动光标的方向不同而产生不同的圆弧。图 2-25 所示为几个不同方向所产生的圆弧绘制效果。

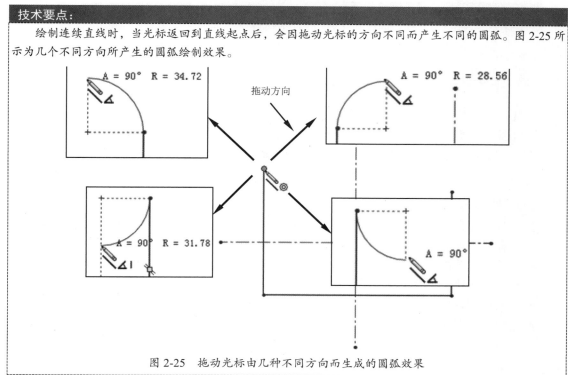

图 2-25　拖动光标由几种不同方向而生成的圆弧效果

技术要点：

但当拖动光标作水平或竖直移动时，不再生成连续直线，更不会生成连接圆弧，而是重新绘制新的直线，如图 2-26 所示。

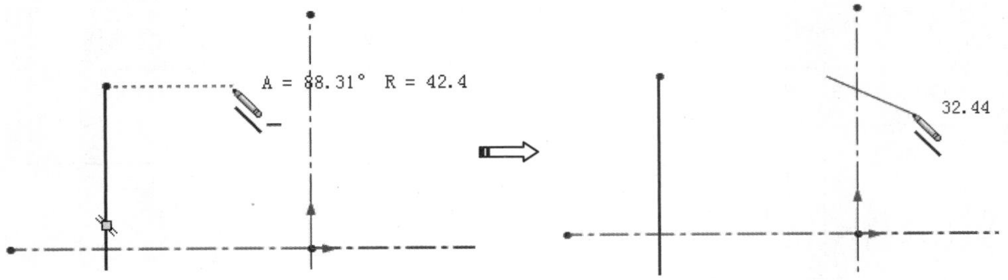

图 2-26　水平拖动光标所产生的结果

⑦ 同理，当绘制完圆弧后又变为直线绘制，此时只需重复上一步骤的操作，即可绘制出相切的连接圆弧，直至完成多个连续圆弧的绘制，结果如图 2-27 所示。

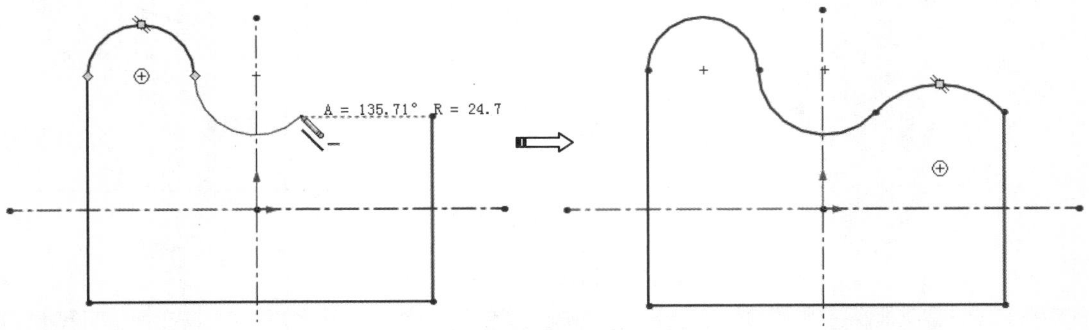

图 2-27　完成相切连接圆弧的绘制

⑧ 最后退出草图环境，并保存文件。

2.4.2　圆与周边圆

在【草图】选项卡中单击【圆】按钮，打开【圆】属性面板，同时鼠标指针由变为。绘制圆后，【圆】属性面板的选项设置如图 2-28 所示。

在【圆】属性面板中，包括两种圆的绘制类型：【圆】和【周边圆】。

1. 圆

【圆】类型是以确定圆心及圆上一点位置的方式来绘制圆。

- 现有几何关系：当绘制的圆与其他曲线有几何约束关系时，程序会将几何关系显示在列表中。通过该列表，用户还可以删除所有约束和单个约束，如图 2-29 所示。
- 固定：单击此按钮，可将欠定义的圆进行固定，使其完全定义。固定后的圆不再被允许编辑，如图 2-30 所示。
- X 坐标置中：圆心在 *X* 坐标上的参数值。
- Y 坐标置中：圆心在 *Y* 坐标上的参数值。

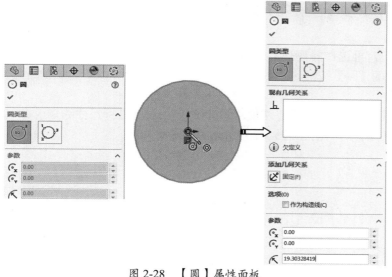

图 2-28　【圆】属性面板

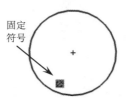

图 2-29　删除现有
几何关系

图 2-30　固定欠定义的圆

● 半径 ⟋：圆的半径值。

选择【圆】类型来绘制圆，首先指定圆心位置，然后拖动指针来指定圆的半径，当选择一个位置定位圆上一点时，圆绘制完成，如图 2-31 所示。在【圆】属性面板没有关闭的情况下，用户可继续绘制圆。

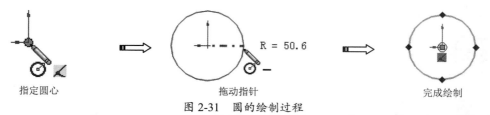

指定圆心　　　　　　　　　拖动指针　　　　　　　　　完成绘制

图 2-31　圆的绘制过程

技术要点：

在对面板中的选项进行解释时，若与前面介绍的选项相同，将不再介绍，除有特殊意义外。

2. 周边圆

【周边圆】类型的选项设置与【圆】类型的相同。【周边圆】类型是通过设定圆上 3 个点的位置或坐标来绘制圆的。

例如，首先在图形区中指定一点作为圆上第一点，拖动指针以指定圆上第二点，单击后再拖动指针以指定第三点，最后单击完成圆的绘制，其过程如图 2-32 所示。

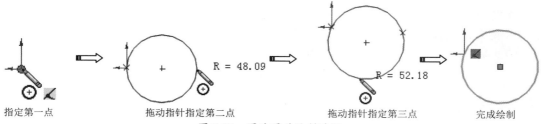

指定第一点　　　　拖动指针指定第二点　　　　拖动指针指定第三点　　　　完成绘制

图 2-32　周边圆的绘制过程

动手操作——利用【圆形】和【周边圆】命令绘制草图

① 新建零件文件。

② 单击【草图绘制】按钮，再选择前视基准面作为草图平面，进入草图环境。

③ 单击【草图】选项卡中的【圆】按钮 ⊙，绘制如图 2-33 所示的 3 组同心圆，暂且不管圆的尺寸及位置。

④ 标注尺寸。单击【草图】选项卡中的【智能尺寸】按钮 ◆，对圆进行尺寸约束（将在后面章节详解尺寸约束的用法），结果如图 2-34 所示。

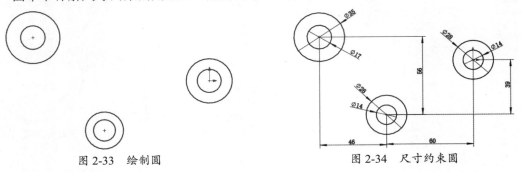

图 2-33　绘制圆　　　　　　　　　　　　　　图 2-34　尺寸约束圆

⑤ 再绘制一个直径为 14 的圆，如图 2-35 所示。

⑥ 利用"动手操作——利用【直线】和【中心线】命令绘制直线与圆弧图形"中的连续直线绘制方法，绘制出如图 2-36 所示的直线和圆弧。

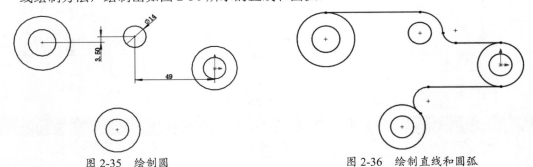

图 2-35　绘制圆　　　　　　　　　　　　　　图 2-36　绘制直线和圆弧

⑦ 单击【草图】选项卡中的【添加几何关系】按钮（后面章节中详解其用法），对绘制的连续直线使用几何约束，结果如图 2-37 所示。

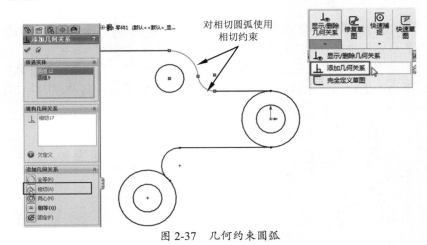

图 2-37　几何约束圆弧

⑧ 同理，继续选择圆弧与圆进行同心几何约束，如图 2-38 所示。

⑨ 对下面的圆弧和圆也添加相切几何约束关系，如图 2-39 所示。

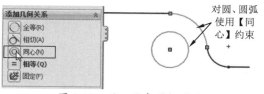

图 2-38 同心约束圆与圆弧

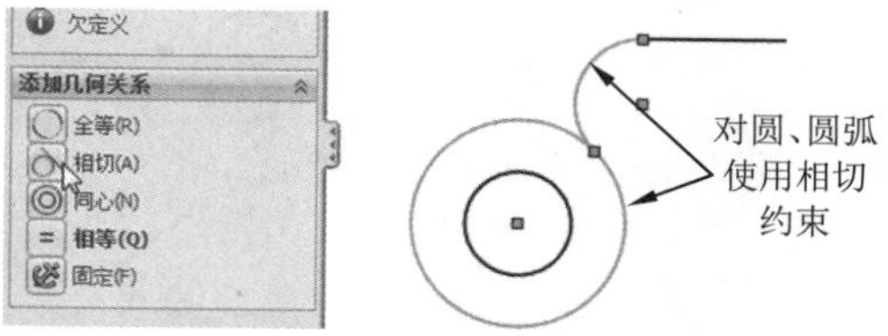

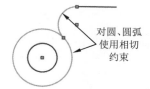

图 2-39 添加相切几何约束

⑩ 利用【智能尺寸】命令，对约束后的圆弧进行尺寸约束，结果如图 2-40 所示。

⑪ 单击【草图】选项卡中的【周边圆】按钮，创建一个圆。暂且不管圆的大小，但须与附近的两个圆公切，如图 2-41 所示。

⑫ 对绘制的周边圆进行尺寸约束，如图 2-42 所示。

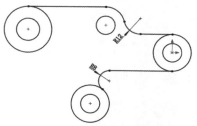

图 2-40 尺寸约束圆弧

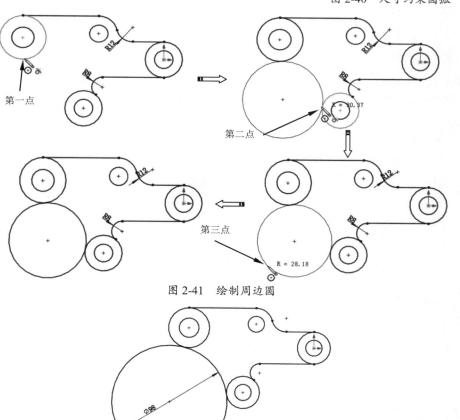

图 2-41 绘制周边圆

图 2-42 尺寸约束周边圆

⑬ 单击【草图】选项卡中的【剪裁实体】按钮，对周边圆进行修剪，结果如图 2-43 所示。

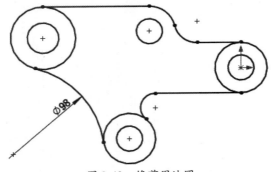

图 2-43 修剪周边圆

2.4.3 圆弧

单击【草图】选项卡中的【圆心/起点/终点画弧】按钮，打开【圆弧】属性面板，同时鼠标指针由 变为 ，如图 2-44 所示。

在【圆弧】属性面板中包括 3 种圆弧类型：【圆心/起点/终点画弧】、【切线弧】和【三点圆弧】，介绍如下。

1. 圆心/起点/终点画弧

【圆心/起点/终点画弧】类型以确定圆心、起点和终点位置的方式来绘制圆。如果圆弧不受几何关系约束，可在【参数】选项区中指定以下参数。

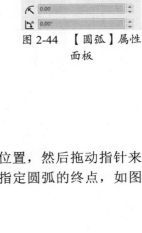

图 2-44 【圆弧】属性面板

- X 坐标置中：圆心在 X 坐标上的参数值。
- Y 坐标置中：圆心在 Y 坐标上的参数值。
- 开始 X 坐标：起点在 X 坐标上的参数值。
- 开始 Y 坐标：起点在 Y 坐标上的参数值。
- 结束 X 坐标：终点在 X 坐标上的参数值。
- 结束 Y 坐标：终点在 Y 坐标上的参数值
- 半径：圆的半径值。
- 角度：圆弧所包含的角度。

选择【圆心/起点/终点画弧】类型来绘制圆弧，首先指定圆心位置，然后拖动指针来指定圆弧起点（同时也确定了圆的半径），指定起点后再拖动指针指定圆弧的终点，如图 2-45 所示。

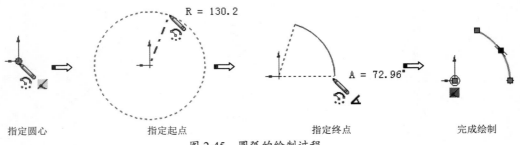

指定圆心　　　　指定起点　　　　指定终点　　　　完成绘制

图 2-45 圆弧的绘制过程

技术要点:

在绘制圆弧的面板还没有关闭的情况下,是不能使用指针来修改圆弧的。若要使用指针修改圆弧,须先关闭面板,再编辑圆弧。

2. 切线弧

【切线弧】类型的选项与【圆心/起点/终点画弧】类型的选项相同。切线弧是与直线、圆弧、椭圆或样条曲线相切的圆弧。

绘制切线弧的过程:首先在直线、圆弧、椭圆或样条曲线的终点上单击以指定圆弧起点,接着再拖动指针以指定相切圆弧的终点,释放指针后完成一段切线弧的绘制,如图 2-46 所示。

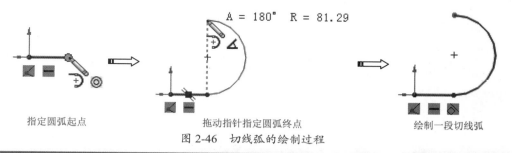

指定圆弧起点　　　　　　　拖动指针指定圆弧终点　　　　　　绘制一段切线弧

图 2-46　切线弧的绘制过程

技术要点:

在绘制切线弧之前,必须先绘制参照曲线,如直线、圆弧、椭圆或样条曲线,否则程序会弹出警告提示框,如图 2-47 所示。

图 2-47　警告提示框

当绘制第一段切线弧后,圆弧绘制命令仍处于激活状态。若用户需要创建多段相切圆弧,在没有中断切线弧绘制的情况下继续绘制切线弧,此时可按 Esc 键、双击或者选择右键菜单中的【选择】命令,以结束切线弧的绘制。图 2-48 所示为按用户需要来绘制的多段切线弧。

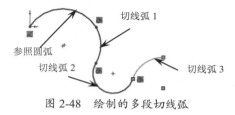

图 2-48　绘制的多段切线弧

3. 三点圆弧

【三点圆弧】类型也具有与【圆心/起点/终点画弧】类型相同的选项设置。【三点圆弧】类型是以指定圆弧的起点、终点和中点进行绘制的方法。

绘制三点圆弧的过程:首先指定圆弧起点,接着再拖动指针以指定相切圆弧的终点,最后拖动指针再指定圆弧中点,如图 2-49 所示。

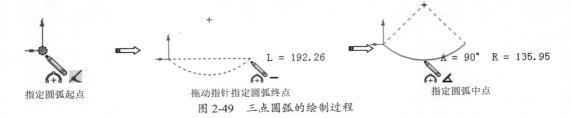

指定圆弧起点　　　　　　　拖动指针指定圆弧终点　　　　　　指定圆弧中点

图 2-49　三点圆弧的绘制过程

2.4.4　椭圆与部分椭圆

椭圆或部分椭圆是由两个轴和一个中心点定义的，椭圆的形状和位置由 3 个因素决定：中心点、长轴、短轴。椭圆轴决定了椭圆的方向，中心点决定了椭圆的位置。

1. 椭圆

单击【草图】选项卡中的【椭圆】按钮 ⊘，鼠标指针由 ↖ 变成 ↘ 。

在图形区指定一点作为椭圆中心点，【椭圆】属性面板灰显，直至在图形区依次指定长轴端点和短轴端点完成椭圆的绘制后，【椭圆】属性面板才亮显，如图 2-50 所示。

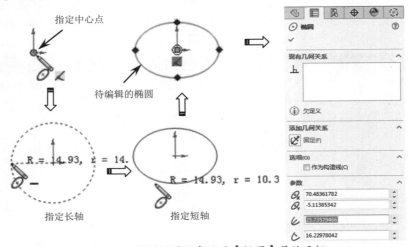

指定中心点　　　待编辑的椭圆　　　指定长轴　　　指定短轴

图 2-50　绘制椭圆后亮显的【椭圆】属性面板

【椭圆】属性面板中的部分选项含义如下。

- 作为构造线：勾选此复选框，绘制的椭圆将转换为构造线（与中心线类型相同）。
- X 坐标置中 $\mathcal{Q}$ ：中心点在 X 轴中的坐标值。
- Y 坐标置中 $\mathcal{Q}$ ：中心点在 Y 轴中的坐标值。
- 半径 1 ℓ ：椭圆的长轴半径。
- 半径 2 $\mathcal{C}$ ：椭圆的短轴半径。

2. 部分椭圆

与绘制椭圆的过程类似，部分椭圆不但要指定中心点、长轴端点和短轴端点，还需指定椭圆弧的起点和终点。

单击【草图】选项卡中的【部分椭圆】按钮 ⊘ ，鼠标指针由 ↖ 变成 ↘ 。在图形区指定一点作为椭圆中心点，【椭圆】属性面板灰显，直至在图形区依次指定长轴端点、短轴端点、椭圆弧起点和终点并完成部分椭圆的绘制后，【椭圆】属性面板亮显，如图 2-51 所示。

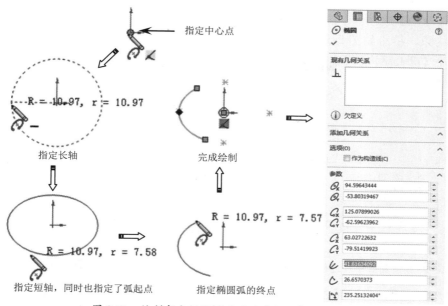

图 2-51　绘制部分椭圆后显示的【椭圆】属性面板

技术要点：

　　在指定椭圆弧的起点和终点时，无论指针是否在椭圆轨迹上，都将产生弧的起点与终点。这是因为起点和终点都是由中心点至指针的连线与椭圆相交而产生的，如图 2-52 所示。

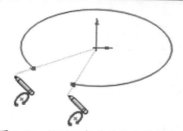

图 2-52　椭圆弧起点和终点的指定

动手操作——利用【圆弧】【椭圆】命令绘制草图

① 新建零件文件。

② 选择前视基准面为草图平面进入草图环境。

③ 利用【圆】命令绘制如图 2-53 所示的同心圆。

④ 单击【草图】选项卡中的【椭圆】按钮 ⊘，选取同心圆的圆心作为椭圆的圆心，创建出如图 2-54 所示的椭圆。

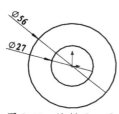

图 2-53　绘制同心圆

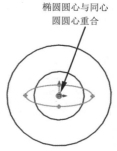

椭圆圆心与同心圆圆心重合

图 2-54　创建椭圆

⑤ 单击【草图】选项卡中的【圆心/起点/终点画弧】按钮 🝖，绘制圆弧 1，并将圆弧进行尺寸约束，结果如图 2-55 所示。

⑥ 再利用【圆心/起点/终点画弧】命令，绘制如图 2-56 所示的圆弧 2。

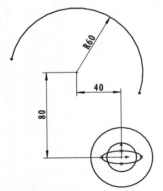

图 2-55 绘制圆弧 1 并进行尺寸约束

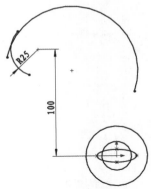

图 2-56 绘制圆弧 2

⑦ 添加几何关系，将圆弧 2 与圆弧 1 进行相切约束，如图 2-57 所示。

技术要点：

相切约束之前，删除部分尺寸约束后，需要对圆弧 1 进行【固定】约束，否则圆弧 1 的位置会产生移动。

⑧ 单击【草图】选项卡中的【三点圆弧】按钮 🝖，绘制如图 2-58 所示的 2 条圆弧。

⑨ 利用【智能尺寸】工具和【添加几何关系】工具，对 2 条圆弧分别进行尺寸约束和相切约束，结果如图 2-59 所示。

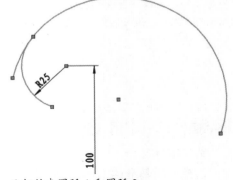

图 2-57 几何约束圆弧 1 和圆弧 2

⑩ 利用【剪裁实体】命令 🝖，对整个图形进行修剪，结果如图 2-60 所示。

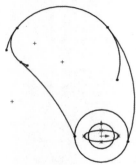

图 2-58 绘制圆弧

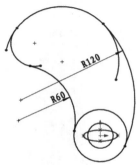

图 2-59 进行尺寸约束和几何约束

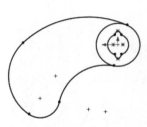

图 2-60 修剪实体

2.4.5　抛物线与圆锥双曲线

抛物线与圆、椭圆及双曲线在数学方程中同为二次曲线。二次曲线是由截面截取圆锥所形成的截线，二次曲线的形状由截面与圆锥的角度而定，同时在平行于上视基准面、右视基准面上由设定的点来定位。一般二次曲线圆、椭圆、抛物线和双曲线的截面示意图如图 2-61 所示。

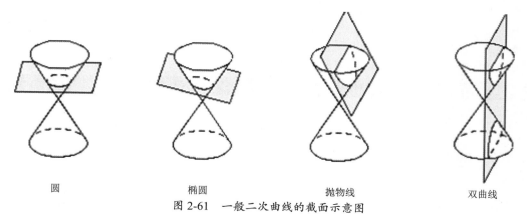

圆　　　　　　　椭圆　　　　　　　抛物线　　　　　　双曲线

图 2-61　一般二次曲线的截面示意图

用户可通过以下命令方式来执行【抛物线】命令：
● 单击【草图】选项卡中的【抛物线】按钮∪；
● 在【草图】工具栏上单击【抛物线】按钮∪；
● 在菜单栏中执行【工具】|【草图绘制实体】|【抛物线】命令。

当用户执行【抛物线】命令后，鼠标指针由 ⌖ 变成 ⌖。在图形区首先指定抛物线的焦点，接着拖动指针指定抛物线顶点，指定顶点后将显示抛物线的轨迹，此时用户根据轨迹来截取需要的抛物线段，截取的段就是绘制完成的抛物线。完成抛物线的绘制后，打开【抛物线】属性面板，如图 2-62 所示。

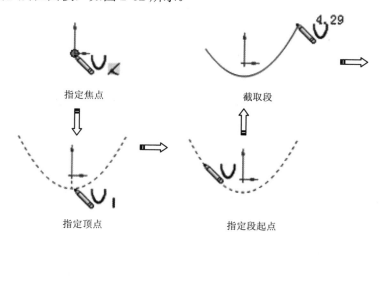

指定焦点　　　　　　　　　　　截取段

指定顶点　　　　　　　　　　指定段起点

图 2-62　绘制抛物线后打开【抛物线】属性面板

【抛物线】属性面板中各选项含义如下。

- 开始 X 坐标 ⌒: 抛物线截取段起点的 X 坐标。
- 开始 Y 坐标 ⌒: 抛物线截取段起点的 Y 坐标。
- 结束 X 坐标 ⌒: 抛物线截取段终点的 X 坐标。
- 结束 Y 坐标 ⌒: 抛物线截取段终点的 Y 坐标。
- 中央 X 坐标 ⌒: 抛物线焦点的 X 坐标。
- 中央 Y 坐标 ⌒: 抛物线焦点的 Y 坐标。
- 顶点 X 坐标 ⌒: 抛物线顶点的 X 坐标。
- 顶点 Y 坐标 ⌒: 抛物线顶点的 Y 坐标。

技术要点:

用户可以拖动抛物线的控标，以此更改抛物线。

2.5 绘制草图高级曲线

所谓高级曲线，是指由基本曲线组成或基于基本曲线的二次绘制的曲线类型，包括矩形、槽口曲线、多边形、样条曲线、抛物线、交叉曲线、圆角、倒角和文本等。

2.5.1 矩形

SolidWorks 向用户提供了 5 种矩形类型，包括【边角矩形】、【中心矩形】、【三点边角矩形】、【三点中心矩形】和【平行四边形】。

单击【草图】选项卡中的【边角矩形】按钮 □，鼠标指针由 ⌖ 变成 ⌖，打开【边角矩形】属性面板。但该属性面板中的【参数】选项区灰显，当绘制矩形后属性面板完全亮显，如图 2-63 所示。

通过该属性面板可以为绘制的矩形添加几何关系，【添加几何关系】选项区如图 2-64 所示。还可以通过参数设置对矩形重定义，【参数】选项区如图 2-65 所示。

图 2-63　【边角矩形】属性面板

图 2-64　【添加几何关系】选项区

图 2-65　【参数】选项区

【参数】选项区中各选项含义如下。

● X 坐标 ⁰ₓ：矩形中 4 个顶点的 X 坐标值。
● Y 坐标 ⁰ᵧ：矩形中 4 个顶点的 Y 坐标值。
● 中心点 X 坐标 ⁰ₓ：矩形中心点的 X 坐标值。
● 中心点 Y 坐标 ⁰ᵧ：矩形中心点的 Y 坐标值。

在【边角矩形】属性面板的【矩形类型】选项区中包含 5 种矩形类型，见表 2-3。

表 2-3　5 种矩形类型

类 型	图 解	说 明
边角矩形		【边角矩形】类型通过指定矩形对角点来绘制标准矩形。在图形区指定一位置以放置矩形的第一个角点，拖动指针使矩形的大小和形状正确时单击以指定第二个角点，完成边角矩形的绘制
中心矩形		【中心矩形】类型通过中心点与一个角点来绘制矩形。在图形区指定一位置以放置矩形中心点，拖动指针使矩形的大小和形状正确时单击以指定矩形的一个角点，完成绘制
三点边角矩形		【三点边角矩形】类型通过 3 个角点来绘制矩形。在图形区指定一位置作为第一个角点，拖动指针以指定第二角点，再拖动指针以指定第三角点，完成绘制
三点中心矩形		【三点中心矩形】类型以所选的角度绘制带有中心点的矩形。在图形区指定一位置作为中心点，拖动指针在矩形平分线上指定中点，然后再拖动指针以一定角度移动来指定矩形角点，完成绘制
平行四边形		【平行四边形】类型以指定 3 个角度的方法来绘制 4 条边两两平行且不相互垂直的平行四边形。在图形区指定一位置作为第一角点，拖动指针指定第二角点，然后再拖动指针以一定角度移动来指定第三角点，完成绘制

2.5.2　槽口曲线

槽口曲线工具用来绘制机械零件中键槽特征的草图。单击【草图】选项卡中的【直槽口】按钮，鼠标指针由箭头 ↖ 变成 ✎，打开【槽口】属性面板，如图 2-66 所示。

【槽口】属性面板中包含有 4 种槽口类型，【三点圆弧槽口】和【中心点圆弧槽口】类型的选项设置与【直槽口】和【中心点槽口】类型的选项设置（图 2-66）不同，如图 2-67 所示。

【槽口】属性面板中各选项的含义如下。

● 添加尺寸：勾选此复选框，将显示槽口的长度和圆弧尺寸。

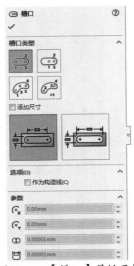

图 2-66 【槽口】属性面板　　　　　图 2-67 【中心,点圆弧槽口】类型的选项设置

- 中心到中心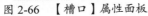：以两个中心之间的距离作为直槽口的长度。
- 总长度：以槽口的总长度作为直槽口的长度。
- X 坐标置中：槽口中心点的 X 坐标。
- Y 坐标置中：槽口中心点的 Y 坐标。
- 圆弧半径：槽口圆弧的半径。
- 圆弧角度：槽口圆弧的角度。
- 槽口宽度：槽口的宽度。
- 槽口长度：槽口的长度。

1. 直槽口

【直槽口】类型以两个端点来绘制槽。绘制过程如图 2-68 所示。

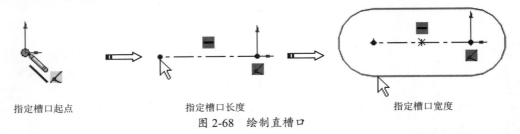

指定槽口起点　　　　　　指定槽口长度　　　　　　指定槽口宽度

图 2-68 绘制直槽口

2. 中心点槽口

【中心点槽口】类型以中心点和槽口的一个端点来绘制槽。绘制方法是，在图形区中指定某位置作为槽口的中心点，然后移动指针以指定槽口的另一端点，在指定端点后再移动指针以指定槽口宽度，如图 2-69 所示。

技术要点：

在指定槽口宽度时，指针无须在槽口曲线上，也可以在离槽口曲线很远的位置（只要是在宽度水平延伸线上即可）。

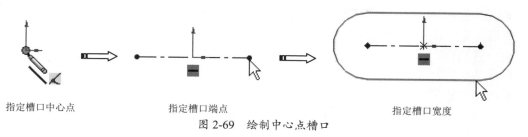

指定槽口中心点   指定槽口端点   指定槽口宽度

图 2-69   绘制中心点槽口

3. 三点圆弧槽口

【三点圆弧槽口】类型是在圆弧上用三个点绘制圆弧槽口。其绘制方法是，在图形区单击以指定圆弧的起点，通过移动指针指定圆弧的终点并单击，接着又移动指针指定圆弧的第三点再单击，最后移动指针指定槽口宽度，如图 2-70 所示。

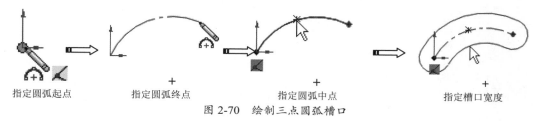

指定圆弧起点   指定圆弧终点   指定圆弧中点   指定槽口宽度

图 2-70   绘制三点圆弧槽口

4. 中心点圆弧槽口

【中心点圆弧槽口】类型是用圆弧半径的中心点和两个端点绘制圆弧槽口。其绘制方法是，在图形区单击以指定圆弧的中心点，通过移动指针指定圆弧的半径和起点，接着通过移动指针指定槽口长度并单击，再移动指针指定槽口宽度并单击以生成槽口，如图 2-71 所示。

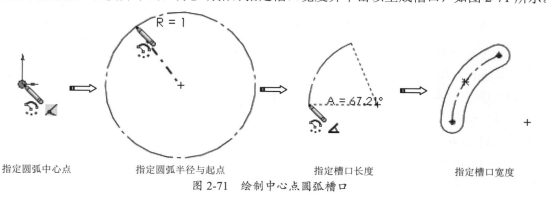

指定圆弧中心点   指定圆弧半径与起点   指定槽口长度   指定槽口宽度

图 2-71   绘制中心点圆弧槽口

2.5.3   多边形

【多边形】工具可用来绘制圆的内切或外接正多边形，边数为 3～40 之间。

单击【草图】选项卡中的【多边形】按钮，鼠标指针由 变成，打开【多边形】属性面板，如图 2-72 所示。

【多边形】属性面板中各选项含义如下。

● 边数 ：通过单击上调、下调按钮或输入值来设定多边形的边数。

● 内切圆：在多边形内显示内切圆以定义多边形的大小。圆为构造几何线。

● 外接圆：在多边形外显示外接圆以定义多边形的大小。圆为构造几何线。

- X 坐标置中 ：多边形的中心点在 X 坐标上的值。
- Y 坐标置中 ：多边形的中心点在 Y 坐标上的值。
- 直径 ：设定内切圆或外接圆的直径。
- 角度 ：多边形的旋转角度。
- 新多边形：单击此按钮以生成另外的坐标系。

绘制多边形，需要指定 3 个参数：中点、圆直径和角度。例如要绘制一个正三角形，首先在图形区指定的正三角形中点，然后拖动指针指定圆的直径，并旋转正三角形使其符合要求，如图 2-73 所示。

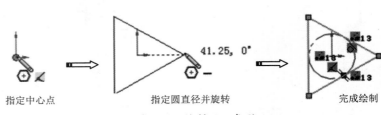

图 2-72 【多边形】属性面板

指定中心点 → 指定圆直径并旋转 → 完成绘制

图 2-73 绘制正三角形

技术要点：

多边形是不存在任何几何关系的。

2.5.4 样条曲线

样条曲线是使用诸如通过点或根据极点的方式来定义的曲线，也是方程式驱动的曲线。SolidWorks 向用户提供了 3 种样条曲线的创建方式：样条曲线、样式样条曲线和方程式驱动的曲线。

1. 样条曲线

利用【样条曲线】命令，用户可以绘制由 2 个或 2 个以上极点构成的样条曲线。

单击【草图】选项卡中的【样条曲线】按钮 ，鼠标指针由 变成 ，当绘制了样条曲线且双击鼠标后（或按 ESC 键结束绘制后再选中样条曲线），打开【样条曲线】属性面板，如图 2-74 所示。

【样条曲线】属性面板中各选项含义如下。

- 作为构造线：勾选此复选框，绘制的曲线将作为参考曲线使用。

图 2-74 【样条曲线】属性面板

- 显示曲率：勾选此复选框，PropertyManager 将曲率检查梳形图添加到样条曲线，如图 2-75 所示。
- 保存内部连续性：勾选此复选框，曲率比例逐渐减小，如图 2-76 所示；取消勾选，则曲率比例大幅度减小，如图 2-77 所示。

图 2-75　显示曲率梳　　　　图 2-76　逐渐减小曲率　　　　图 2-77　大幅减小曲率

- 样条曲线控制点数 $\mathcal{N}_\#$：在图形区域中高亮显示所选样条曲线点。
- X 坐标 $\mathcal{N}_x$：指定样条曲线起点的 X 坐标。
- Y 坐标 $\mathcal{N}_y$：指定样条曲线起点的 Y 坐标。

技术要点：

　【曲率半径】和【曲率】选项，仅从【样条曲线工具】工具栏或快捷菜单中选择【添加曲率控制】命令，并将曲率指针添加到样条曲线时才出现，如图 2-78 所示。

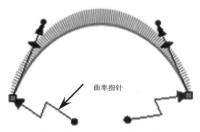

曲率指针

图 2-78　添加曲率指针

- 相切重量 1 $\nearrow$：通过修改样条曲线点处的样条曲线曲率度数来控制左相切向量。
- 相切重量 2 $\nearrow$：通过修改样条曲线点处的样条曲线曲率度数来控制右相切向量。
- 相切径向方向 $\angle$：通过修改相对于 X、Y 或 Z 轴的样条曲线倾斜角度来控制相切方向。
- 相切驱动：当【相切重量】和【相切径向方向】选项被激活时，该选项被激活，主要用于样条曲线的相切控制。
- 重设此控标：单击此按钮，将所选样条曲线控标重返到其初始状态。
- 重设所有控标：单击此按钮，将所有样条曲线控标重返到其初始状态。
- 弛张样条曲线：如果拖动样条曲线控标使其不平滑，可单击此按钮以将形状重新参数化，如图 2-79 所示。【弛张样条曲线】命令可通过拖动多边形上的控制节点而重新使用。
- 成比例：拖动端点时保留样条曲线形状。整个样条曲线会按比例调整大小。

图 2-79　弛张样条曲线

非均匀有理 B 样条曲线

SolidWorks 中的样条为 NURBS 样条曲线（非均匀有理 B 样条曲线）。B 样条曲线拟合逼真，形状控制方便，是 CAD/CAM 领域描述曲线和曲面的标准。

样条阶次

"样条阶次"是指定义样条曲线多项式公式的次数，UG 最高的样条阶次为 24，通常为 3 次样条。由不同幂指数变量组成的表达式称为多项式。多项式中最大指数被称为多项式的阶次。例如：

$$7X + 5 - 3 = 35（阶次为 2）$$
$$2t - 3t + t = 6（阶次为 3）$$

曲线的阶次用于判断曲线的复杂程度，而不是精确程度。对于 1、2、3 次曲线，可以判断曲线的顶点和曲率反向的数量。例如：

$$顶点数 = 阶次+1$$
$$曲率反向点 = 阶次-2$$

低阶次曲线的优点：

● 更加灵活。
● 更加靠近它们的极点。
● 后续操作（加工和显示等）运行速度更快。
● 便于数据传唤，因为许多系统只接受 3 次曲线。

高阶次曲线的缺点：

● 灵活性差。
● 可能引起不可预见的曲率波动。
● 造成数据转换问题。
● 导致后续操作执行速度减缓。

（1）样条曲线的段数

可以采用单段或多段的方式来创建。

● 单段方式：单段样条曲线的阶次由定义点的数量控制，阶次=顶点数-1，因此单段样条曲线最多只能使用 25 个点。这种方式受到一定的限制。定义的数量越多，样条曲线的阶次就越高，样条曲线的形状就会出现意外结果，所以一般不采用，另外单段样条曲线不能封闭。

● 多段方式：多段样条曲线的阶次由用户指定（≤24），样条曲线定义点的数量没有限制，但至少比阶次多一点（如 5 次样条曲线，至少需要 6 个定义点）。在汽车设计中，一般采用 3~5 次样条曲线。

（2）定义点

定义样条曲线的极点，在图形区中任意选择位置以设定极点，还可以通过选择样条曲线上的点进行坐标编辑。

（3）节点

在样条曲线每段上的端点，主要是针对多段样条曲线而言的，单段样条曲线只有 2 个节点，即起点和终点。

2. 样式样条曲线

【样式样条曲线】命令是 SolidWorks 2020 新增的草图功能。【样式样条曲线】命令可以绘制带有控制点的样条曲线，如图 2-80 所示。通过移动控制点达到调整样条曲线形状的目的。

3. 方程式驱动曲线

方程式驱动曲线是通过定义曲线的方程式来绘制的曲线。

单击【草图】选项卡中的【方程式驱动的曲线】按钮 ，打开【方程式驱动的曲线】属性面板。该属性面板中有两种方程式驱动曲线的绘制类型：【显性】和【参数性】。【显性】

类型的选项设置如图 2-81 所示,【参数性】类型的选项设置如图 2-82 所示。

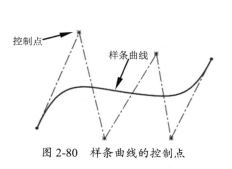

图 2-80 样条曲线的控制点

图 2-81 【显性】类型的
选项设置

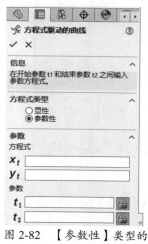

图 2-82 【参数性】类型的
选项设置

【参数】选项区中的选项含义如下。

● 输入方程式作为 x 的函数 y_x:定义曲线方程式,y 是 x 的函数。

● 为方程式输入开始 x 值 x_1 和结束 x 值 x_2:为方程式指定 1 的数值范围,其中 1 为起点,2 为终点。

● 输入方程式作为 t 的函数 x_t、y_t:定义曲线方程式,x、y 是 t 的函数。

● 为方程式输入开始参数 t_1 和结束参数 t_2:为方程式指定 1 和 2 的数值范围。

● 选取以在曲线上锁定/解除锁定开始点位置 🔒:在曲线上锁定或解除锁定起点的位置。

● 选取以在曲线上锁定/解除锁定结束点位置 🔒:在曲线上锁定或解除锁定终点的位置。

(1)【显性】类型。

【显性】类型为范围的起点和终点定义 x 值,y 值沿 x 值的范围而计算。显性方程主要包括正弦函数、一次函数和二次函数。

例如在方程式文本框中输入"2*sin(3*x+pi/2)",然后在 x_1 文本框中输入"-pi/2"、在 x_1 文本框中输入"pi/2",单击【确定】按钮 ✔ 后生成正弦函数的方程式曲线,如图 2-83 所示。

技术要点:

当用户输入错误的方程式后,错误的方程式将以红色显示。正确的方程式应是黑字。若强制执行错误的方程式,属性管理器将提示"方程式无效,请输入正确方程式"。

(2)【参数性】类型。

【参数性】类型为范围的起点和终点定义 T 值。参数性方程包括阿基米德螺线、渐开线、螺旋线、圆周曲线,以及星形线、叶形曲线等。

用户可为 x 值定义方程式,并为 y 值定义另一个方程式,两者方程式都沿 t 值范围求解。例如绘制阿基米德螺旋线,在【参数】选项区输入阿基米德螺旋线方程式后,单击【确定】按钮 ✔ 生成曲线,如图 2-84 所示。

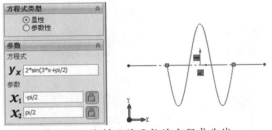

图 2-83　绘制正弦函数的方程式曲线

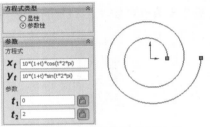

图 2-84　绘制阿基米德螺旋线

2.5.5　绘制圆角

绘制圆角工具在两个草图曲线的交叉处剪裁掉角部，从而生成一个切线弧。此工具在 2D 和 3D 草图中均可使用。

单击【草图】选项卡中的【绘制圆角】按钮，打开【绘制圆角】属性面板，如图 2-85 所示。

【绘制圆角】属性面板中各选项含义如下。

- 要圆角化的实体：当选取一个草图实体时，它出现在该列表中。
- 圆角半径：输入值以控制圆角半径。
- 保持拐角处约束条件：如果顶点具有尺寸或几何关系，将保留虚拟交点。如果取消选择且顶点具有尺寸或几何关系，将会询问用户是否想在生成圆角时删除这些几何关系。
- 标注每个圆角的尺寸：将尺寸添加到每个圆角，当取消选择时，在圆角之间添加相等几何关系。

图 2-85　【绘制圆角】属性面板

技术要点：

具有相同半径的连续圆角不会单独标注尺寸，它们自动与该系列中的第一个圆角具有相等几何关系。

要绘制圆角，事先得绘制要进行圆角处理的草图曲线。例如，要在矩形的一个顶点位置绘制圆角曲线，其指针选择的方法大致有两种。一种是选择矩形的两条边，如图 2-86 所示；另一种则是选取矩形顶点，如图 2-87 所示。

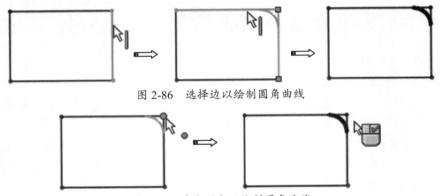

图 2-86　选择边以绘制圆角曲线

图 2-87　选取顶点以绘制圆角曲线

2.5.6 绘制倒角

单击【草图】选项卡中的【绘制倒角】按钮 ，打开【绘制倒角】属性面板。【倒角参数】选项区中有【角度距离】和【距离-距离】两种倒角类型，如图 2-88 所示。

图 2-88 两种倒角类型

- 【角度距离】类型：将按角度参数和距离参数来定义倒角，如图 2-89a 所示。
- 【距离-距离】类型：将按距离参数和距离参数来定义倒角，如图 2-89b 所示。
- 相等距离：将按相等的距离来定义倒角，如图 2-89c 所示。

a.角度距离　　　　　　b.距离-距离　　　　　　c.相等距离

图 2-89 倒角参数

- 距离 1 ：设置【角度距离】的距离参数。
- 方向 1 角度 ：设置【角度距离】的角度参数。
- 距离 1 ：设置【距离-距离】的距离 1 参数。
- 距离 2 ：设置【距离-距离】的距离 2 参数。

与绘制倒圆的方法一样，绘制倒角也可以通过选择边或选取顶点来完成。

技术要点：

在为绘制倒角而选择边时，可以一个一个地选择，也可以按住 Ctrl 键连续选择。

动手操作——绘制轴承座轮廓草图

本例的轴承座轮廓草图主要由直线、圆形和圆弧等曲线构成，如图 2-90 所示。

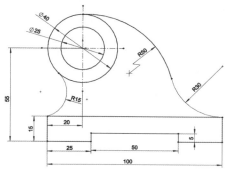

图 2-90 轴承座轮廓草图

① 新建零件文件。

② 单击【草图】选项卡中的【草图绘制】按钮 ，选择上视基准面作为草图平面进入草图环境。

③ 单击【草图】选项卡中的【圆】按钮 ，以草图坐标系原点为圆心，绘制直径为 40 和 25 的两个同心圆，如图 2-91 所示。按 Esc 键结束当前绘制命令（此操作适用于任何草图绘制命令）。

④ 单击【草图】选项卡中的【边角矩形】按钮 ，绘制一个长 100、宽 15 的矩形，如图 2-92 所示。

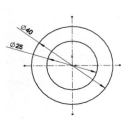

图 2-91　绘制两个同心圆

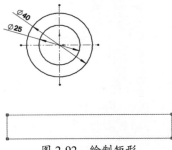

图 2-92　绘制矩形

⑤ 单击【草图】选项卡中的【智能尺寸】按钮 ，对矩形添加尺寸约束以进行定位，如图 2-93 所示。

⑥ 单击【草图】选项卡中的【三点圆弧】按钮 ，然后依次在直径为 40 的圆、矩形左上顶点以及该两点之间的右侧区域单击，绘制一段未知半径的圆弧，如图 2-94 所示。

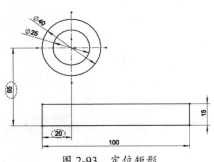

图 2-93　定位矩形

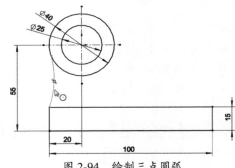

图 2-94　绘制三点圆弧

⑦ 利用【智能尺寸】命令添加尺寸约束。接着按 Ctrl 键选取大圆和圆弧，并在弹出的【属性】属性面板中单击【相切】按钮 ，添加相切几何约束，如图 2-95 所示。

⑧ 同理，再利用【三点圆弧】命令绘制其余两段圆弧，如图 2-96 所示。

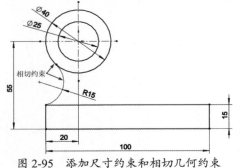

图 2-95　添加尺寸约束和相切几何约束

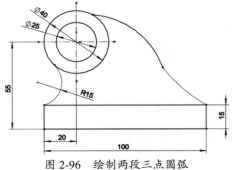

图 2-96　绘制两段三点圆弧

⑨ 接着为两段圆弧添加尺寸约束和相切几何约束（方法同上），结果如图 2-97 所示。

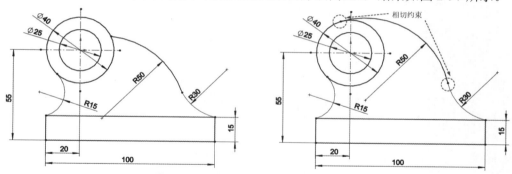

图 2-97 添加尺寸约束和相切几何约束

⑩ 再按 Ctrl 键选取半径为 50 的圆弧的端点和竖直中心线进行重合几何约束，如图 2-98 所示。

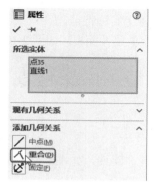
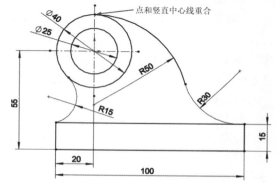

图 2-98 添加重合几何约束

⑪ 单击【草图】选项卡中的【中心矩形】按钮，在矩形底边的中点位置绘制一个长 50、宽 10 的小矩形，如图 2-99 所示。

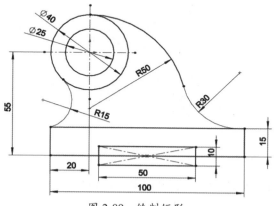

图 2-99 绘制矩形

⑫ 单击【草图】选项卡中的【剪裁实体】按钮，弹出【剪裁实体】属性面板。移动光标至图形区域，按住左键在待剪裁图元上划过，即可完成剪裁，结果如图 2-100 所示。

⑬ 至此，轴承座轮廓草图绘制完成，最后将草图文件保存。

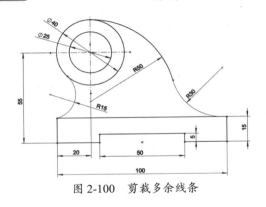

图 2-100 剪裁多余线条

2.5.7 文本

用户可以使用文本工具在任何连续曲线或边线组上（包括零件面上由直线、圆弧、或样条曲线组成的圆或轮廓）绘制文本，并且拉伸或剪切文本以创建实体特征。

单击【草图】选项卡中的【文本】按钮[A]，打开【草图文字】属性面板，如图 2-101 所示。【草图文字】属性面板中各选项含义如下。

- 曲线[U]：选择边线、曲线、草图及草图段。所选对象的名称显示在框中，文本沿对象出现。
- 文字：在文本框中输入文字。
- 链接到属性[E]：将草图文本链接到自定义属性。
- 加粗[B]、倾斜[I]、旋转[C]：将选择的文本加粗、倾斜、旋转，如图 2-102 所示。

图 2-101 【草图文字】属性面板

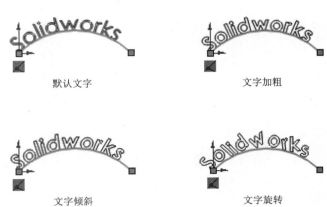

默认文字   文字加粗

文字倾斜   文字旋转

图 2-102 文本样式

- 左对齐[≣]、居中[≣]、右对齐[≣]、两端对齐[≣]：使文本沿参照对象左对齐、居中对齐、右对齐、两端对齐，如图 2-103 所示。

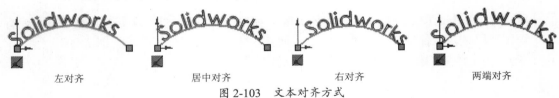

左对齐   居中对齐   右对齐   两端对齐

图 2-103 文本对齐方式

- 竖直反转 、水平反转 ：使文本沿参照对象竖直反转、水平反转，如图 2-104 所示。

反转前	竖直反转	水平反转

图 2-104 文本的反转

- 宽度因子 ：文本宽度比例。仅当取消勾选【使用文档字体】复选框时才可用。
- 间距 ：文本字体间距比例。仅当取消勾选【使用文档字体】复选框时才可用。
- 使用文档字体：使用用户默认输入的字体。
- 字体：当取消勾选【使用文档字体】复选框后，【字体】按钮亮显。单击此按钮，可以打开【选择字体】对话框，以此设置自定义的字体样式和大小等，如图 2-105 所示。

在默认情况下，绘制的文本是以坐标原点为对齐参照的，因此在【草图文字】属性面板中文本对齐方式按钮将灰显，如图 2-106 所示。

图 2-105 【选择字体】对话框

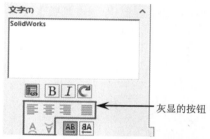

图 2-106 没有参照对象时灰显的按钮

技术要点：

文本对齐方式只能在有参照对象时才可用。在没有选择任何参照且直接在图形区中绘制文本时，这些命令将灰显。

2.6 综合案例——绘制垫片草图

垫片草图的绘制过程：绘制尺寸基准线→绘制已知线段→绘制中间线段→绘制连接线段→添加几何约束→添加尺寸约束。

要绘制的垫片草图如图 2-107 所示。

① 启动 SolidWorks 2020。在欢迎界面中单击 零件 按钮，再单击【确定】按钮，进入零件设计环境。

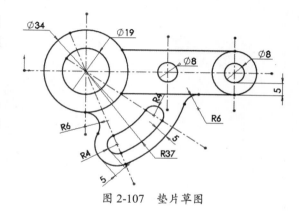

图 2-107 垫片草图

② 单击【草图绘制】按钮，选择前视基准面作为草图平面，进入草图环境后首先绘制垫片草图的尺寸基准线，如图 2-108 所示。

③ 为便于后续草图曲线的绘制，为所有中心线（尺寸基准线）添加固定几何约束，如图 2-109 所示。

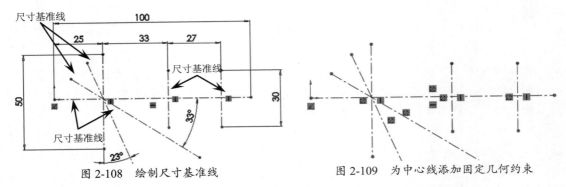

图 2-108　绘制尺寸基准线　　　　　图 2-109　为中心线添加固定几何约束

④ 使用【圆】工具，以中心线交点为圆心绘制 4 个已知圆，如图 2-110 所示。

⑤ 使用【圆心/起点/终点画弧】工具，绘制如图 2-111 所示的圆弧。

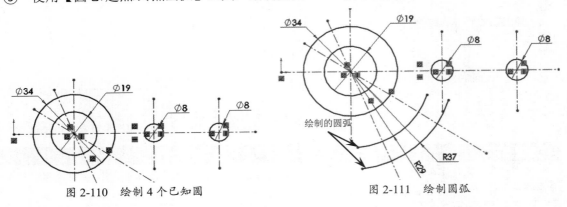

图 2-110　绘制 4 个已知圆　　　　　图 2-111　绘制圆弧

⑥ 使用【圆】工具，在两圆弧中间绘制直径为 8 的 2 个圆，如图 2-112 所示。

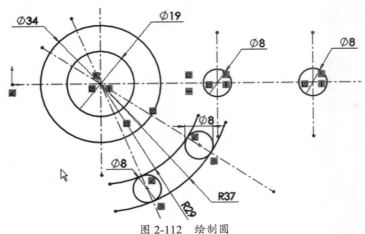

图 2-112　绘制圆

⑦ 单击【草图】选项卡中的【等距实体】按钮 ⊏，然后按如图 2-113 所示的操作步骤，绘制圆、圆弧的等距实体。

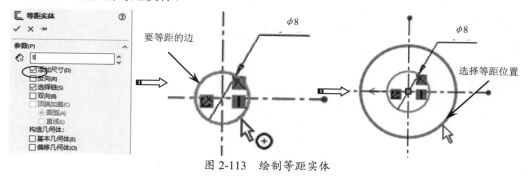

图 2-113 绘制等距实体

⑧ 同理，再使用【等距实体】工具以相同的等距距离，在其余位置绘制如图 2-114 所示的等距实体。

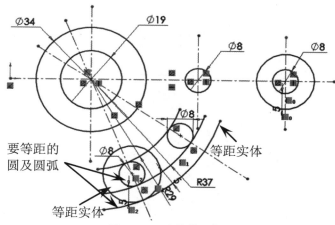

图 2-114 绘制等距实体

⑨ 使用【直线】工具，绘制如图 2-115 所示的 2 条直线。2 条直线均与圆相切。

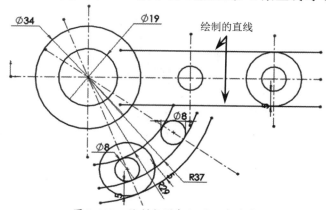

图 2-115 绘制与圆相切的 2 条直线

⑩ 为了能看清后面绘制的草图曲线，使用【剪裁实体】工具，将草图中多余图线剪裁掉，如图 2-116 所示。

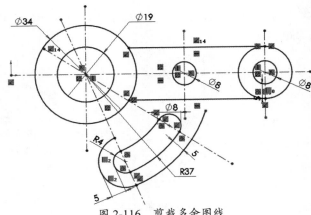

图 2-116 剪裁多余图线

⑪ 使用【三点圆弧】工具，在如图 2-117 所示的位置创建出相切的连接圆弧。

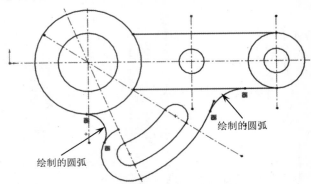

绘制的圆弧

绘制的圆弧

图 2-117 绘制相切的连接圆弧

⑫ 使用【剪裁实体】工具，将草图中的多余图线剪裁掉。对草图（主要是没有固定的图线）添加尺寸约束，结果如图 2-118 所示。

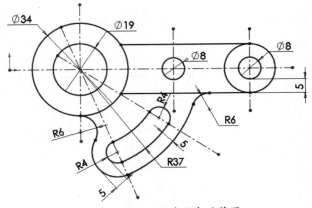

图 2-118 添加尺寸约束的草图

⑬ 至此，垫片草图已绘制完成，最后将结果保存。

CHAPTER 3

草图变换与约束

本章导读

一个完整的草图包括几何形状、几何关系和尺寸标注三方面的信息。上一章主要讲解草图基本曲线的绘制，掌握了绘制草图的各种工具命令。本章主要是熟练掌握草图编辑方法，这将帮助用户快速实现三维建模，提高工程设计的效率，进而灵活运用软件实现不同的应用目的。

知识要点

- ☑ 草图变换操作
- ☑ 草图对象的约束

3.1 草图变换操作

一个完整的草图一般不是只用绘图命令就能完成,有些复杂的图形还需要经过后期的修改和编辑,才能得到合格的草图。

本节主要讲解草图变换基本操作,包括剪切、复制、粘贴、移动、旋转、缩放、剪裁、延伸和分割合并等。

3.1.1 利用剪贴板复制草图对象

剪切、复制与粘贴操作是利用了 Windows 操作系统的剪贴板功能,在草图编辑过程中,将部分图线进行剪切、复制、粘贴等操作,可以极大地提高草图编辑效率。复制和粘贴方法有下面两种。

- 在同一零件文件中复制或将草图复制到另一个零件文件中,可在特征设计树中选择、拖动草图,在拖动的同时按住 Ctrl 键,就可以实现文件的复制。
- 在草图中,选择要进行复制操作的草图对象,接着在菜单栏中选择【编辑】|【复制】命令或按快捷键 Ctrl+C 将草图对象复制到剪贴板中,然后再在菜单栏中选择【编辑】|【粘贴】命令或按快捷键 Ctrl+V,剪贴板中的草图对象便粘贴到当前草图中,草图实体的中心放置在鼠标选择的位置上。

技巧点拨:

在图形区中粘贴图线时,是以光标的位置作为默认的粘贴位置。所以要精确放置副本对象,光标事先要拾取到参考点、参考线或参考面。

3.1.2 移动、复制、旋转、缩放及伸展草图对象

1. 移动或复制实体

移动实体是将草图曲线在基准面内按指定方向进行平移;复制实体是将草图曲线在基准面内按指定方向进行平移,但要生成对象副本。

在菜单栏中执行【工具】|【草图工具】|【移动实体】命令,打开【移动】属性面板,如图 3-1 所示。在菜单栏中执行【工具】|【草图工具】|【复制实体】命令,打开【复制】属性面板,如图 3-2 所示。

图 3-1 【移动】属性面板

图 3-2 【复制】属性面板

【移动】或【复制】属性面板中各选项含义如下。

- 　⊡：列出要移动或复制的对象。
- 　保留几何关系：勾选此复选框，所选对象之间的几何关系被保留。
- 　从/到：选择此选项，将通过选择起点和终点来移动或复制对象。
- 　X/Y：选择此选项，将通过输入 X、Y 的坐标值来移动或复制对象。
- 　重复：单击此按钮，　△x 和 △Y 相对距离文本框中的值将以倍数增加。

【移动】工具的应用如图 3-3 所示。

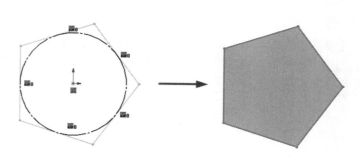

图 3-3　使用【移动】工具移动对象

【复制】工具的应用如图 3-4 所示。

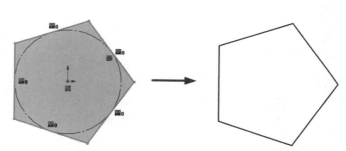

图 3-4　使用【复制】工具复制对象

技巧点拨：

【移动】和【复制】操作将不生成几何关系。若想生成几何关系，用户可使用【添加几何关系】工具为其添加新的几何关系。

2. 旋转实体

使用【旋转】工具可将选择的草图曲线绕旋转中心进行旋转，不生成副本。在【草图】选项卡中单击【旋转】按钮，打开【旋转】属性面板，如图 3-5 所示。

通过【旋转】属性面板，为草图曲线指定旋转中心点及旋转角度后，单击【确定】按钮 即可完成旋转实体的操作，如图 3-6 所示。

3. 按比例缩放实体

按比例缩放实体是指将草图曲线按设定的比例因子进行缩小或放大。使用【比例】工具可以生成对象的副本。

图 3-5 【旋转】属性面板

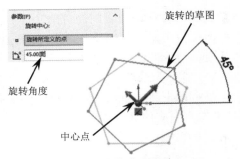

图 3-6 旋转实体操作

在【草图】选项卡中单击【缩放比例】按钮，打开【比例】属性面板，如图 3-7 所示。通过此面板，选择要缩放的对象，并指定基准点，再设定比例因子，即可将参考对象进行缩放，如图 3-8 所示。

图 3-7 【比例】属性面板

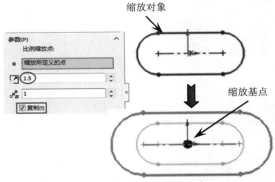

图 3-8 按比例缩放对象

【比例】属性面板中各选项含义如下。

- ⬚：为缩放比例添加草图曲线。
- ▪：激活此列表框，为缩放指定基准点。
- ⬚：在此文本框中输入缩小或放大的比例倍数。

技巧点拨：

为缩放指定比例因子，其值必须大于等于 0.000001 且小于等于 1000000。否则不能进行缩放操作。

- 复制：勾选此复选框，将弹出【份数】🔢文本框，通过该文本框输入要复制的数量。如图 3-9 所示为不复制缩放对象的缩放操作，如图 3-10 所示为要复制缩放对象的缩放操作。

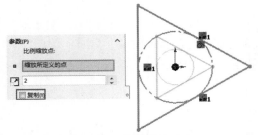

图 3-9 不复制缩放对象

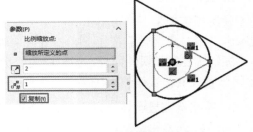

图 3-10 要复制缩放对象

4. 伸展实体

伸展实体是指将草图中选定的部分曲线按指定的距离进行延伸，使其整个草图被伸展。在【草图】选项卡中单击【伸展】按钮 ⌊_⌋，打开【伸展】属性面板，如图 3-11 所示。通过此面板，在图形区选择要伸展的对象，并设定伸展距离，即可伸展选定的对象，如图 3-12 所示。

图 3-11　【伸展】属性面板

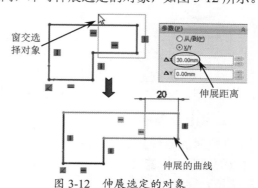

图 3-12　伸展选定的对象

> **技巧点拨：**
> 若用户选择草图中所有曲线进行伸展，最终结果是对象没有被伸展，而仅仅按指定的距离进行平移。

3.1.3　等距复制草图对象

1. 等距实体

【等距实体】工具可以将一条或多条草图曲线、所选模型边线或模型面按指定距离值等距离偏移、复制。

在【草图】选项卡中单击【等距实体】按钮 ⌊_，打开【等距实体】属性面板，如图 3-13 所示。

【等距实体】属性面板的【参数】选项区中各选项含义如下。

- ⌊ₒ：设定数值以特定距离来生成等距草图曲线。
- 添加尺寸：勾选此复选框，生成等距曲线后将显示尺寸约束。
- 反向：勾选此复选框，将反转偏距方向。当勾选【双向】复选框时，此复选框不可用。
- 选择链：勾选此复选框，将自动选择曲线链作为等距对象。
- 双向：勾选此复选框，可双向生成等距曲线。
- 构造几何体：勾选此复选框，将要等距的曲线对象变成构造曲线，如图 3-14 所示。

图 3-13　【等距实体】属性面板

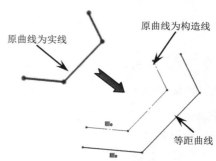

图 3-14　创建构造线

- 顶端加盖：为【双向】的等距曲线生成封闭端曲线，包括【圆弧】和【直线】两种封闭形式，如图 3-15 所示。

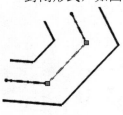 

双向等距（无盖） 圆弧加盖 直线加盖

图 3-15 为双向等距曲线加盖

2. 曲面上偏移

【曲面上偏移】工具是在已有曲面上创建曲面边界线的偏移线。此工具仅仅在已有模型对象的情况下才能使用。单击【曲面上偏移】按钮 ◇，打开【曲面上偏移】属性面板，如图 3-16 所示。

【曲面上偏移】属性面板中有两种等距类型。

- 测地线等距 ◇：完全参照曲面的形状来偏移复制，如图 3-17 所示。

 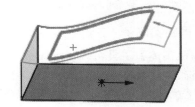

图 3-16 【曲面上偏移】属性面板 图 3-17 测地线等距

- 欧几里得等距 ◇：不考虑曲面曲率来偏移复制，如图 3-18 所示。

 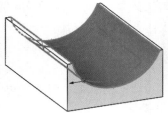

图 3-18 欧几里得等距

3.1.4 镜像与阵列草图对象

1. 镜像对象

【镜像实体】工具是以直线、中心线、模型实体边及线性工程图边线作为对称中心来镜像复制曲线的。

在【草图】选项卡中单击【镜像实体】按钮 附，打开【镜像】属性面板，如图 3-19 所示。

【镜像】属性面板中各选项含义如下。

● 要镜像的实体：将选择的要镜像的草图曲线对象列于该列表框中。

● 复制：勾选此复选框，镜像曲线后仍保留原曲线；取消勾选，将不保留原曲线，如图 3-20 所示。

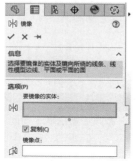

图 3-19　【镜像】属性面板

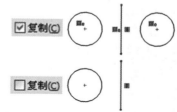

图 3-20　勾选与取消勾选【复制】复选框的效果对比

● 镜像点：选择镜像中心线。

要绘制镜像曲线，先选择要镜像的对象曲线，然后选择镜像中心线（选择镜像中心线时必须激活【镜像点】列表框），最后单击面板中的【确定】按钮 ✅ 完成镜像操作，如图 3-21 所示。

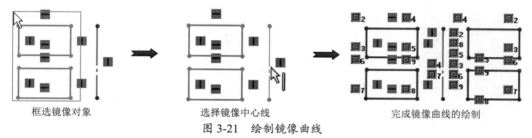

框选镜像对象　　　　　　选择镜像中心线　　　　　　完成镜像曲线的绘制

图 3-21　绘制镜像曲线

2. 线性草图阵列

线性阵列是将草图对象以相互垂直的两个轴方向进行矩形阵列。线性阵列是将草图对象在 X 轴和 Y 轴方向上进行线性阵列的阵列方式。在【草图】选项卡中单击【线性草图阵列】按钮 🔠，打开【线性阵列】属性面板，如图 3-22 所示。

【线性阵列】属性面板中各选项含义如下。

● 【方向 1】选项区：主要设置 X 轴方向的阵列参数。

● 反向 ⤢：单击此按钮，将更改阵列方向。图形区将显示阵列方向箭头，拖动箭头顶点可以更改阵列间距和角度，如图 3-23 所示。

● 间距 🔧：设定阵列对象的间距。

● 标注 X 间距：勾选此复选框，生成阵列后将显示阵列对象之间的间距尺寸。

● 实例数 ⚏：在 X 轴方向上阵列的对象数目。

图 3-22　【线性阵列】属性面板

- 显示实例记数：勾选此复选框，生成阵列后将显示阵列的数目。

图 3-23　拖动方向箭头以更改间距和角度

- 角度：设置与 X 轴有一定角度的阵列。
- 【方向 2】选项区：主要设置 Y 轴方向上的阵列参数。

技巧点拨：

如果选取一模型边线来定义方向 1，那么方向 2 被自动激活。否则，必须手动选取方向其将激活。

- 要阵列的实体：选择要进行阵列的对象。
- 要跳过的单元：在整个阵列中选择不需要的阵列对象。

使用【线性草图阵列】工具进行线性阵列的操作如图 3-24 所示。

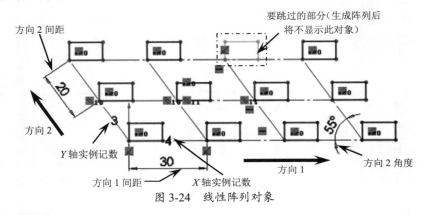

图 3-24　线性阵列对象

3. 圆周草图阵列

圆周阵列是将草图对象以轴心为基点的环形阵列。【圆周阵列】属性面板如图 3-25 所示。

【圆周阵列】属性面板中各选项含义如下。

- 反向旋转：单击此按钮，可以更改旋转阵列的方向，默认为顺时针方向。
- ：沿 X 轴设定阵列中心。默认的中心点为坐标系原点。
- ：沿 Y 轴设定阵列中心。
- 间距：设定阵列中旋转角度，也包括的总度数数量。
- 等间距：勾选此复选框，将使阵列对象彼此间距相等。
- 标注半径：勾选此复选框将标注圆周阵列的半径。
- 标注角间距：勾选此复选框将显示阵列成员之间的间距尺寸。
- 实例数：设定阵列对象的数量。
- 半径：阵列参考对象中心（此中心始终固定）至阵列中心之间的距离。
- 圆弧角度：设定从所选实体的中心到阵列的中心点或顶点所测量的夹角。

使用【圆周阵列】工具进行圆周阵列的示意图如图 3-26 所示。

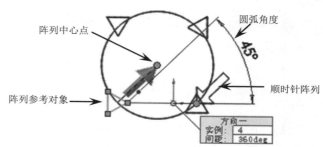

图 3-25　【圆周阵列】属性面板

图 3-26　圆周阵列对象

3.1.5　剪裁及延伸草图对象

1. 剪裁实体

剪裁实体就是修剪图形中多余的草图曲线，能够得到完整的截面轮廓曲线。剪裁实体有 5 种方式：强劲剪裁、边角、在内剪除、在外剪除和剪裁到最近端。

一般情况下我们用得最多的剪裁方式是强劲剪裁，也就是画线修剪，如图 3-27 所示。其他几种剪裁方式基本用不到。

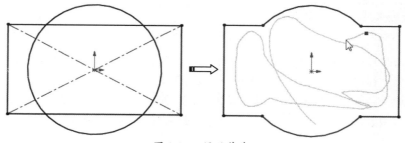

图 3-27　强劲剪裁

2. 延伸实体

使用【延伸实体】工具可以增加草图曲线（直线、中心线、或圆弧）的长度，使得要延伸的草图曲线延伸至与另一草图曲线相交。

单击【延伸实体】按钮 T 后，指针由 ▷ 变为 ▷T。在图形区将指针靠近要延伸的曲线，随后将以红色显示延伸曲线的预览，单击曲线将完成延伸操作，如图 3-28 所示。

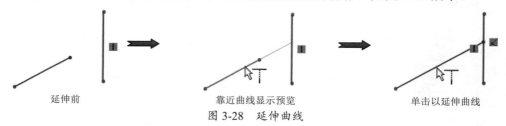

延伸前　　　　　　　　　　靠近曲线显示预览　　　　　　　　单击以延伸曲线

图 3-28　延伸曲线

技巧点拨：

若要将曲线延伸至多条曲线，第一次单击要延伸的曲线可以将其延伸至第一相交曲线，再单击可以延伸至第二相交曲线。

3.1.6 草图变换工具的应用

上机实践——草图练习 1

要绘制的草图如图 3-29 所示。

① 新建零件文件。

② 在【草图】选项卡中单击【草图绘制】按钮 ，在绘图区选择草图平面后自动进入草图环境。

③ 创建基本图形。单击【草图】选项卡中的【边角矩形】按钮 □，选择原点后移动光标到合适位置后再选择结束矩形的绘制，进行倒角处理后，标注尺寸，得到如图 3-30 所示的草图。

④ 绘制两条中心线。绘制两条中心线并标注尺寸，如图 3-31 所示。

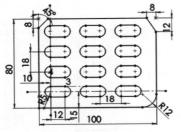

图 3-29 待绘制的多孔板草图

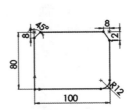

图 3-30 绘制矩形框

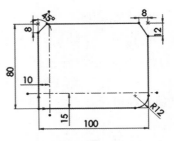

图 3-31 绘制中心线

⑤ 绘制阵列的几何实体。以两条中心线的交点为圆心，绘制一个半径为 5 的圆，然后在水平中心线上移动 12 继续绘制一个半径为 5 的圆。单击【草图】选项卡中的【直线】按钮 ，绘制两条跟刚绘制的两圆相切的直线，剪裁后得到如图 3-32 所示的草图。

⑥ 单击【草图】选项卡中的 线性草图阵列 按钮，打开【线性阵列】属性面板。设置如下阵列参数：

- 值设定为 30， 值设为 3。
- 值设定为 18， 值设为 4。
- 激活【要阵列的实体】选项，在图形区选择要阵列的草图实体。

⑦ 单击【确定】按钮 ，完成阵列操作，得到如图 3-33 所示的草图。

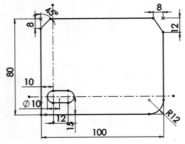

图 3-32 绘制阵列的几何实体

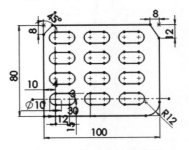

图 3-33 绘制完成的草图

上机实践——草图练习 2

　　法兰草图中包括圆、直线和中心线。其图形的编辑包括使用【剪裁实体】工具修剪多余曲线，使用【等距实体】工具绘制偏移图线，使用【阵列实体】工具阵列相同图线等。要绘制的法兰草图如图 3-34 所示。

① 新建零件文件。选择前视基准面作为草绘平面，进入草图环境。

② 使用【中心线】工具绘制中心线，如图 3-35 所示。

③ 使用【圆】工具在定位基准线中绘制直径为 140 的圆，如图 3-36 所示。

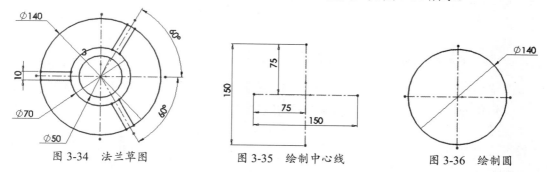

图 3-34　法兰草图　　　　　图 3-35　绘制中心线　　　　　图 3-36　绘制圆

④ 在【草图】选项卡中单击【等距实体】按钮，弹出【等距实体】属性面板。输入等距距离值，并勾选【反向】复选框。然后在图形区中选择圆作为等距参考，程序自动创建出偏距为 35 的圆，如图 3-37 所示。

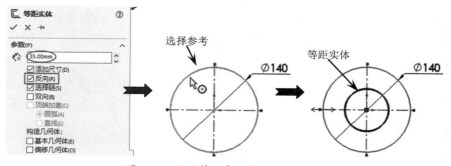

图 3-37　设置等距参数并绘制等距实体

⑤ 单击【等距实体】属性面板中的【确定】按钮✔将其关闭。

⑥ 同理，选择大圆作为等距参考，绘制出偏距为 45 且反向的等距实体，如图 3-38 所示。

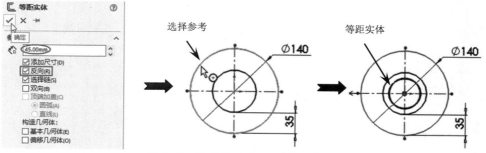

图 3-38　绘制偏距为 45 的等距实体

⑦ 使用【等距实体】工具，选择水平中心线作为等距参考，绘制出偏距为 5 的正、反方向

的等距实体，如图 3-39 所示。

⑧ 使用【剪裁实体】工具，修剪上一步骤绘制的水平等距实体，如图 3-40 所示。

⑨ 在【草图】选项卡中单击【圆周草图阵列】按钮 ，弹出【圆周阵列】属性面板。在图形区中选择基准中心点作为圆周阵列的中心，如图 3-41 所示。

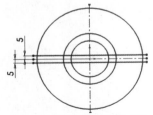

图 3-39 绘制水平等距实体

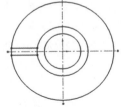

图 3-40 修剪等距实体

图 3-41 选择阵列中心

⑩ 设置阵列的数量为 3，并激活【要阵列的实体】选项。再在图形区中选择修剪的水平等距实体作为阵列对象，随后自动显示阵列的预览，如图 3-42 所示。

⑪ 单击【圆周阵列】属性面板中的【确定】按钮将其关闭并完成操作。

⑫ 使用【智能尺寸】工具，对绘制完成的图形进行尺寸约束，结果如图 3-43 所示。

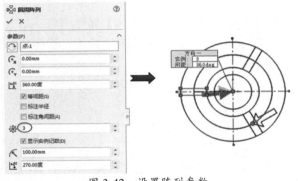

图 3-42 设置阵列参数

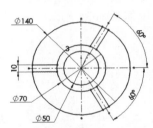

图 3-43 绘制完成的草图

上机实践——草图练习 3

绘制如图 3-44 所示的对称草图，并标注尺寸。

① 新建零件文件。单击【草图】选项卡中的【草图绘制】按钮 ，然后选择一个草图平面进入草图环境。

② 绘制中心线。单击【草图】选项卡中的【中心线】按钮 ，绘制竖直的中心线，如图 3-45 所示。

③ 绘制草图的大体形状。单击【草图】选项卡中的【直线】按钮 ，绘制直线，如图 3-46 所示。

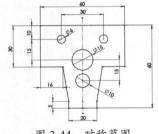

图 3-44 对称草图

图 3-45 绘制中心线

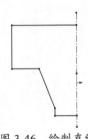

图 3-46 绘制直线

④ 绘制圆。分别在中心线上绘制两个半圆和一个小圆，圆的尺寸及位置在标注中确定，如图 3-47 所示。

⑤ 镜像实体。将需镜像的部分都选择为镜像实体，镜像点选择中心线，单击【确定】按钮 ✅，完成草图的绘制。

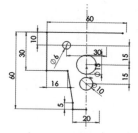

图 3-47 绘制圆并标注尺寸

技巧点拨：

在草图的绘制过程中，要密切注意鼠标指针的变化，根据其指针形状的变化，可得知绘制的几何实体是否是自己想要的，从而可以提高绘图效率。比如要在中心线上绘制圆，在单击【圆】按钮后，当鼠标处于中心线上时，其指针形状会变为 ⊗，示意绘制的圆心处于中心线上，否则在后面的还需要添加几何关系使圆心处于中心线上，提高绘图效率。

上机实践——草图练习 4

结合几何约束、尺寸约束工具绘制基本图形，并运用草图绘制工具，编辑草图，绘制如图 3-48 所示的外棘轮机构草图。

① 选择【文件】|【新建】命令，弹出【新建 SOLIDWORKS 文件】对话框，在对话框中单击【零件】图标，单击【确定】按钮进入零件环境。

② 在特征设计树中选择前视基准面，单击【草图】选项卡中的【草图绘制】按钮 ▣，进入草图环境。

③ 单击【草图】选项卡中的【中心线】按钮 ┆，分别绘制一条水平中心线、一条竖直中心线和一条与竖直中心线的夹角为 60° 的斜中心线，如图 3-49 所示。

④ 单击【草图】选项卡中的【直线】按钮 ╱，绘制一条水平直线，如图 3-50 所示。

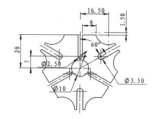

图 3-48 外棘轮机构草图

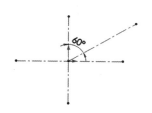

图 3-49 绘制中心线

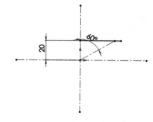

图 3-50 绘制水平直线

⑤ 单击【草图】选项卡中的【圆】按钮 ⊙· 绘制三个圆，直径分别为 2.5、3.5 和 10。接着单击【草图】选项卡中的【三点圆弧】按钮 ⌒·，绘制一段半径为 7.35 的圆弧，最后利用【剪裁实体】命令修剪圆弧，结果如图 3-51 所示。

⑥ 单击【草图】选项卡中的【直线】按钮 ╱，先绘制两条直线，分别相切于直径为 2.5 和 3.5 的两个圆，添加几何关系以保证其中一条直线平行于斜中心线。接着再绘制一条过圆弧圆心且垂直于斜中心线（与竖直中心线的夹角为 60°）的直线，如图 3-52 所示。

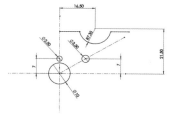

图 3-51 绘制圆和圆弧并修剪圆弧

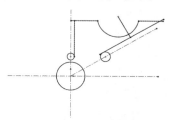

图 3-52 绘制直线

⑦ 单击【草图】选项卡中的【剪裁实体】按钮，剪去多余线段，如图 3-53 所示。

⑧ 单击【草图】选项卡中的【镜像实体】按钮，选取修剪后的图形进行镜像操作，选取镜像轴为斜中心线，如图 3-54 所示。

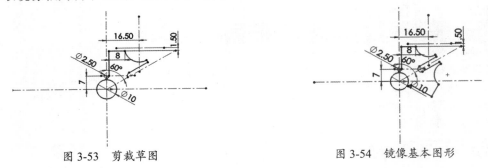

图 3-53　剪裁草图　　　　　　　　　　　图 3-54　镜像基本图形

⑨ 选择要阵列的几何图形，单击【草图】选项卡中的【圆周草图阵列】按钮，弹出【圆周阵列】属性面板。设置阵列中心为草图原点及阵列个数为 3，单击【确定】按钮完成几何图形的圆周阵列，如图 3-55 所示。

⑩ 添加尺寸和几何关系使绘制的草图完全定义，结果如图 3-56 所示。

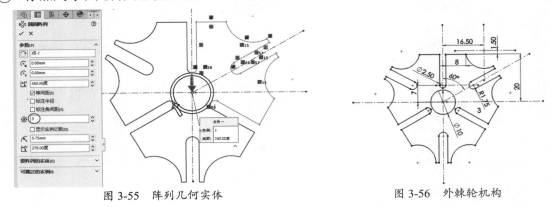

图 3-55　阵列几何实体　　　　　　　　　图 3-56　外棘轮机构

3.2　草图对象的约束

在草图环境中，草图的形状与定位需要尺寸和几何关系进行约束，否则不能按照设计者的意图完成想要的草图。

3.2.1　尺寸约束

首先要说明的是：草图并非工程图。草图中的尺寸定义其实是给图形施加约束关系，并不是工程图中的尺寸标注。

SolidWorks 中共有 9 种尺寸约束类型，在【草图】选项卡的【智能尺寸】工具下拉菜单中就包含了这 9 种尺寸约束类型，如图 3-57 所示。

表 3-1 中列出了 SolidWorks 中的所有尺寸约束类型的图解。

图 3-57　9 种尺寸约束类型

表3-1 尺寸约束类型

尺寸约束类型		图 标	说 明	图 解
水平尺寸			标注的尺寸总是与坐标系的 X 轴平行	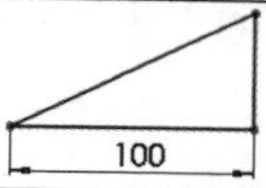
竖直尺寸			标注的尺寸总是与坐标系的 Y 轴平行	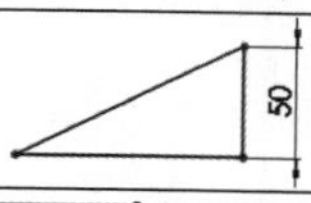
基准尺寸			基准尺寸主要用来定位图形中的线和点的位置。以指定的草图基准开始标注，每一个尺寸始终与第一个尺寸对齐	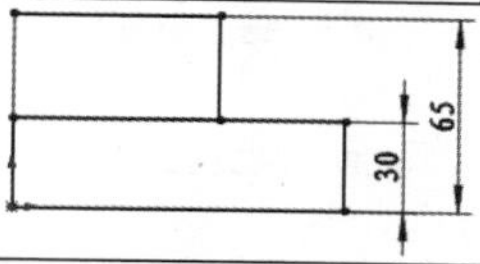
链尺寸			链尺寸是关联尺寸，从一个特征测量到下一个特征，完成自动标注	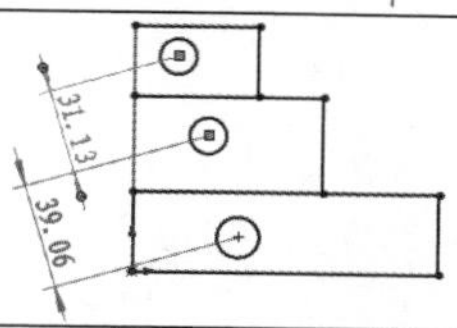
尺寸链			从工程图或草图中的零坐标开始测量的尺寸链组，包括对齐标注、竖直标注和水平标注的尺寸链	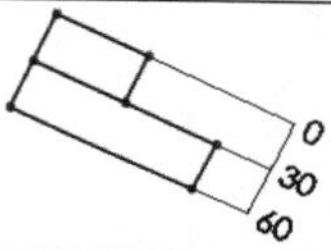
竖直尺寸链			竖直标注的尺寸链组	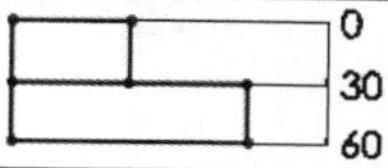
水平尺寸链			水平标注的尺寸链组	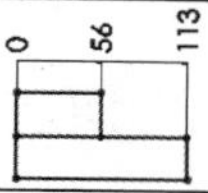
路径长度尺寸			用以标注曲线链的总长度	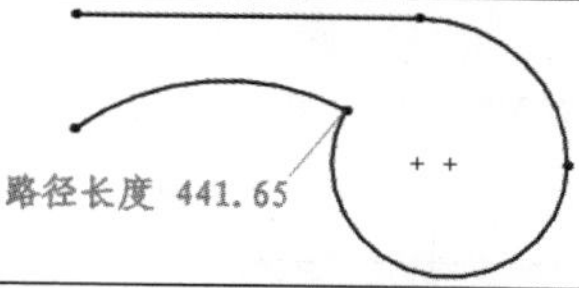
智能尺寸	平行尺寸		标注的尺寸总是与所选对象平行	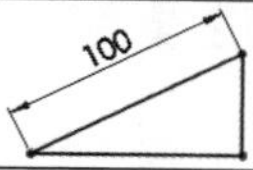
	角度尺寸		标注两相交直线的角度尺寸	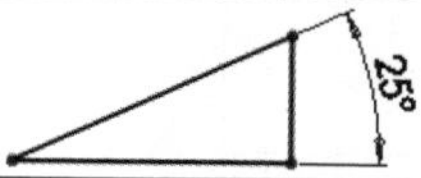
	直径尺寸		标注圆或圆弧的直径尺寸，或者以线性尺寸方式标注直径尺寸，且与轴平行	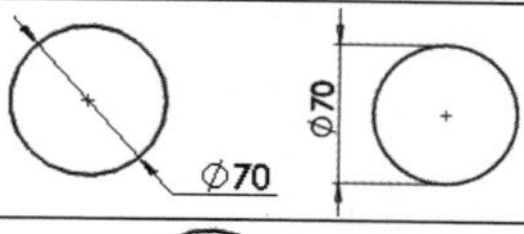
	半径尺寸		标注圆或圆弧的半径尺寸	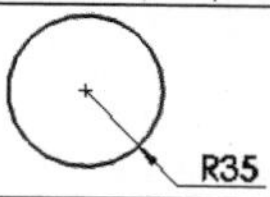
	弧长尺寸		标注圆弧的弧长尺寸。标注方法是先选择圆弧，然后依次选择圆弧的两个端点	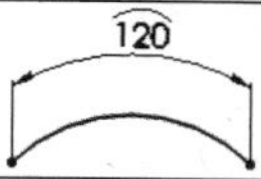
	水平尺寸和竖直尺寸		标注出水平放置和竖直放置的尺寸	

技术要点：

　　要想在绘制图形过程中自动产生尺寸约束，可以将【草图数字输入】命令和【添加尺寸】命令添加到【草图】选项卡中，如图 3-58 所示。添加这两个命令后，先单击【草图数字输入】按钮 🖋，执行相关绘图命令后，再单击【添加尺寸】按钮 ✐，即可在绘图过程中即时输入尺寸以控制草图。

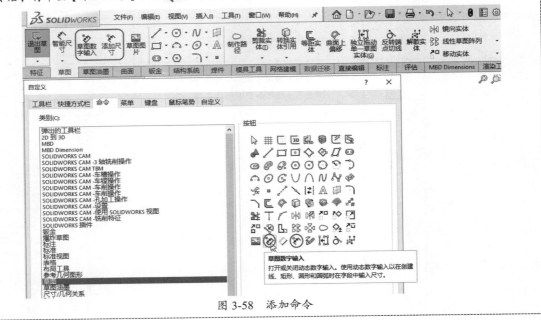

图 3-58　添加命令

3.2.2　几何约束

　　几何约束其实也是草图捕捉的一种特殊方式。几何约束类型包括推理和添加类型。表3-2 列出了 SolidWorks 草图模式中所有的几何关系。

表 3-2　草图几何关系

几 何 关 系	类 型	说　　明	图　解
水平	推理	绘制水平线	
垂直	推理	按垂直于第一条直线的方向绘制第二条直线。草图工具处于激活状态，因此草图捕捉中点显示在直线上	
平行	推理	按平行几何关系绘制两条直线	
水平和相切	推理	添加切线弧到水平线	
水平和重合	推理	绘制第二个圆。草图工具处于激活状态，因此草图捕捉的象限显示在第二个圆弧上	
竖直、水平、相交和相切	推理和添加	按中心推理到草图原点绘制圆（竖直），水平线与圆的象限相交，添加相切几何关系	

续表

几何关系	类型	说明	图解
水平、竖直和相等	推理和添加	推理水平和竖直几何关系，添加相等几何关系	
同心	添加	添加同心几何关系	

推理类型的几何约束仅在绘制草图的过程中自动出现。而添加类型的几何约束则需要用户手动添加。

技巧点拨：

推理类型的几何约束，仅在【系统选项】的【草图】选项设置中【自动几何关系】选项被勾选的情况下才显示。

上机实践——绘制拔叉草图

绘制如图 3-59 所示的拔叉草图，其操作步骤如下。

① 新建零件文件。

② 在特征设计树中选择前视基准面，然后单击【草图】选项卡中的【草图绘制】按钮 ，进入草图环境。

③ 单击【草图】选项卡中的【中心线】按钮 ，分别绘制一条水平中心线和两条竖直中心线，如图 3-60 所示。

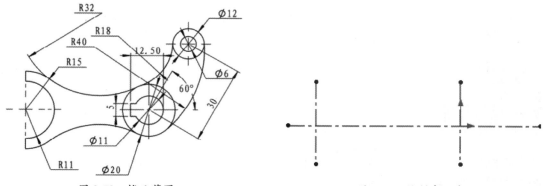

图 3-59　拔叉草图　　　　　　　　　图 3-60　绘制中心线

④ 单击【草图】选项卡中的【圆】按钮 ，绘制两个圆，直径分别为 20 和 11。单击【草图】选项卡中的【三点圆弧】按钮 ，绘制两段圆弧，半径分别为 15 和 11，如图 3-61 所示。

⑤ 单击【草图】选项卡中的【中心线】按钮 ，绘制与水平方向成 60°的中心线，绘制与圆心距离为 30 并与刚绘制的中心线相垂直的中心线，如图 3-62 所示。

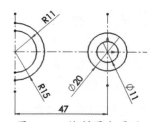

图 3-61　绘制圆和圆弧

⑥ 以刚绘制的中心线的交点为圆心绘制直径分别为 6 和 12 的圆，如图 3-63 所示。

⑦ 单击【草图】选项卡中的【圆】按钮 ⊙，绘制两个直径为 64 的圆，且与直径为 20 和 30 的圆相切，如图 3-64 所示。

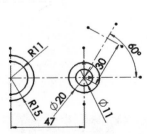

图 3-62 绘制中心线

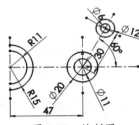

图 3-63 绘制圆

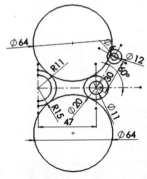

图 3-64 绘制相切圆

⑧ 单击【草图】选项卡中的【三点圆弧】按钮 ⌒，接着绘制圆弧，该圆弧与端点处的两个圆相切。再单击【剪裁实体】按钮 ✄ 修剪图形，结果如图 3-65 所示。

⑨ 单击【草图】选项卡中的【直线】按钮 ⟋ 绘制键槽，添加几何关系使键槽关于水平中心线对称，结果如图 3-66 所示。

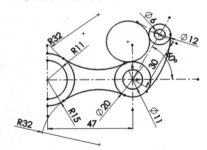

图 3-65 绘制切线弧并剪裁图形

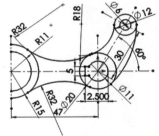

图 3-66 添加几何关系

3.3 综合案例

通常情况下，需要使用草图编辑工具对绘制的草图进行编辑。本节将以几个典型的草图曲线编辑的实例来演示草图编辑工具的应用。

3.3.1 案例———绘制手柄支架草图

本例会使用直线、中心线、圆、圆弧、等距实体、移动实体、剪裁实体、几何约束、尺寸约束等工具来绘制草图。手柄支架草图如图 3-67 所示，其主要包含已知线段、连接线段和中间线段。

1. 绘制尺寸基准线和定位线

① 新建零件文件，选择前视基准面作为草绘平面，进入草图环境。

② 使用【中心线】工具 ⟋，在图形区绘制如图 3-68 所示的中心线。

③ 使用【圆心/起点/终点画弧】工具 🕐 在图形区绘制半径为 56 的圆弧，并将此圆弧设为构造线，如图 3-69 所示。

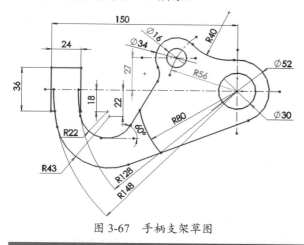

图 3-67　手柄支架草图

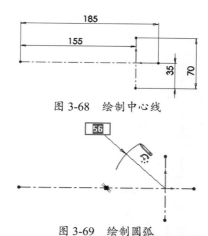

图 3-68　绘制中心线

图 3-69　绘制圆弧

　　将圆弧设为构造线，是因为圆弧将作为定位线而存在。

④ 使用【直线】工具 ✏️，绘制一条与圆弧相交的构造线，如图 3-70 所示。

2. 绘制已知线段

① 使用【圆】工具 ⊙ 在图形区中绘制 4 个直径分别为 52、30、34、16 的圆，如图 3-71 所示。

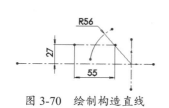

图 3-70　绘制构造直线

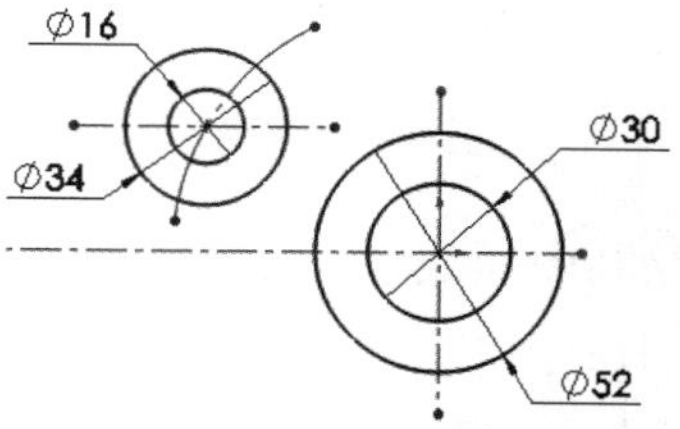

图 3-71　绘制 4 个圆

② 使用【等距实体】工具 ⎗，选择竖直中心线作为等距参考，绘制出 2 条偏距分别为 150 和 126 的等距实体，如图 3-72 所示。

③ 使用【直线】工具 ✏️ 绘制出如图 3-73 所示的水平直线。

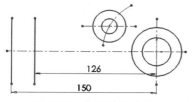

图 3-72　绘制等距实体

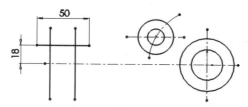

图 3-73　绘制水平直线

④ 在【草图】选项卡中单击【镜像实体】按钮 ⵊⵊ，弹出【镜像】属性面板。按信息提示在图形区选择要镜像的图线，如图 3-74 所示。

⑤ 勾选【复制】复选框，并激活【镜像点】列表，然后在图形区选择水平中心线作为镜像

中心线，如图 3-75 所示。

⑥ 最后单击【确定】按钮✅，完成镜像操作，如图 3-76 所示。

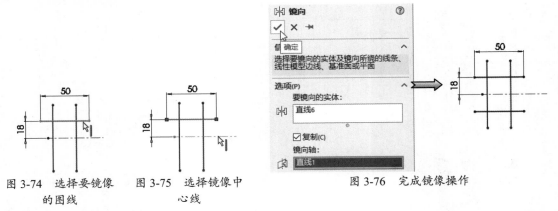

图 3-74　选择要镜像　图 3-75　选择镜像中　　　　图 3-76　完成镜像操作
　　　　的图线　　　　　　　　　心线

⑦ 使用【圆心/起点/终点画弧】工具⬒在图形区绘制两条半径为 148 和 128 的圆弧，如图 3-77 所示。

⑧ 使用【直线】工具✏，绘制两条水平短直线，如图 3-78 所示。

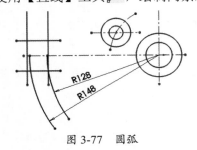

图 3-77　圆弧

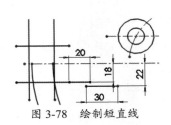

图 3-78　绘制短直线

3. 绘制中间线段

① 使用【添加几何关系】工具⊥，将前面绘制的所有图线固定。

② 使用【圆心/起点/终点画弧】工具⬒在图形区绘制半径为 22 的圆弧，如图 3-79 所示。

③ 使用【添加几何关系】工具⊥，选择如图 3-80 所示的两段圆弧进行相切约束。

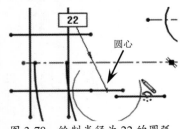

图 3-79　绘制半径为 22 的圆弧

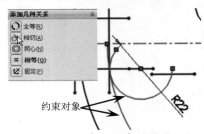

图 3-80　相切约束两圆弧

④ 同理，再绘制半径为 43 的圆弧，并添加几何关系使其与另一圆弧相切，如图 3-81 所示。

⑤ 使用【直线】工具✏，绘制一条直线构造线，使之与半径为 22 的圆弧相切，并与水平中心线平行，如图 3-82 所示。

⑥ 使用【直线】工具 ✏️ 再绘制一条直线，使其与上一步骤绘制的直线构造线成 60°角。添加几何关系使其相切于半径为 22 的圆弧，如图 3-81 所示。

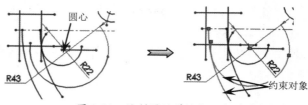

图 3-81 绘制圆弧并添加几何关系

⑦ 使用【剪裁实体】工具 ✂️，修剪图形，结果如图 3-84 所示。

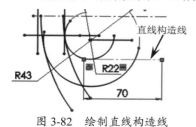

图 3-82 绘制直线构造线

图 3-83 绘制角度直线

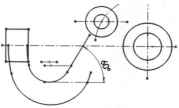

图 3-84 修剪图形

4. 绘制连接线段

① 使用【直线】工具 ✏️，绘制一条角度直线，并添加几何关系使其与另一圆弧和圆相切，如图 3-85 所示。

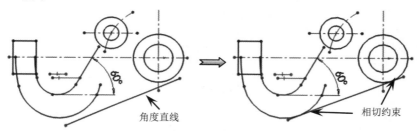

图 3-85 绘制与圆、圆弧都相切的直线

② 使用【三点圆弧】工具 ⌒，在两个圆之间绘制半径为 40 的连接圆弧。并添加几何关系使其与两个圆都相切，如图 3-86 所示。

技巧点拨：

绘制圆弧时，圆弧的起点与终点不要与其他图线中的顶点、交叉点或中点重合，否则无法添加新的几何关系。

③ 同理，在图形区另一位置绘制半径为 12 的圆弧，添加几何关系使其与角度直线和圆都相切，如图 3-87 所示。

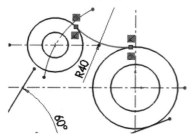

图 3-86 绘制与两圆都相切的圆弧

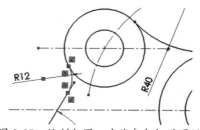

图 3-87 绘制与圆、直线都相切的圆弧

④ 使用【圆心/起点/终点画弧】工具 ⟲，以基准线中心为圆弧中心，绘制半径为 80 的圆弧，如图 3-88 所示。

⑤ 使用【剪裁实体】工具 ⟰，将草图中多余的图线全部修剪掉，完成结果如图 3-89 所示。

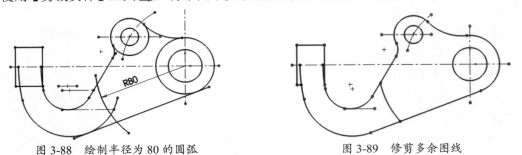

图 3-88　绘制半径为 80 的圆弧　　　　　　图 3-89　修剪多余图线

⑥ 使用【显示/删除几何关系】工具 ⟰，除中心线外删除其余草图图线的几何关系。然后对草图进行尺寸标注，完成结果如图 3-90 所示。

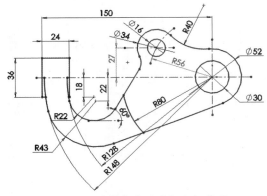

图 3-90　绘制完成的手柄支架草图

⑦ 至此，手柄支架草图已绘制完成，将草图保存。

3.3.2　案例二——绘制转轮架草图 1

转轮架草图的绘制方法与手柄支架草图的绘制是完全相同的。

本例的转轮架草图如图 3-91 所示。

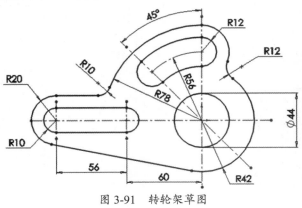

图 3-91　转轮架草图

① 新建零件文件，选择前视视图作为草绘平面，并自动进入草图环境。
② 使用【中心线】工具 ✐，在图形区绘制草图的定位中心线，如图 3-92 所示。

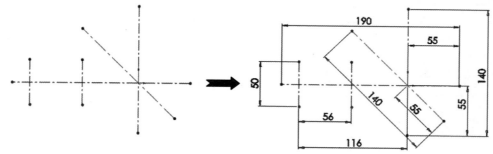

图 3-92 绘制定位中心线

③ 将中心线全部固定。使用【圆】工具 ⊙，绘制如图 3-93 所示的圆。
④ 使用【圆心/起点/终点画弧】工具 ⤾，绘制如图 3-94 所示的圆弧。

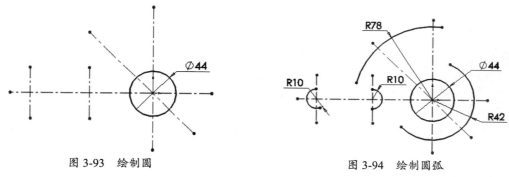

图 3-93 绘制圆   图 3-94 绘制圆弧

⑤ 使用【直线】工具 ✐，绘制两条水平直线，添加几何关系使其与相接的圆弧相切，如图 3-95 所示。
⑥ 使用【等距实体】工具 ⊑，选择如图 3-96 所示的圆弧，分别绘制出偏距为 10、22 和 34 且反向的等距实体。

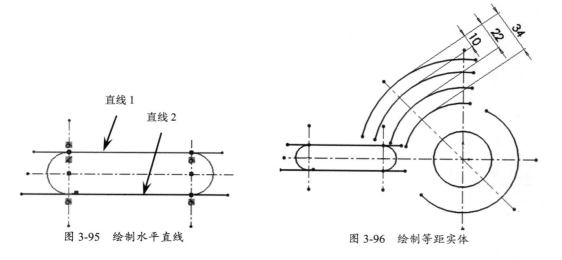

图 3-95 绘制水平直线   图 3-96 绘制等距实体

⑦ 为了便于操作，使用【剪裁实体】工具 ✂ 对图形进行部分修剪，如图 3-97 所示。

⑧ 使用【圆心/起点/终点画弧】工具 ⌒，绘制如图 3-98 所示的圆弧。

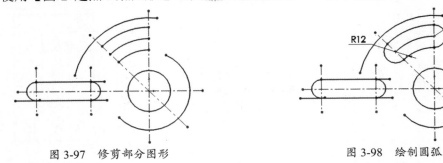

图 3-97 修剪部分图形　　　　　　　　图 3-98 绘制圆弧

⑨ 使用【等距实体】工具 ⫶，在草图中绘制等距实体，如图 3-99 所示。

⑩ 使用【直线】工具 ✎，绘制一条斜线，添加几何关系使其与相邻圆弧相切，如图 3-100 所示。

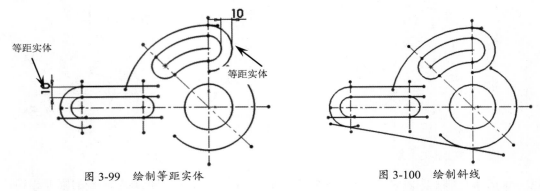

图 3-99 绘制等距实体　　　　　　　　图 3-100 绘制斜线

⑪ 使用【绘制圆角】工具 ⌐，在草图中绘制半径分别为 12 和 10 的两个圆弧，如图 3-101 所示。

⑫ 使用【剪裁实体】工具 ✂，修剪草图中的多余图线。

⑬ 对绘制的草图进行尺寸约束，如图 3-102 所示。至此，转轮架草图绘制完成，将结果保存。

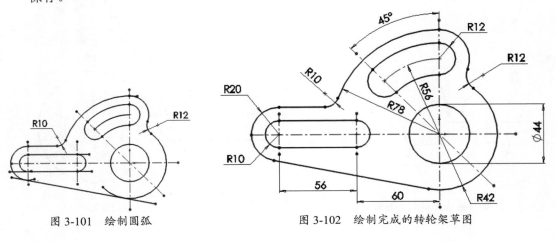

图 3-101 绘制圆弧　　　　　　　　图 3-102 绘制完成的转轮架草图

3.3.3　案例三——绘制转轮架草图 2

绘制如图 3-103 所示的转轮架草图，其操作步骤如下。

① 新建零件文件。

② 在特征设计树中选择前视基准面，单击【草图】选项卡中的【草图绘制】按钮 ，进入草图环境。

③ 单击【草图】选项卡中的【中心线】按钮 ，先绘制水平和竖直中心线，绘制后进行尺寸约束。再单击【圆形】按钮 绘制直径为 40 的圆，将此圆的线型转为"构造几何线"（右击选中此圆，在弹出的快捷菜单中单击【构造几何线】按钮 即可）。单击【圆心/起/终点画弧】按钮 ，绘制半径为 32 的圆弧，并且将此圆弧的实线线型转为"构造几何线"，结果如图 3-104 所示。

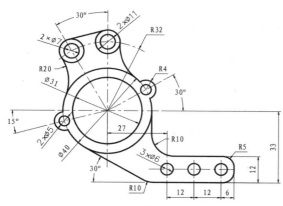

图 3-103　转轮架草图

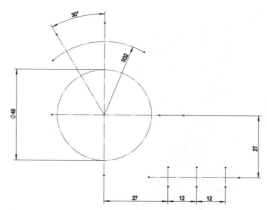

图 3-104　绘制中心线和圆弧

④ 单击【草图】选项卡中的【圆】按钮 ，在不同的中心线交点上绘制圆，如图 3-105 所示。

⑤ 单击【草图】选项卡中的【直线】按钮 ，绘制如图 3-106 所示的多条直线。

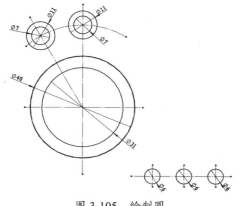

图 3-105　绘制圆

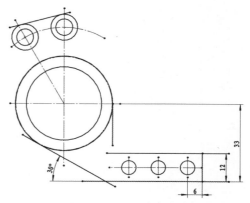

图 3-106　绘制多条直线

⑥ 单击【草图】选项卡中的【绘制圆角】按钮 ，依次绘制出如图 3-107 所示的圆角。

⑦ 单击【草图】选项卡中的【三点圆弧】按钮 ，绘制两条半径为 20 的圆弧，添加几何关系，使圆弧与相邻的圆相切，结果如图 3-108 所示。

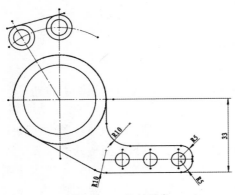

图 3-107　绘制圆角

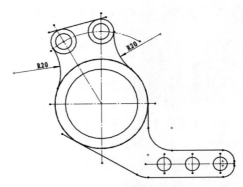

图 3-108　绘制相切圆弧

⑧　单击【草图】选项卡中的【中心线】按钮，绘制两条斜中心线。接着单击【圆】按钮
　　，在斜中心线与直径为 40 的圆的交点上绘制圆，如图 3-109 所示。

⑨　单击【草图】选项卡中的【剪裁实体】按钮剪裁多余线段，最终绘制完成的转轮架
　　草图如图 3-110 所示。

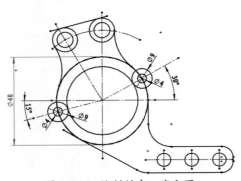

图 3-109　绘制斜中心线和圆

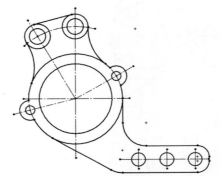

图 3-110　剪裁图形完成草图绘制

构建 3D 空间曲线

本章导读

曲线是曲面建模的基础，曲面模型由曲线框架和多个曲面组合而成。本章所介绍的曲线属于空间曲线，包括 3D 草图和曲线工具所创建的曲线。本章将详细介绍 3D 草图、曲线的具体操作及编辑。

知识要点

☑　认识 3D 草图
☑　曲线工具

4.1 认识 3D 草图

3D 草图就是不用选取面作为载体，可以直接在图形区绘制的空间草图，实际上也称作空间曲线。在绘制 3D 草图时，可以时时切换草图平面，将平面草图的绘制方法应用到 3D 空间中。如图 4-1 所示为利用直线命令在 3 个基准面（前视基准面、右视基准面和上视基准面）绘制的空间连续直线。

在【草图】选项卡中单击【3D 草图】按钮 3D，即可进入 3D 草图环境并利用 2D 草图环境中的草图工具来绘制 3D 草图，如图 4-2 所示。

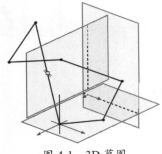

图 4-1 3D 草图

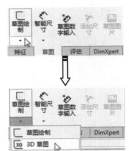

图 4-2 进入 3D 草图环境

本节将主要讲解 3D 草图中常见的草图命令。

4.1.1 3D 空间控标

在 3D 草图绘制中，图形空间控标可帮助用户在数个基准面上绘制时保持方位。在所选基准面上定义草图实体的第一个点时，空间控标就会出现。控标由两个相互垂直的轴构成，以红色高亮显示，表示当前的草图平面。

在 3D 草图环境中，当用户执行绘图命令并定义草图第一个点后，图形区显示空间控标，且指针由 箭头 变为 XY，如图 4-3 所示。

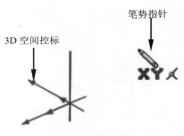

图 4-3 3D 空间控标

技术要点：

控标的作用除了显示当前所在草图平面，另一作用就是可以选择控标所在的轴线以便沿该轴线绘制，如图 4-4 所示。

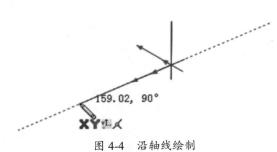

图 4-4 沿轴线绘制

4.1.2 绘制 3D 直线

在 3D 草图环境下绘制直线,可以切换不同的草图基准面。在默认情况下,草绘平面为工作坐标系中的 XY 基准面。

在【草图】选项卡中单击【直线】按钮，打开【插入线条】属性面板,图形区会显示控标且指针由 变为 ，如图 4-5 所示。

【方向】选项区中有 3 个选项不可

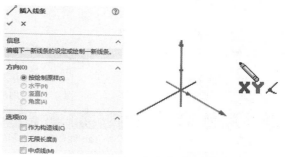

图 4-5 【插入线条】属性面板

用,这 3 个选项主要用于 2D 草图直线的水平、竖直和角度约束。下面讲解 3D 直线的绘制方法。

1. 方法一:绘制单条直线

在默认的草绘平面上指定直线起点后,利用出现的空间控标来确定直线终点方位,然后拖动指针直至直线的终点,当完成第一段直线的绘制后,空间控标自行移动至该直线的终点,直线命令则仍然处于激活状态,按 Esc 键、双击鼠标或执行右键菜单中的【选择】命令,即可完成单条直线的绘制,如图 4-6 所示。

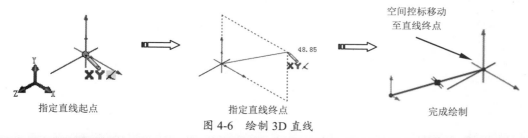

指定直线起点　　　　　　　指定直线终点　　　　　　　完成绘制

图 4-6 绘制 3D 直线

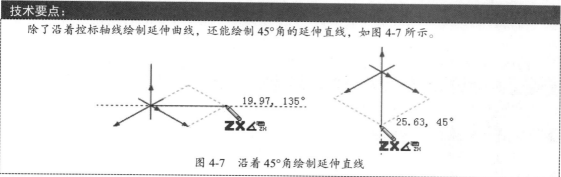
3. 方法二:绘制连续直线

当执行【直线】命令绘制第一条直线后,在【直线】命令仍然处于激活状态下,第一条直线的终点将作为连续直线的起点，再拖动指针在图形区中指定新的位置作为连续直线的终点，此时空间控标将移动至新位置点上，如图 4-8 所示。

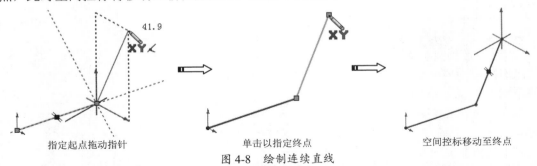

指定起点拖动指针　　　　　　　单击以指定终点　　　　　　　空间控标移动至终点

图 4-8　绘制连续直线

技术要点：

　　在绘制连续直线过程中，可以按 Tab 键即时切换草绘平面。

3. 方法三：绘制连续圆弧

　　要绘制连续圆弧，在绘制直线后（要绘制连续直线时），可将指针重新返回到起点（也是第一条直线的终点）且指针变为 $\tt xy\odot$ 时，再拖动指针即可绘制圆弧，如图 4-9 所示。

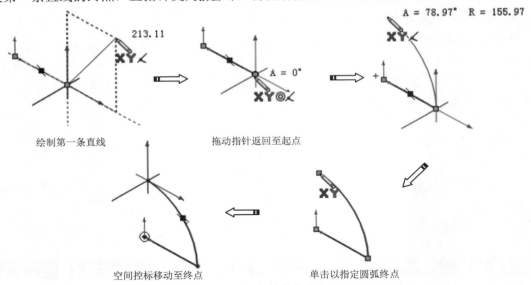

绘制第一条直线　　　　　　　　拖动指针返回至起点

空间控标移动至终点　　　　　　单击以指定圆弧终点

图 4-9　绘制连续圆弧

　　同理，要继续绘制连续圆弧，再按上述绘制圆弧的方法重新操作一次即可。

技术要点：

　　在绘制圆弧时，切记不要单击鼠标，否则不能绘制圆弧，而是继续绘制直线。

上机实践——绘制零件轴侧视图

　　本例要绘制零件的轴侧视图，如图 4-10 所示。

① 进入 3D 草图环境。

② 按 Tab 键将草图平面切换为 ZX 平面。单击【草图】选项卡中的【圆】按钮 ⊙，在坐标系原点位置绘制直径为 38 的圆，如图 4-11 所示。

③ 按 Tab 键将草图平面切换为 *XY* 平面。单击【直线】按钮 ✏，绘制长度为 30 的直线（转换成构造线），如图 4-12 所示。

④ 再将草绘平面切换为 *ZX* 平面。同理，利用【圆】命令，以直线顶点为圆心，绘制 2 个同心圆，如图 4-13 所示。

⑤ 单击【3 点边角矩形】按钮 ◇，任意绘制一个矩形，如图 4-14 所示。

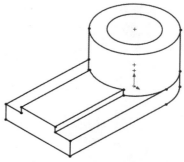

图 4-10　零件的轴侧视图

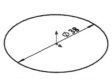

图 4-11　绘制圆

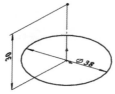

图 4-12　绘制直线

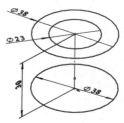

图 4-13　绘制同心圆

技术要点：

为便于后续图形的绘制操作，可对以上绘制的几个图形进行固定约束。

⑥ 将矩形的 3 条边分别约束至直径为 38 的圆及圆心上，约束结果如图 4-15 所示。

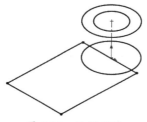

图 4-14　绘制矩形

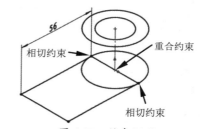

图 4-15　约束矩形

技术要点：

如果矩形的短边没有与圆心重合，那么请设置重合约束，以保证矩形的 2 个端点在直径为 38 的圆的象限点上。

⑦ 按 Ctrl 键选取底部的矩形和圆，然后单击【复制实体】按钮 ☌，打开【3D 复制】属性面板，如图 4-16 所示。

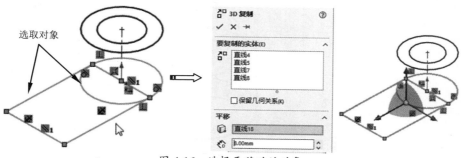

图 4-16　选择要移动的对象

⑧ 选择竖直的构造线作为移动参考，设置移动距离为 8，再单击【确定】按钮✔完成 3D 复制，如图 4-17 所示。

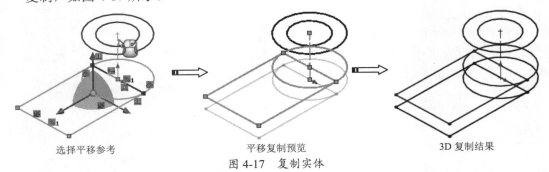

选择平移参考　　　　　　　　平移复制预览　　　　　　　　3D 复制结果

图 4-17　复制实体

⑨ 为了便于看清后面的一系列操作，先将部分不需要的曲线修剪掉，如图 4-18 所示。

技术要点：
执行修剪操作后由于部分草图失去了约束，因此要重新将没有约束的曲线进行固定。

⑩ 将草图平面切换至 XY 平面，利用【直线】命令绘制如图 4-19 所示的 2 条竖直直线。

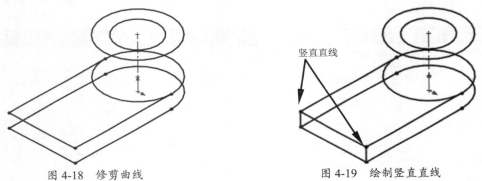

竖直直线

图 4-18　修剪曲线　　　　　　　　　　　图 4-19　绘制竖直直线

⑪ 同理，再绘制出如图 4-20 所示的多条竖直和水平直线。

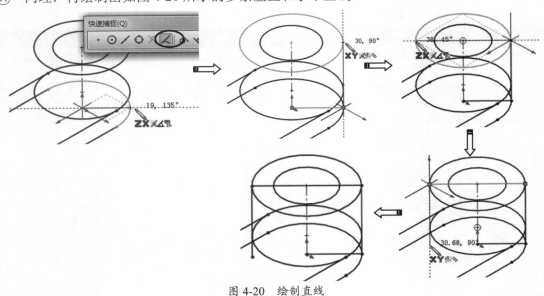

图 4-20　绘制直线

技术要点：

在绘制过程中多利用【快速捕捉】工具栏中的【最近端捕捉】工具进行点的捕捉，同时需要按 Tab 键不断切换草图平面。

⑫　再删除部分曲线，如图 4-21 所示。

⑬　利用【矩形】命令，将草图平面切换至 XY 平面，绘制矩形，如图 4-22 所示。

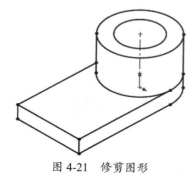
图 4-21　修剪图形

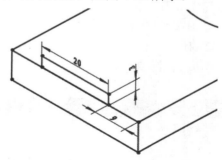
图 4-22　绘制矩形

⑭　将草图平面切换至 ZX 平面，然后绘制 3 条平行的直线，如图 4-23 所示。

⑮　再利用【复制实体】命令，复制一段圆弧，如图 4-24 所示。

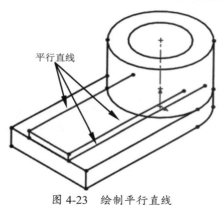
图 4-23　绘制平行直线

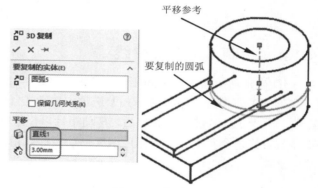
图 4-24　复制圆弧

⑯　修剪曲线，结果如图 4-25 所示。

⑰　最后绘制一条直线连接圆弧，完成了零件的绘制，如图 4-26 所示。

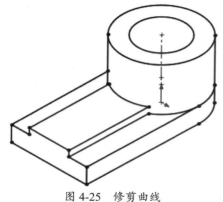
图 4-25　修剪曲线

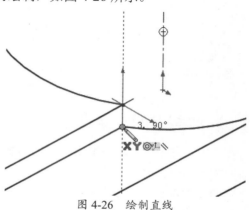
图 4-26　绘制直线

4.1.3 绘制 3D 点

3D 点与 2D 点的区别是，3D 点是三维空间中的任意点，可以编辑 X、Y 和 Z 的坐标值，而 2D 点是平面上的点，只能编辑 X 和 Y 的坐标值。

绘制 2D 点时的【点】属性面板如图 4-27 所示。绘制 3D 点时的【点】属性面板如图 4-28 所示。

图 4-27　2D【点】属性面板　　图 4-28　3D【点】属性面板

技术要点：

当绘制了点后，若要再绘制点，则不可以将新点绘制在原有点上，否则程序会弹出警告对话框，如图 4-29 所示。

图 4-29　警告对话框

4.1.4 绘制 3D 样条曲线

3D 样条曲线与 3D 直线的绘制方法相同。

在 3D 草图环境下的【草图】选项卡中单击【样条曲线】按钮 N，指针由 ↳ 变为 ↳。在图形区指定样条曲线的起点后，拖动指针以指定样条第二个极点同时生成样条曲线，空间控标随后移动至新极点上，然后继续拖动指针以指定其余的样条极点，如图 4-30 所示。要结束绘制，可按 Esc 键、双击鼠标或执行右键菜单中的【选择】命令。

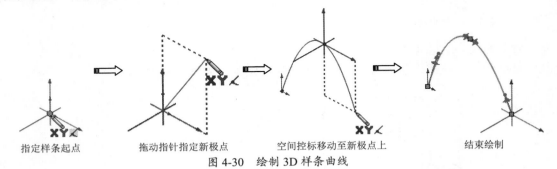

指定样条起点　　拖动指针指定新极点　　空间控标移动至新极点上　　结束绘制

图 4-30　绘制 3D 样条曲线

4.1.5 曲面上的样条曲线

在 3D 草图环境下，使用【曲面上的样条曲线】工具可以在任意曲面上绘制与标准样条曲线有相同特性的样条。

曲面上的样条曲线包括如下特性：

● 沿曲面添加和拖动点。

- 生成一个通过点的平滑曲线预览。
- 如果生成曲面的样条曲线相切则跨越多个曲面。

曲面上的样条曲线可应用于零件和模具设计，即曲面上的样条曲线可生成更为直观精确的分型线或过渡线。也可以应用于复杂扫描，即曲面样条曲线方便用户生成受曲面几何体限定的引导线。

要绘制曲面上的样条曲线，首先要创建出曲面特征。在 3D 草图环境下，单击【草图】选项卡中的【曲面上的样条曲线】按钮，然后在曲面中指定样条起点，并拖动指针指定其余样条极点，如图 4-31 所示。

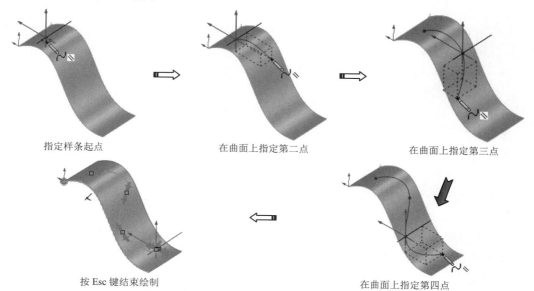

指定样条起点　　　　　　　　在曲面上指定第二点　　　　　　　　在曲面上指定第三点

按 Esc 键结束绘制　　　　　　　　　在曲面上指定第四点

图 4-31　绘制曲面上的样条曲线

技术要点：

在绘制曲面上的样条曲线时，用户只能在曲面中指定点，而不可在曲面外指定，否则会显示错误警示符号。

4.1.6　3D 草图基准面

用户可以在 3D 草图中插入草图基准面，还可以在所选的基准面上绘制 3D 草图。

1. 将基准面插入到 3D 草图

当需要利用【放样曲面】工具来创建放样特征时，需要创建多个基准面上的 3D 草图。那么在 3D 环境下，就可使用【基准面】工具向 3D 草图中插入基准面。

默认情况下，3D 基准面是建立在 *XY* 平面（前视基准面）上的，且与其重合。在【草图】选项卡中单击【基准面】按钮，在图形区显示基准面的预览，同时属性管理器中显示【草图绘制平面】属性面板，如图 4-32 所示。

绘制 3D 草图基准面后，在图形区单击 3D 基准面的【基准面 1】文字标识，可以编辑 3D 草图基准面，属性管理器中显示【基准面属性】属性面板。通过该面板可以重定位 3D 基准面，如图 4-33 所示。

图 4-32 【草图绘制平面】属性面板

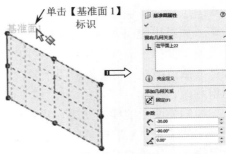

图 4-33 【基准面属性】属性面板

【基准面属性】属性面板的【参数】选项区主要是根据角度和坐标在 3D 空间中定位基准面，各选项含义如下。

- 距离：基准面沿 X、Y 或 Z 方向与草图原点之间的距离。
- 相切径向方向：控制法线在前视基准面（XY基准面）上的投影与 X 方向之间的角度。
- 相切极坐标方向：控制法线与其在前视基准面（XY 基准面）上的投影之间的角度。

上述 3 个参数的设置图解如图 4-34 所示。

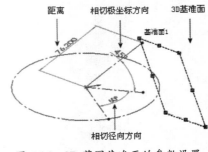

图 4-34 3D 草图基准面的参数设置

2. 基准面上的 3D 草图

当用户不需要绘制连续的 3D 草图曲线，而是需要在不同的基准面上绘制单个的 3D 草图时，那么就可以选择要绘制草图的基准面，然后在菜单栏中执行【插入】|【基准面上的 3D 草图】命令，所选基准面立即被激活，如图 4-35 所示。

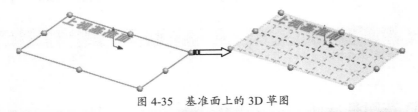

图 4-35 基准面上的 3D 草图

> **技术要点：**
>
> 也可以在【草图】选项卡的【草图绘制】下拉菜单中选择【基准面上的 3D 草图】命令。激活草图基准面后，随后绘制的草图将全部在此平面中，此时如果再按 Tab 键进行草图平面的切换，也不会改变现状。

上机实践——利用插入的基准面来创建放样特征

① 首先进入 3D 草图环境。

② 利用【直线】命令，将草图平面切换为 XY 平面，绘制如图 4-36 所示的构造线。

③ 单击【草图】选项卡中的【基准面】按钮，打开【草图绘制平面】属性面板。然后选择前视基准面和竖直构造线作为第一和第二参考，设置旋转角度和个数，单击【确定】按钮完成

图 4-36 绘制竖直构造线

基准面的插入，如图 4-37 所示。

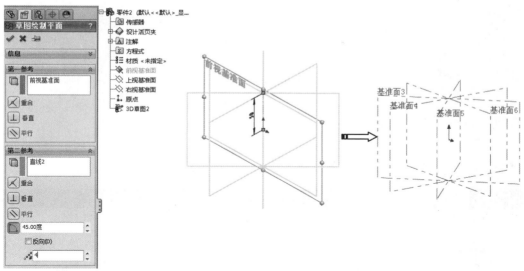

图 4-37　插入基准面的过程

④ 选中基准面 3，执行【插入】|【基准面上的 3D 草图】命令，绘制出如图 4-38 所示的草图。

⑤ 选中基准面 4，执行【插入】|【基准面上的 3D 草图】命令，绘制出如图 4-39 所示的草图。

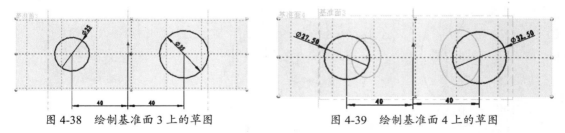

图 4-38　绘制基准面 3 上的草图　　　　　　　图 4-39　绘制基准面 4 上的草图

⑥ 选中基准面 5，执行【插入】|【基准面上的 3D 草图】命令，绘制出如图 4-40 所示的草图。

⑦ 选中基准面 6，执行【插入】|【基准面上的 3D 草图】命令，绘制出如图 4-41 所示的草图。

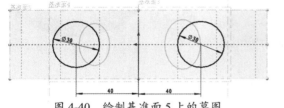
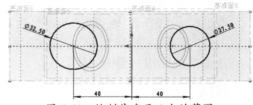

图 4-40　绘制基准面 5 上的草图　　　　　　　图 4-41　绘制基准面 6 上的草图

⑧ 绘制完成的草图如图 4-42 所示。

⑨ 在【特征】选项卡中单击【放样凸台/基体】按钮 🔔，打开【放样】属性面板。

⑩ 依次选择绘制的圆作为放样轮廓，如图 4-43 所示。

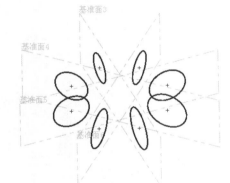

图 4-42　绘制完成的草图

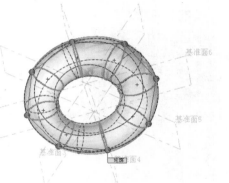

图 4-43　选择放样轮廓

技术要点：

　　每选取一个轮廓，注意光标选取的位置尽量保持一致，否则会产生扭曲，如图 4-44 所示。

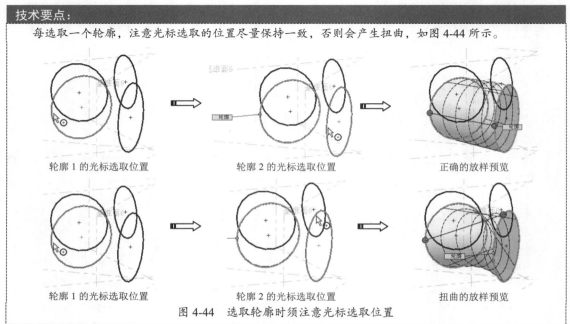

图 4-44　选取轮廓时须注意光标选取位置

⑪　最后单击【确定】按钮 ✓，完成特征的创建，结果如图 4-45 所示。

4.1.7　编辑 3D 草图曲线

　　前面介绍了 3D 草图曲线的基本绘制方法，那么该如何编辑或操作 3D 草图，使其达到设计要求呢？下面介绍几种常见的 3D 草图曲线的操作与编辑方法。

图 4-45　创建的放样特征

上机实践——手动操作 3D 草图

　　下面以绘制直线为例，手动操作 3D 草图。

①　如图 4-46 所示，在 ZX 平面上绘制一个矩形。

②　下面的操作是将 ZX 平面上的矩形变成空间图形。首先将视图切换为上视图，如图 4-47 所示。

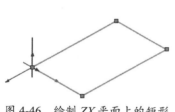

图 4-46　绘制 ZX 平面上的矩形

图 4-47　切换视图方向

③　选中矩形的一个角点（按住不放），然后拖移，使矩形歪斜，如图 4-48 所示。

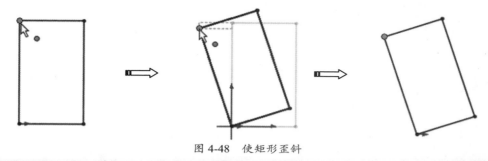

图 4-48　使矩形歪斜

技术要点：

　　如果草图被约束了，是不能进行手动操作的，除非删除部分约束。

④　将视图方向切换至右视图，选取矩形的角点进行拖移，结果如图 4-49 所示。

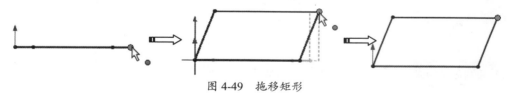

图 4-49　拖移矩形

⑤　将视图切换到原先的等轴侧。从编辑结果看，原本是在 ZX 平面上绘制的矩形，经过 2 次手动操作后，方位已发生改变，如图 4-50 所示。

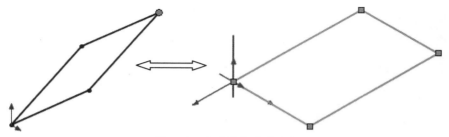

图 4-50　手动操作后的对比

技术要点：

　　在 3D 草图中，无论是矩形还是直线，都可以进行手动操作。

上机实践——利用草图程序三重轴修改草图

①　进入 3D 草图环境。

② 利用【矩形】命令在 ZX 平面上绘制矩形，如图 4-51 所示。

③ 选取矩形的一个角点，然后选择右键菜单中的【显示草图程序三重轴】命令，如图 4-52 所示。

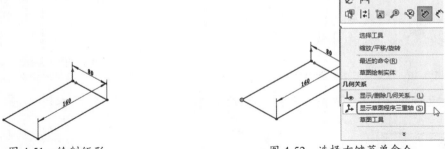

图 4-51　绘制矩形　　　　　　　　　　图 4-52　选择右键菜单命令

④ 随后在角点上绘制显示三重轴。向上拖动三重轴的 Y 轴，矩形随之而变化，如图 4-53 所示。

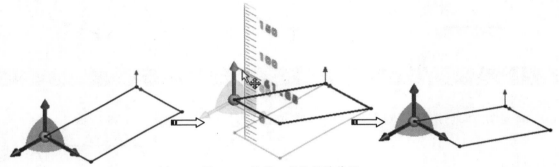

图 4-53　拖动三重轴操作草图

技术要点：

　　操作草图时，不能施加任何的几何或尺寸约束。

⑤ 任何再拖动三重轴的 X 轴，使其变形，结果如图 4-54 所示。

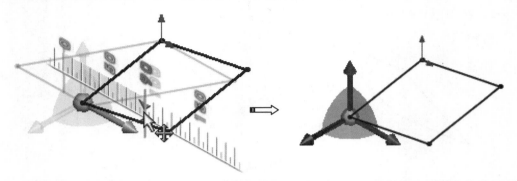

图 4-54　拖动三重轴改变图形

技术要点：

　　操作结束后，选中三重轴，执行右键菜单中的【隐藏草图程序三重轴】命令，即可隐藏。

4.2 曲线工具

SolidWorks 的曲线工具是用来创建空间曲线的基本工具，由于多数空间曲线可以由 2D 草图或 3D 草图创建，因此创建曲线的工具仅有如图 4-55 所示的 6 个工具。

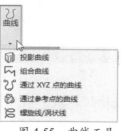

图 4-55 曲线工具

4.2.1 通过 XYZ 点的曲线

此工具通过输入空间中点的坐标，以此生成空间曲线。

单击【通过 XYZ 点的曲线】按钮 ，打开【曲线文件】对话框，如图 4-56 所示。

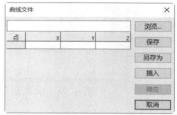

图 4-56 【曲线文件】对话框

【曲线文件】对话框中各选项含义如下。

● 浏览：单击此按钮可以导览至要打开的曲线文件。可打开 .sldcrv 文件或 .txt 文件。打开的文件将显示在文件文本框中。

● 坐标输入：在一个单元格中双击，然后输入新的数值。当输入数值时，注意图形区中会显示曲线的预览。

● 保存：单击此按钮可以将定义的坐标点保存为曲线文件。

● 插入：当输入了第一行的坐标值，单击【点】列下的数字 1 即可选中第一行，再单击【插入】按钮，新的一行插入在所选行之下，如图 4-58 所示。

图 4-58　插入新的行

技术要点：

如果仅有一行，【插入】命令是不起任何作用的。

上机实践——输入坐标点创建空间样条曲线

① 新建零件文件。

② 在【曲线】工具栏中单击【通过 XYZ 的点】按钮 🐾，打开【曲线文件】对话框。

③ 双击坐标单元格输入行，依次添加 5 个点的空间坐标，结果如图 4-59 所示。

④ 单击【确定】按钮完成样条曲线的创建，如图 4-60 所示。

图 4-59　输入坐标点

图 4-60　创建样条曲线

4.2.2　通过参考点的曲线

　　【通过参考点的曲线】命令通过已经创建了参考点，或者已有模型上的点来创建曲线。单击【通过参考点的曲线】按钮 🐾，弹出【通过参考点的曲线】属性面板，如图 4-61 所示。

技术要点：

【通过参考点的曲线】命令仅当用户创建曲线或实体、曲面特征以后，才被激活。

　　选取的参考点将被自动收集到【通过点】收集器中。若勾选【闭环曲线】复选框，将创建封闭的样条曲线。如图 4-62 所示为封闭和不封闭的样条曲线。

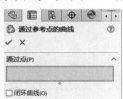

图 4-61　【通过参考点的曲线】属性面板

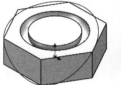 

图 4-62　封闭和不封闭的样条曲线

技术要点：

【通过参考点的曲线】命令执行过程中，如果选取 2 个点，将创建直线，如果选取 3 个及 3 个以上点，将创建样条曲线。

技术要点：

　　若选取 2 个点来创建曲线（直线），是不能创建闭环曲线的。若勾选了【闭环曲线】复选框，则会弹出警告信息，如图 4-63 所示。

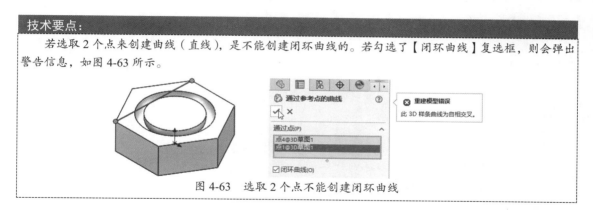

图 4-63　选取 2 个点不能创建闭环曲线

4.2.3　投影曲线

　　【投影曲线】命令是将绘制的 2D 草图投影到指定的曲面、平面或草图上。单击【投影曲线】按钮 ，打开【投影曲线】属性面板，如图 4-64 所示。

技术要点：

　　要投影的曲线只能是 2D 草图，3D 草图和空间曲线是不能进行投影的。

属性面板中各选项含义如下。

● 面上草图：将 2D 草图投影到所选面上，如图 4-65 所示。

图 4-64　【投影曲线】属性面板

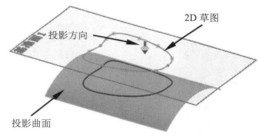

图 4-65　【面上草图】投影类型

● 草图上草图：用于 2 个相交基准面上的草图曲线进行相交投影，以此获得 3D 空间交会曲线，如图 4-66 所示。

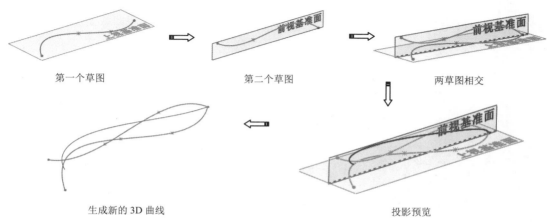

第一个草图　　　　　　　第二个草图　　　　　　　两草图相交

生成新的 3D 曲线　　　　　　　　　　　　投影预览

图 4-66　【草图上草图】投影类型

技术要点：

2 个草图必须交会才能创建投影曲线。如图 4-67 所示的 2 个基准面上的草图没有交会，就不能创建【草图上草图】类型的投影曲线。

图 4-67　不能创建【草图上草图】类型的投影曲线

- 反转投影：勾选此复选框，改变投影方向。

上机实践——利用【投影曲线】命令创建扇叶曲面

① 新建零件文件。

② 在设计树中选择前视基准面，单击【草图绘制】按钮 🗗，在前视基准面中绘制草图 1，如图 4-68 所示。

③ 单击【曲面】选项卡中的【拉伸曲面】按钮 🦴，拉伸生成圆柱曲面，如图 4-69 所示。

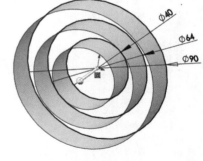

图 4-68　在前视基准面中绘制
　　　　草图 1

图 4-69　拉伸生成圆柱曲面操作过程

④ 在【特征】选项卡中单击【基准面】按钮 🔳，建立距离上视基准面 50 的平行基准面，如图 4-70 所示。

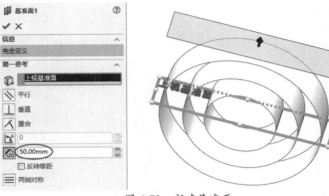

图 4-70　新建基准面

⑤　在特征设计树中选择基准面1，单击【草图绘制】按钮C·，在基准面 1 中绘制草图 2，如图 4-71 所示。

⑥　依次右击外面的两个圆柱曲面，在弹出的快捷菜单中选择【隐藏】命令，只显示最里面的圆柱曲面。

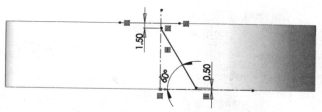

图 4-71　在基准面 1 中绘制草图 2

⑦　单击【曲线】选项卡中的【投影曲线】按钮，弹出【投影曲线】属性面板，选择【面上草图】投影类型，单击【要投影的草图】C，选择上一步骤绘制的草图 2，再单击【投影面】，对应选择最里面的圆柱表面，勾选【反转投影】复选框，最后单击【确定】按钮✔完成投影曲线的创建，操作过程如图 4-72 所示。

【投影曲线】属性设置

选取草图 2 与面

完成投影曲线的创建

图 4-72　创建投影曲线的过程

⑧　右击特征设计树中的【曲面-拉伸 1】特征，在弹出的快捷菜单中选择【显示】命令。依次右击里面的两个圆柱曲面，在弹出的快捷菜单中选择【隐藏】命令，只显示最外部的圆柱曲面。

⑨　在特征设计树中选择基准面 1，单击【草图绘制】按钮C·，在基准面 1 中绘制草图 3，如图 4-73 所示。

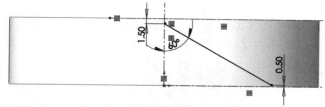

图 4-73　在基准面 1 中绘制草图 3

⑩　单击【曲线】选项卡中的【投影曲线】按钮，弹出【投影曲线】属性面板。选择【面上草图】投影类型，单击【要投影的草图】C，选择上一步骤绘制的草图 3，再单击【投影面】，对应选择最大的圆柱表面，勾选【反转投影】复选框，最后单击【确定】按钮✔完成投影曲线的创建，如图 4-74 所示。

⑪　右击特征设计树中的【曲面-拉伸 1】特征，在弹出的快捷菜单中选择【显示】命令。依次右击外面和里面的两个圆柱曲面，在弹出的快捷菜单中选择【隐藏】命令，只显示中间的圆柱曲面。

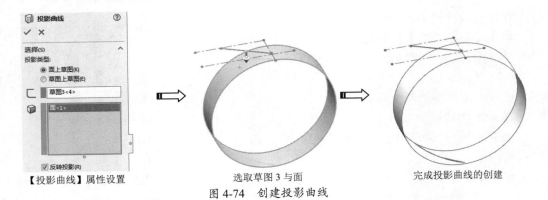

图 4-74　创建投影曲线

⑫　在基准面 1 中再绘制草图 4，如图 4-75 所示。在中间圆柱面上创建投影曲线，如图 4-76 所示。

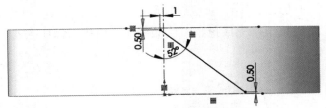

图 4-75　在基准面 1 中绘制草图 4

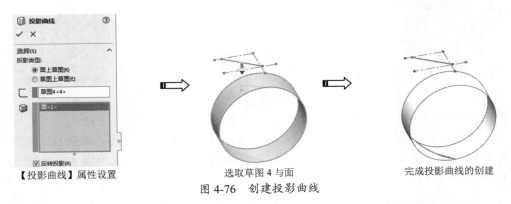

图 4-76　创建投影曲线

⑬　单击【曲线】选项卡中的【通过参考点的曲线】按钮 ，依次选择投影曲线的 6 个端点，如图 4-77 所示。单击【确定】按钮 ✓ 完成 3D 曲线的创建，如图 4-78 所示。

图 4-77　选择投影曲线的 6 个端点　　　　图 4-78　生成的 3D 曲线

⑭　隐藏外部两个圆柱面，单击【曲面】选项卡中的【放样曲面】按钮 ，在弹出的【曲面-放样】属性面板中，在轮廓中依次选择 3D 曲线和小圆柱面上的投影曲线，放样曲面生成叶片，如图 4-79 所示。

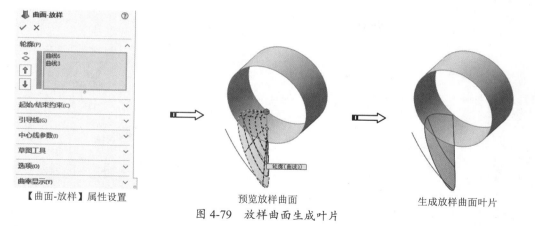

图 4-79 放样曲面生成叶片

⑮ 在菜单栏中执行【插入】|【曲面】|【移动/复制】命令，打开【移动/复制实体】属性面板。

⑯ 在图形区选择放样曲面叶片，选中【复制】复选框，将复制的数量设置为 7。选取坐标原点作为旋转参考点，在【Z 旋转角度】文本框中输入数值 45，最后单击【确定】按钮 ☑ 完成叶片的旋转复制，如图 4-80 所示。

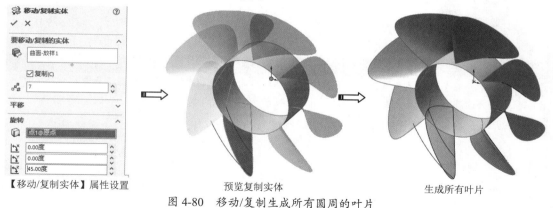

图 4-80 移动/复制生成所有圆周的叶片

4.2.4 分割线

执行分割曲面的操作后所得的交线就是分割线。

在【曲线】工具栏中单击【分割线】按钮 ▣，打开【分割线】属性面板，如图 4-81 所示。

1.【轮廓】分割类型

当选择【轮廓】分割类型时，【分割线】属性面板中各选项含义如下。

● 拔模方向 ◈：即选取基准面为拔模方向参考，拔模方向始终与基准面（或分割线）是垂直的，如图 4-82 所示。

● 要分割的面 ▣：要分割的面只能是曲面，绝对不能是平面，如图 4-83 所示。

图 4-81 【分割线】属性面板

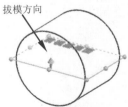

图 4-82 拔模方向

● 角度 📐：分割线与基准面之间形成的夹角，如图 4-84 所示。

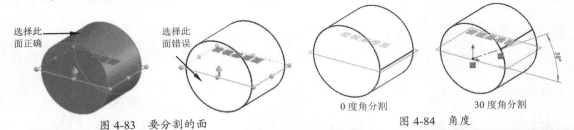

图 4-83 要分割的面

图 4-84 角度

技术要点：

要利用【轮廓】分割类型须满足 2 个条件——拔模方向参考仅仅局限于基准面（平直的曲面不可以）；要分割的面必须是曲面（模型表面是平面也是不可以的）。

在一个零件实体模型上生成轮廓分割线的过程如图 4-85 所示。

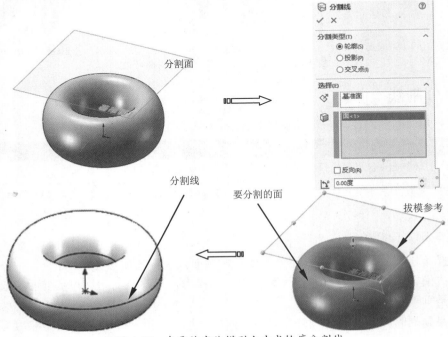

图 4-85 在零件实体模型上生成轮廓分割线

2.【投影】分割类型

此分割类型利用投影的草图曲线来分割实体、曲面。适用于多种类型的投影，例如可以：

- 将草图投影到平面上并分割。
- 将草图投影到曲面上并分割。

当选择【投影】分割类型时，【分割线】属性面板如图 4-86 所示。

【分割线】属性面板中各选项含义如下。

- 要投影的草图 ⊏：选取要投影的草图。可从同一个草图中选择多个轮廓进行投影。
- 要分割的面 ⬡：选取要投影草图的面（也是即将被分割的面），此面可以是平面也可以是曲面。
- 单向：勾选此复选框，往一个方向投影分割线。
- 反向：勾选此复选框，改变投影方向。

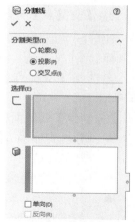

图 4-86 【分割线】属性面板

在一个零件实体模型上生成投影分割线的过程如图 4-87 所示。

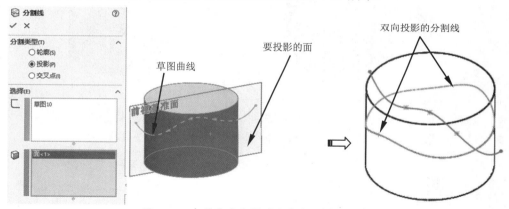

图 4-87 在零件实体模型上生成投影分割线

技术要点：

默认情况下，不勾选【单向】复选框，草图将向曲面两侧同时投影。如图 4-88 所示为双向投影和单向投影的情形。

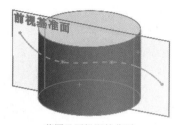 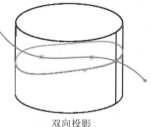 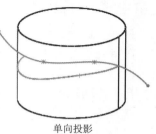

草图及要投影的曲面　　　　　　双向投影　　　　　　单向投影

图 4-88 双向投影与单向投影

技术要点：

上图中如果圆柱面是一个整体，只能进行双向投影。

3.【交叉点】分割类型

此分割类型是用交叉实体、曲面、面、基准面或曲面样条曲线来分割面。

当选择【交叉点】分割类型时，【分割线】属性面板如图 4-89 所示。

图 4-89 【分割线】属性面板

【分割线】属性面板中各选项含义如下。

- 分割实体/面/基准面 🗂：选择分割工具（交叉实体、曲面、面、基准面或曲面样条曲线）。
- 要分割的面/实体 🗂：选择要投影分割线的目标面或实体。
- 分割所有：勾选此复选框，将分割分割工具与分割对象接触的所有曲面。

> **技术要点：**
>
> 分割工具可以与所选单个曲面不完全接触，如图4-90所示。若完全接触则该复选框不起作用。
>
>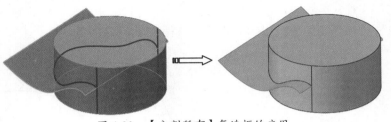
>
> 图 4-90 【分割所有】复选框的应用

- 自然：选择此单选按钮，按默认的曲面、曲线的延伸规律进行分割，如图4-91所示。
- 线性：选择此单选按钮，将不按延伸规律进行分割，如图4-92所示。

图 4-91 自然分割

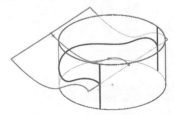

图 4-92 线性分割

上机实践——以【交叉点】分割类型分割模型

① 打开本例源文件"零件.SLDPRT"。

② 在特征设计树中选取 3 个已创建的点以显示，如图 4-93 所示。

③ 在【特征】选项卡中选择【参考几何体】|【基准面】命令，打开【基准面】属性面板。分别选取 3 个点作为第一、第二和第三参考，并完成基准面的创建，如图 4-94 所示。

④ 单击【分割线】按钮 🗂，打开【分割线】属性面板。选择【交叉点】分割类型，然后选择基准面作为分割工具，再选择如图 4-95 所示的模型表面作为要分割的面。

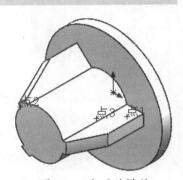

图 4-93 打开的模型

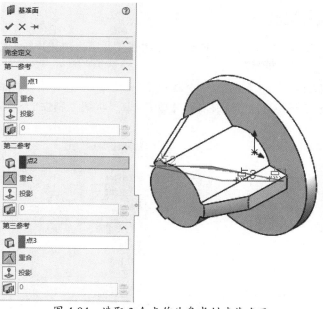

图 4-94 选取 3 个点作为参考创建基准面

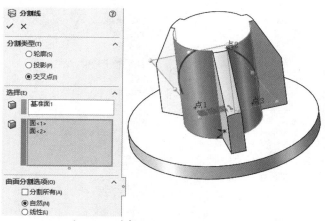

图 4-95 选择分割工具和要分割的面

⑤ 保留曲面分割选项的默认设置，单击【确定】按钮 ✅ 完成分割，如图 4-96 所示。

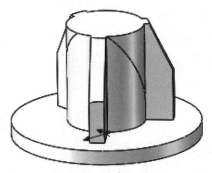

图 4-96 创建分割线

⑥ 最后保存结果。

4.2.5 螺旋线/涡状线

螺旋线/涡状线可以被当成一个路径或引导曲线使用在扫描的特征上，或者作为放样特征的引导曲线。

单击【曲线】工具栏中的【螺旋线/涡状线】按钮 ，选择草图平面进入草图环境绘制草图后，打开【螺旋线/涡状线】属性面板。【螺旋线/涡状线】属性面板中的 4 种定义方式如图 4-97 所示。

图 4-97 【螺旋线/涡状线】属性面板中的 4 种定义方式

上机实践——创建螺旋线

① 新建零件文件。

② 利用【圆】命令绘制如图 4-98 所示的圆形。

③ 单击【曲线】工具栏中的【螺旋线/涡状线】按钮 ，按信息提示选择绘制的草图，如图 4-99 所示，随后打开【螺

图 4-98 绘制圆　　图 4-99 选择草图

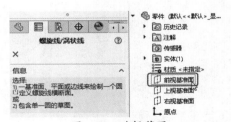

旋线/涡状线】属性面板。

④ 随后在【螺旋线/涡状线】属性面板中选择【螺距和圈数】定义方式，并设置相关参数，单击【确定】按钮 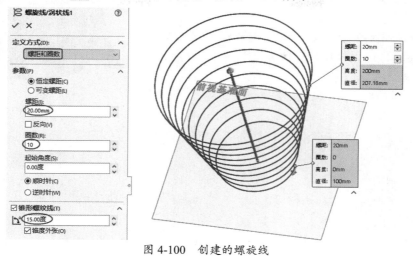 完成螺旋线的创建，如图 4-100 所示。

图 4-100 创建的螺旋线

4.2.6 组合曲线

通过将曲线、草图几何和模型边线组合为一条单一曲线来生成组合曲线。【组合曲线】工具是曲线合并和复制工具。注意，必须是连续的边或曲线才能进行组合。

当创建了草图、模型或曲面特征后，【组合曲线】命令才被激活。单击【组合曲线】按钮 ，打开【组合曲线】属性面板，如图 4-101 所示。

在一个零件实体模型上生成组合曲线的过程如图 4-102 所示。

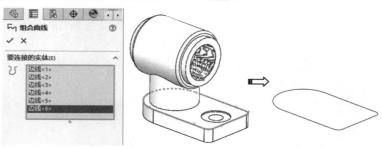

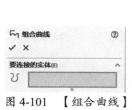

图 4-101 【组合曲线】
　　　　　　属性面板

图 4-102 在零件实体模型上生成组合曲线

4.3 综合案例——音响建模

这款音响采用了小猪造型，如图 4-103 所示。猪头是音响主体，4 个猪蹄是支架。2 个大眼睛、耳朵下边以及猪肚子组成了 5 个扬声器。猪鼻子只起装饰作用，猪嘴巴是电源显示灯，接通后会发出绿光。

1. 设计小猪音响主体

音响主体部分比较简单，由一个完整球体减去小部分。所使用的工具包括【旋转凸台/基体】、【实体切割】、【抽壳】等。

① 启动 SolidWorks 2020，在打开的欢迎界面中单击 🐾零件 按钮，进入零件设计环境，如图 4-104 所示。

图 4-103 小猪音响

图 4-104 新建零件文件

② 在【特征】选项卡中单击【旋转凸台/基体】按钮🌀，然后选择前视基准面作为草图平面，绘制半圆草图后创建旋转球体特征，如图 4-105 所示。

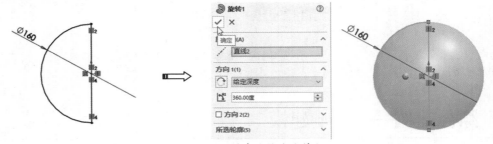

图 4-105 创建旋转球体特征

③ 在【特征】选项卡的【参考几何体】下拉菜单中单击【基准面】按钮📄，然后按如图 4-106 所示的操作，创建用于分割旋转球体的基准面 1。

技术要点：

用于分割旋转球体的可以是参考基准面，或者是一个平面，还可以是其他特征上的面。

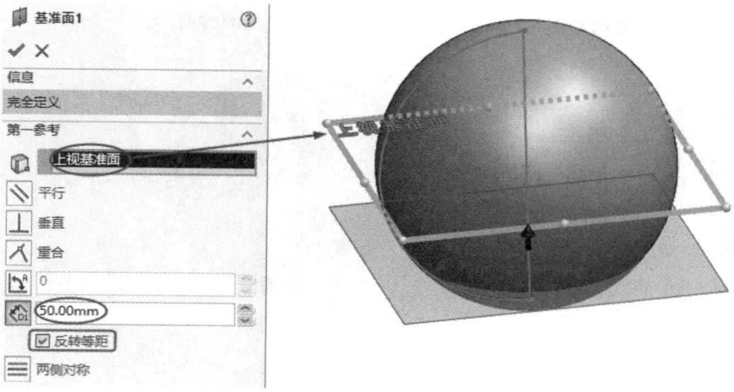

图 4-106　创建基准面 1

④ 在菜单栏中执行【插入】|【特征】|【分割】命令，然后按如图 4-107 所示的操作步骤，分割旋转球体。

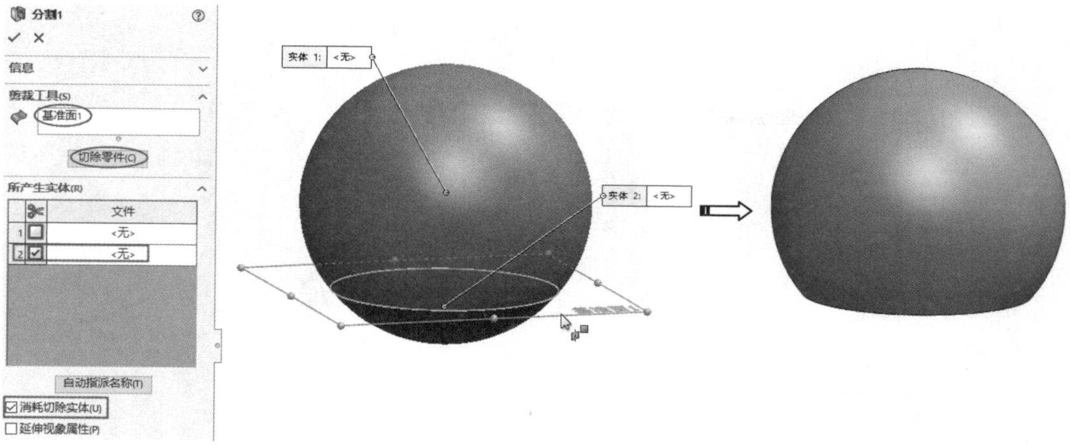

图 4-107　分割旋转球体

⑤ 在【特征】选项卡中单击【抽壳】按钮，然后按如图 4-108 所示的操作步骤，创建抽壳特征。

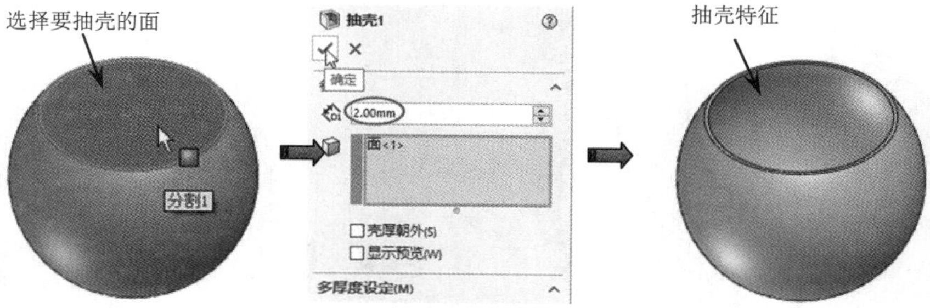

图 4-108　创建抽壳特征

⑥ 使用【基准轴】工具，在前视基准面和右视基准面的交叉界线位置创建基准轴 1，如图 4-109 所示。

提示：

也可以不创建此基准轴，通过在前导视图工具栏的【隐藏所有类型】下拉列表中单击【观阅临时轴】来显示球体中的虚拟轴。

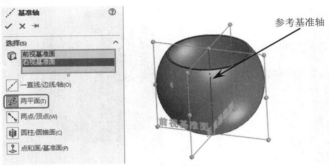

图 4-109 创建参考基准轴

⑦ 使用【基准面】工具，以前视基准面和参考基准轴为第一参考和第二参考，创建如图 4-110 所示的基准面 2。

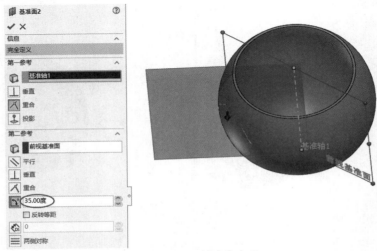

图 4-110 创建基准面 2

⑧ 在【曲面】选项卡中单击【拉伸曲面】按钮 ，选择基准面 2 作为草图平面，然后按如图 4-111 所示的操作步骤，创建拉伸曲面。

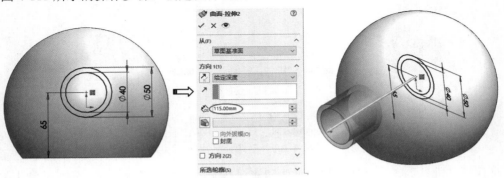

图 4-111 创建拉伸曲面

⑨ 在【特征】选项卡中单击【镜像】按钮 ，然后按如图 4-112 所示的操作步骤，将拉伸曲面镜像到右视基准面的另一侧。

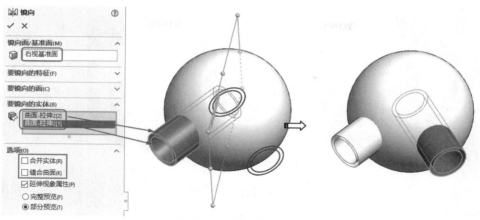

图 4-112　创建镜像曲面

⑩　使用【分割】工具，以 2 个曲面来分割抽壳的特征，如图 4-113 所示。

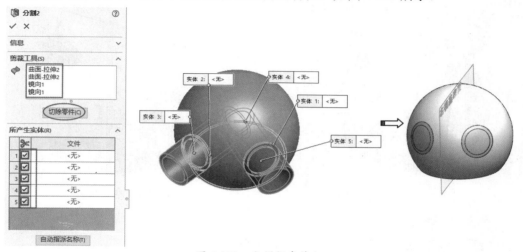

图 4-113　分割抽壳特征

⑪　使用【基准轴】工具，以右视基准面和上视基准面作为参考，创建基准轴 2，如图 4-114 所示。

⑫　使用【基准面】工具，以上视基准面和基准轴 2 作为参考，创建基准面 3，如图 4-115 所示。

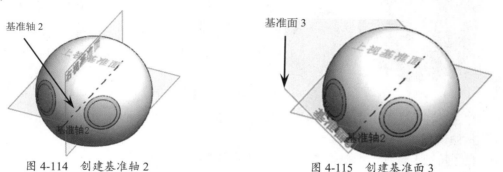

图 4-114　创建基准轴 2　　　　　　　　图 4-115　创建基准面 3

⑬　使用【拉伸曲面】工具，以基准面 3 作为草图平面，创建如图 4-116 所示的拉伸曲面。

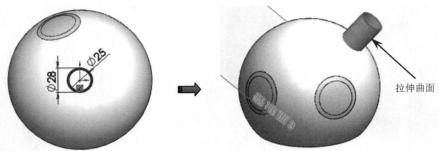

图 4-116　创建拉伸曲面

⑭ 使用【镜像】工具，将上一步骤创建的拉伸曲面镜像到右视基准面的另一侧，如图 4-117 所示。

⑮ 再使用【分割】工具，以拉伸曲面和镜像曲面来分割抽壳特征，结果如图 4-118 所示。

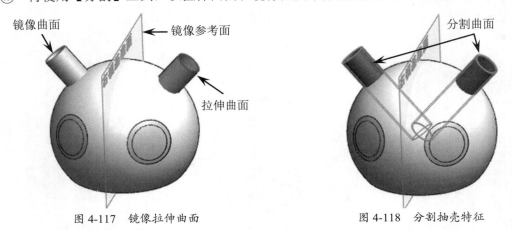

图 4-117　镜像拉伸曲面　　　　　　　　　　图 4-118　分割抽壳特征

2. 设计音响喇叭网盖

小猪音响喇叭网盖的形状为圆形，其中有多个阵列的小圆孔。

① 使用【拉伸凸台/基体】工具，在抽壳特征的底部创建厚度为 2 的拉伸实体特征，如图 4-119 所示。

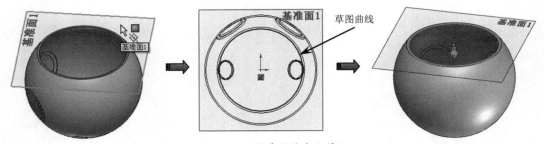

图 4-119　创建拉伸实体特征

② 在【特征】选项卡中单击【拉伸切除】按钮，然后按如图 4-120 所示的操作步骤创建拉伸切除特征。

③ 在【特征】选项卡中单击【填充阵列】按钮，然后按如图 4-121 所示的操作步骤，创建填充阵列特征。

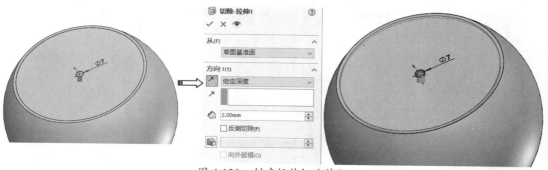

图 4-120　创建拉伸切除特征

④ 对于曲面中的孔阵列，也可以使用【填充阵列】工具。使用【草图】工具，在基准面 2 中绘制如图 4-122 所示的草图 6。

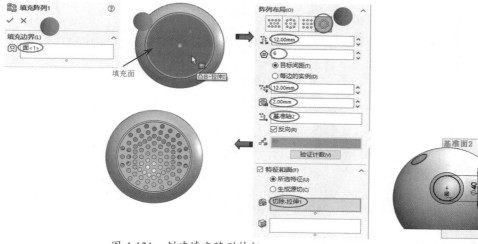

图 4-121　创建填充阵列特征

图 4-122　绘制草图 6

⑤ 使用【填充阵列】工具，按如图 4-123 所示的操作步骤，在眼睛位置的网盖上创建填充阵列孔特征。

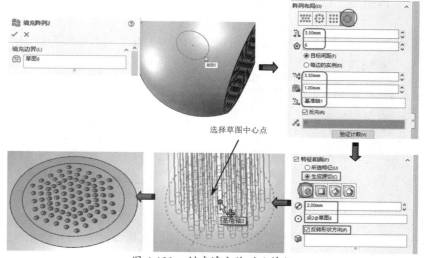

图 4-123　创建填充阵列孔特征

⑥ 使用【镜像】工具，以右视基准面作为镜像平面，将填充阵列的孔镜像到另一侧，如图 4-124 所示。然后将另一侧的原分割特征隐藏。

图 4-124　镜像阵列的孔

⑦ 耳朵位置喇叭网盖的设计方法与眼睛位置的网盖相同，这里就不详述了。创建的喇叭网盖如图 4-125 所示。

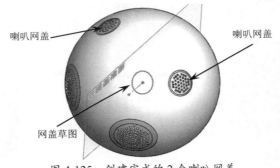

图 4-125　创建完成的 2 个喇叭网盖

3. 设计小猪音响嘴巴和鼻子造型

小猪音响鼻子的设计实际上也是曲面分割实体的操作，分割实体后，再使用【移动】工具移动分割实体的面，以此创建出鼻子造型。嘴巴的设计可以使用【拉伸切除】工具来完成。

① 使用【拉伸曲面】工具，在前视基准面中绘制如图 4-126 所示的草图 7 后，创建拉伸曲面。

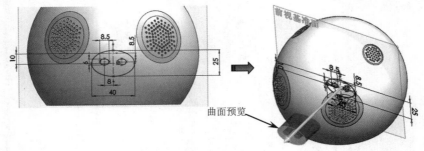

图 4-126　创建拉伸曲面

② 使用【分割】工具，以拉伸曲面来分割音响主体，结果如图 4-127 所示。

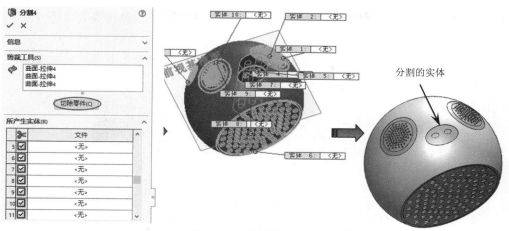

图 4-127 分割音响主体

③ 在菜单栏中执行【插入】|【面】|【移动】命令，然后选择分割的实体面进行平移，如图 4-128 所示。

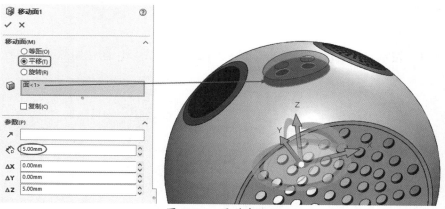

图 4-128 平移实体面

④ 同理，鼻孔的两个小实体也按此方法移动。

⑤ 在【特征】选项卡中单击【拔模】按钮，然后按如图 4-129 所示的操作步骤创建拔模特征。

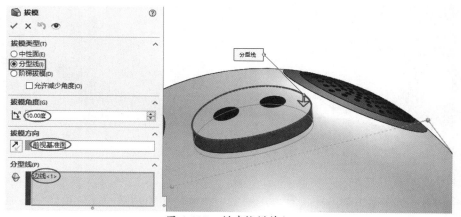

图 4-129 创建拔模特征

⑥ 使用【特征】选项卡中的【圆角】工具，选择如图 4-130 所示的拔模实体边来创建半径为 2 的圆角特征。

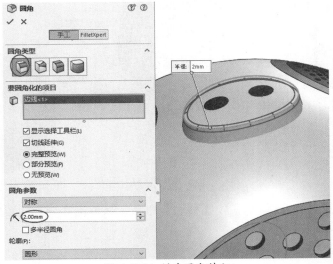

图 4-130　创建圆角特征

⑦ 使用【拉伸切除】工具，在前视基准面中绘制嘴巴草图后，创建如图 4-131 所示的拉伸切除特征。

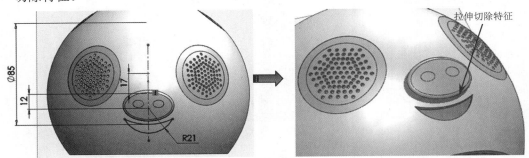

图 4-131　创建拉伸切除特征

⑧ 使用【圆角】工具，在拉伸切除特征上创建半径为 0.5 的圆角特征，如图 4-132 所示。

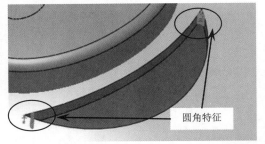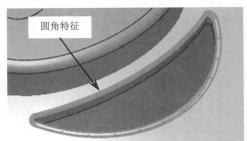

图 4-132　创建圆角特征

4. 设计小猪音响耳朵

小猪的耳朵在顶部小喇叭的位置，主要由一个旋转实体切除一部分实体来完成设计。

① 使用【旋转凸台/基体】工具，在前视基准面上绘制旋转截面，创建如图 4-133 所示的旋转特征。

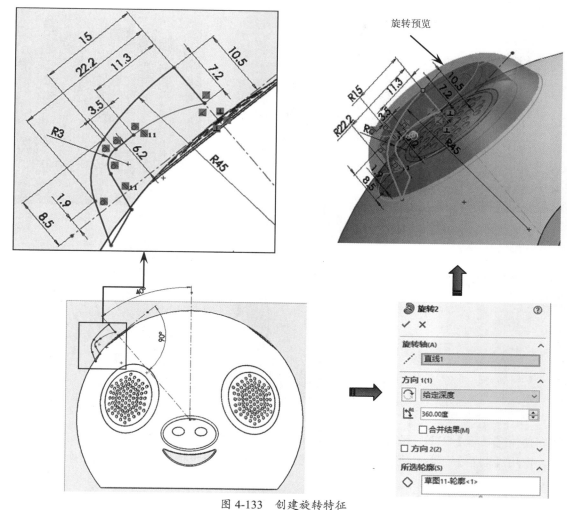

图 4-133　创建旋转特征

② 使用【基准面】工具，创建如图 4-134 所示的基准面 4。

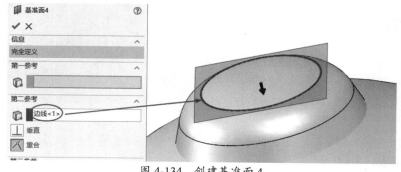

图 4-134　创建基准面 4

技术要点：

创建此基准面，用来作为切除旋转实体的草图平面。

③ 使用【拉伸切除】工具，在基准面4中绘制草图后，创建如图4-135所示的拉伸切除特征（即小猪耳朵）。

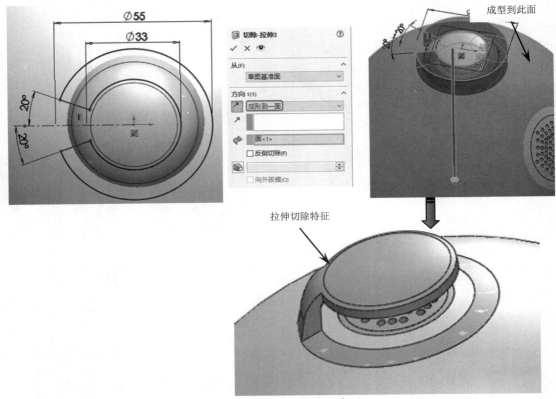

图4-135 创建拉伸切除特征

④ 使用【镜像】工具，将小猪耳朵镜像至右视基准面的另一侧，如图4-136所示。

⑤ 使用【圆角】工具，在2个耳朵上创建半径为0.5的圆角特征，如图4-137所示。

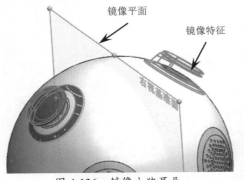

图4-136 镜像小猪耳朵

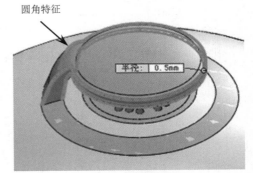

图4-137 创建圆角特征

⑥ 在菜单栏中执行【插入】|【特征】|【组合】命令，将音响主体和2个耳朵组合成一个整体，如图4-138所示。

5. 设计小猪音响脚

小猪音响的脚是按圆周阵列来放置的，创建其中一只脚，通过圆周阵列创建其余3只脚即可。

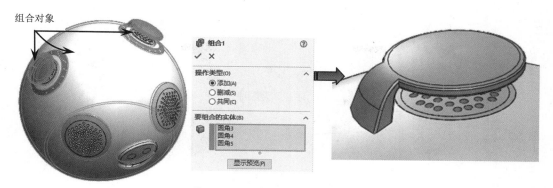

图 4-138　组合耳朵与音响主体

① 使用【基准面】工具，以右视基准面和基准轴 1 为参考，创建旋转角度为 45°的基准面 5，如图 4-139 所示。

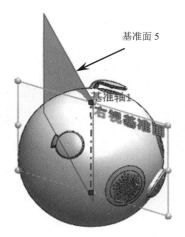

图 4-139　创建基准面 5

② 使用【旋转凸台/基体】工具，在基准面 5 中绘制如图 4-140 所示的旋转截面。

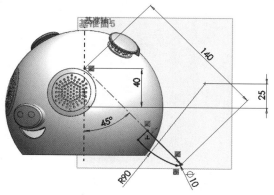

图 4-140　绘制旋转截面

③ 退出草图环境，然后创建如图 4-141 所示的旋转特征（即小猪的脚）。

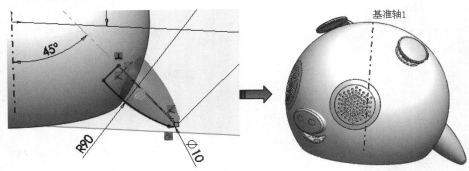

图 4-141　创建小猪的脚

④　使用【圆周草图阵列】工具，创建小猪的其余 3 只脚，如图 4-142 所示。

⑤　使用【编辑外观】工具，将小猪主体、耳朵、鼻子、嘴巴、脚的颜色更改为粉红色，将喇叭网盖、鼻孔的颜色设置为黑色，最终设计完成的小猪音响造型如图 4-143 所示。

图 4-142　创建小猪的其余 3 只脚

图 4-143　设计完成的小猪音响造型

凸台/基体特征设计

本章导读

在一些简单的实体建模过程中，首先从草图绘制开始，再通过实体特征工具建立基本实体模型，还可以编辑实体特征。对于复杂零件的实体建模过程，实质上是许多简单特征之间的叠加、切割或相交等方式的操作过程。

知识要点

- ☑ 特征建模基础
- ☑ 拉伸凸台/基体特征
- ☑ 旋转凸台/基体特征
- ☑ 扫描凸台/基体特征
- ☑ 放样凸台/基体特征
- ☑ 边界凸台/基体特征

5.1 特征建模基础

所谓特征就是由点、线、面或实体构成的独立几何体。零件模型是由各种形状特征组合而成的，零件模型的设计就是特征的叠加过程。

SolidWorks 中所应用的特征大致可以分为以下 4 类。

1. 基准特征

起辅助作用，为基体特征的创建和编辑提供定位和定形参考。基准特征不对几何元素产生影响。基准特征包括基准面、基准轴、基准曲线、基准坐标系、基准点等，如图 5-1 所示为 SolidWorks 中的 3 个默认的基准面——前视基准面、右视基准面和上视基准面。

2. 基体特征

基体特征是基于草图而建立的扫掠特征，是零件模型的重要组成部分，也称父特征。基体特征用作构建零件模型的第一个特征。基体特征通常要求先草绘出特征的一个或多个截面，然后根据某种扫掠形式进行扫掠而生成基体特征。

基体特征分加材料特征和减材料特征。加材料就是特征的累加过程，减材料是特征的切除过程。在本章中将主要介绍加材料的基体特征创建工具，减材料的切除特征工具的用法与加材料工具是完全相同的，只是操作结果不同而已。

常见的基体特征包括拉伸特征、旋转特征、扫描特征、放样特征和边界特征等，如图 5-2 所示为利用【拉伸凸台/基体】命令来创建的拉伸特征。

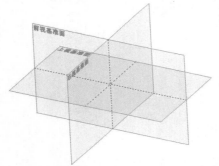

图 5-1　SolidWorks 中的 3 个默认基准面

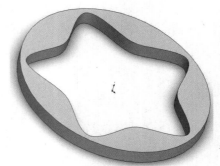

图 5-2　拉伸特征

3. 工程特征

工程特征也可称作细节特征、构造特征或子特征，是对基本特征进行局部细化操作的结果。工程特征是系统提供或自定义的模板特征，其几何形状是确定的，构建时只需要提供工程特征的放置位置和尺寸即可。常见的工程特征包括倒角特征、圆角特征、孔特征、抽壳特征等，如图 5-3 所示。

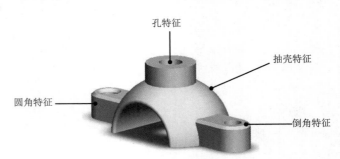

图 5-3　工程特征

4. 曲面特征

曲面特征是用来构件产品外形的片体特征。曲面建模是与实体特征建模完全不同的建模方式。实体建模是以实体特征进行布尔运算得到的结果，实体模型是有质量的。而曲面建模是通过构建无数块曲面后再进行修剪、缝合后，得到产品外形的表面模型。曲面模型是空心的，没有质量。如图 5-4 所示为由多种曲面工具的应用而构建的曲面模型。

SolidWorks 中零件建模的基本过程如图 5-5 所示。

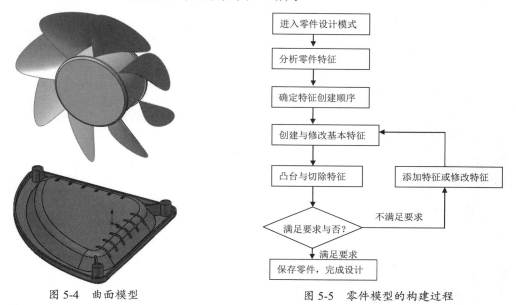

图 5-4 曲面模型　　　　　　　　图 5-5 零件模型的构建过程

5.2 拉伸凸台/基体特征

拉伸凸台/基体特征的意义是：利用拉伸操作来创建凸台或基体特征。第一个拉伸特征称为"基体"，而随后依序创建的拉伸特征则属于"凸台"范畴。所谓"拉伸"，就是在完成截面草图设计后，沿着截面草图平面的法向进行推拉。

拉伸特征适合创建比较规则的实体。拉伸特征是最基本和常用的特征造型方法，而且操作比较简单，工程实践中的多数零件模型，都可以看作是多个拉伸特征相互叠加或切除的结果。

5.2.1 【凸台-拉伸】属性面板

单击【特征】选项卡中的【拉伸凸台/基体】按钮，将打开如图 5-6 所示的【拉伸】属性面板，根据属性面板中的信息提示，须选择拉伸特征截面的草绘平面。进入草图环境绘制截面草图，退出草图环境后将显示【凸台-拉伸】属性面板，此面板用于定义拉伸特征的属性参数。

拉伸特征可以向一个方向拉伸，也可以向相反的两个方向拉伸，默认是向一个方向拉伸，如图 5-7 所示。

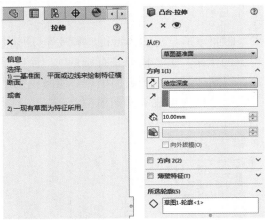

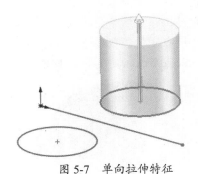

图 5-6 【拉伸】与【凸台-拉伸】属性面板

图 5-7 单向拉伸特征

5.2.2 拉伸的开始条件和终止条件

【凸台-拉伸】属性面板中的开始条件和终止条件就是指定截面的拉伸方式。根据建模过程的实际需要,系统提供多种拉伸方式。

1. 开始条件

在【凸台-拉伸】属性面板中的【从】下拉列表中,包含 4 种截面的起始拉伸方式,如图 5-8 所示。

- 草图基准面:选择此拉伸方式,将从草图平面开始对截面进行拉伸。
- 曲面/面/基准面:选择此拉伸方式,将以指定的曲面、平面或基准面作为截面起始位置,对截面进行拉伸。
- 顶点:此方式是选取一个参考点,以此点作为截面拉伸的起始位置。
- 等距:选择此方式,可以输入基于草图平面的偏距值来定位截面拉伸的起始位置。

2. 终止条件

截面拉伸的终止条件,主要有以下 6 个。

(1)条件 1:给定深度。

如图 5-9 所示,直接指定拉伸特征的拉伸长度,这是最常用的拉伸长度定义选项。

图 5-8 【从】下拉列表中的
拉伸方式

a. 在文本框中修改值

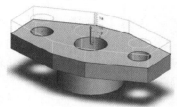

b. 拖动句柄修改值

图 5-9 给定深度

（2）条件2：完全贯穿。

拉伸特征沿拉伸方向穿越已有的所有特征。如图5-10所示是一个切除材料的拉伸特征。

（3）条件3：成形到一顶点。

拉伸特征延伸至下一个顶点位置，如图5-11所示。

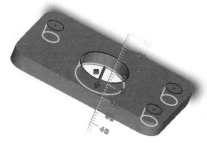

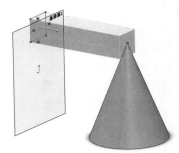

图5-10　切除材料的拉伸特征　　　　　　图5-11　成形到一顶点

（4）条件4：成形到一面。

拉伸特征沿拉伸方向延伸至指定的零件表面或一个基准面，如图5-12所示。

（5）条件5：两侧对称。

拉伸特征以草绘平面为中心向两侧对称拉伸，如图5-13所示，拉伸长度两侧均分。

（6）条件6：到离指定面指定的距离。

拉伸特征延伸至距一个指定平面一定距离的位置，如图5-14所示。指定距离以指定平面为基准。

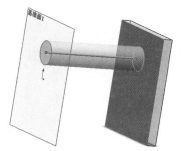

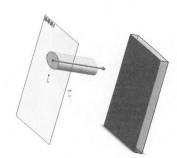

图5-12　成形到一面　　　　图5-13　两侧对称　　　图5-14　到离指定面指定的距离

技巧点拨：

此拉伸深度类型，只能选择在截面拉伸过程中所能相交的曲面，否则不能创建拉伸特征。如图5-15所示，选定没有相交的曲面，不能创建拉伸特征，若强行创建特征会弹出错误提示。

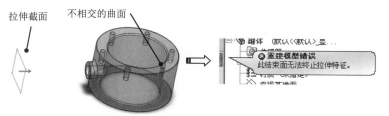

图5-15　不能创建拉伸特征的情形

加材料拉伸草绘截面时，程序总是将方向指向实体外部；减材料拉伸时则总是指向内部。

5.2.3 拉伸截面的要求

在拉伸截面的过程中,需要注意以下几方面内容。

- 拉伸截面原则上必须是封闭的。如果是开放的,其开口处线段端点必须与零件模型的已有边线对齐,这种截面在生成拉伸特征时系统自动将截面封闭。
- 草绘截面可以由一个或多个封闭环组成,封闭环之间不能自交,但封闭环之间可以嵌套。如果存在嵌套的封闭环,在生成加材料的拉伸特征时,系统自动认为里面的封闭环类似于孔特征。

若所绘截面不满足以上要求,则通常不能正常结束草绘进入到下一步骤。如图 5-16 所示,草绘截面区域外出现了多余的图元,此时在所绘截面不合格的情况下若单击【确定】按钮 ✔,在信息区会出现错误提示框,需要将其修剪后再进行下一步操作。

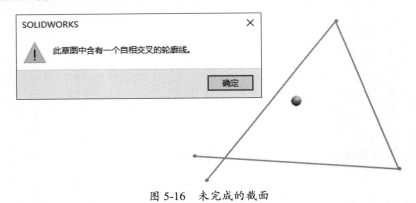

图 5-16 未完成的截面

上机实践——创建键槽支撑件

在原有的草绘基准面上,用从草图基准面以给定深度拉伸的方法创建特征,然后再创建切除材料的拉伸特征——孔。拉伸截面需要自行绘制。

① 按快捷键 Ctrl+N,弹出【新建 SOLIDWORKS 文件】对话框,新建零件文件,如图 5-17 所示。

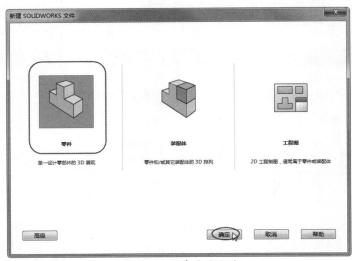

图 5-17 新建零件文件

② 在【草图】选项卡中单击【草图绘制】按钮，选择前视基准面作为草绘平面并自动进入草图环境，如图 5-18 所示。

③ 使用【中心矩形】工具，在原点位置绘制一个长 160、宽 84 的矩形，结果如图 5-19 所示。

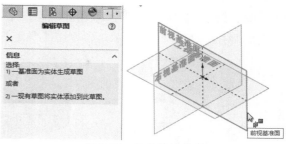

图 5-18　选择草绘平面

④ 使用【圆角】工具绘制 4 个半径为 20 的圆角，如图 5-20 所示。单击【草绘】选项卡中的【退出草图】按钮退出草图环境。

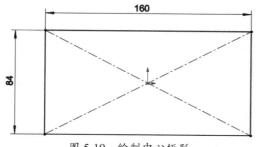

图 5-19　绘制中心矩形

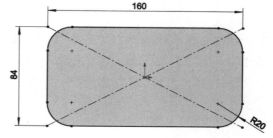

图 5-20　绘制圆角

⑤ 单击【特征】选项卡中的【拉伸凸台/基体】按钮，选择草图截面，在【凸台-拉伸】属性面板中保留默认的拉伸方法，设置拉伸高度为 20，单击【确定】按钮，完成拉伸凸台特征 1 的创建，如图 5-21 所示。

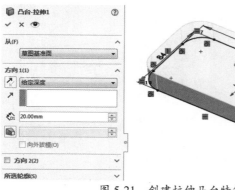

图 5-21　创建拉伸凸台特征 1

⑥ 单击【特征】选项卡中的【拉伸切除】按钮，选择第一个拉伸实体的侧面作为草绘平面进入草图环境，如图 5-22 所示。

⑦ 执行【矩形】命令绘制如图 5-23 所示的底板上的槽草图。

图 5-22　选择草绘平面

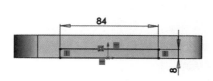

图 5-23　绘制槽草图

⑧ 单击【确定】按钮✔退出草图环境。在【切除-拉伸】属性面板中更改拉伸方式为【完全贯穿】，如图 5-24 所示。再单击【确定】按钮✔，完成拉伸切除特征 1 的创建。

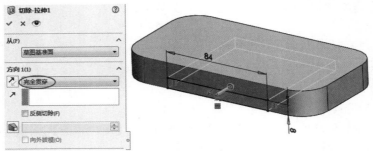

图 5-24　创建拉伸切除特征 1

⑨ 继续创建拉伸切除特征 2。单击【拉伸切除】按钮⬚，选择拉伸凸台特征 1 的上表面作为草绘平面，进入草图环境绘制如图 5-25 所示的圆形草图。

⑩ 单击【确定】按钮✔退出草图环境。在【切除-拉伸】属性面板中设置拉伸方法为【给定深度】，设置拉伸高度为 8，再单击【确定】按钮✔，完成第二个拉伸切除特征的创建（沉头孔的沉头部分），如图 5-26 所示。

图 5-25　绘制圆形草图

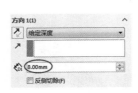

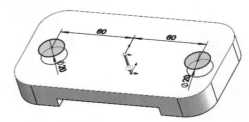

图 5-26　创建拉伸切除特征 2

⑪ 重复前面的步骤，绘制如图 5-27 所示的拉伸切除特征 3 的草图截面。

⑫ 单击【确定】按钮✔退出草图环境。在【切除-拉伸】属性面板中设置拉伸方法为【完全贯穿】，单击【确定】按钮✔，完成第三个拉伸切除特征的创建（沉头孔的孔部分），如图 5-28 所示。

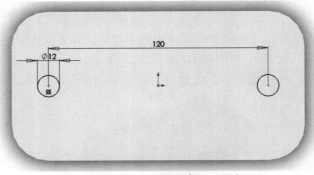

图 5-27　绘制拉伸切除特征 3 的截面

图 5-28　创建拉伸切除特征 3

⑬　使用【拉伸凸台/基体】工具 ，选择拉伸凸台特征 1 的顶面作为草绘平面，进入草图
　　环境绘制如图 5-29 所示的拉伸草图截面，注意圆与凸台边线对齐。

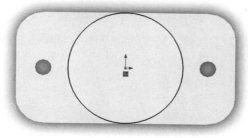

图 5-29　绘制拉伸草图截面

⑭　单击【确定】按钮 退出草图环境。在【凸台-拉伸】属性面板中设置拉伸方法为【给
　　定深度】，设置拉伸高度为 50，再单击【确定】按钮 完成拉伸凸台特征 2 的创建，如
　　图 5-30 所示。

图 5-30　创建拉伸凸台特征 2

⑮　使用【拉伸切除】工具 ，选择圆柱顶面作为草绘平面，进入草图环境绘制键槽孔草图，
　　如图 5-31 所示。

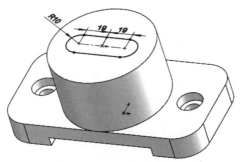

图 5-31　绘制键槽孔草图

⑯ 在【切除-拉伸】属性面板中设置拉伸方法为【完全贯穿】，单击【确定】按钮 ✔，完成拉伸切除特征 4（键槽）的创建，如图 5-32 所示。

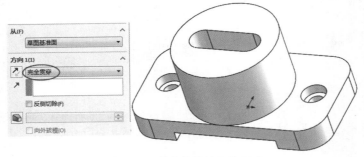

图 5-32　创建拉伸切除特征 4

⑰ 最后再利用【拉伸切除】工具 ⓘ，通过绘制草图截面和设置拉伸参数，创建拉伸切除特征 5，并完成零件设计，结果如图 5-33 所示。

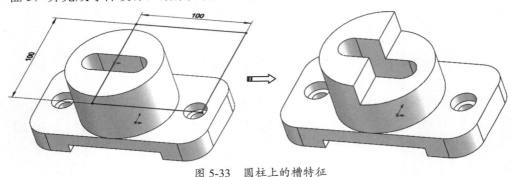

图 5-33　圆柱上的槽特征

5.3　旋转凸台/基体特征

【旋转凸台/基体】命令通过绕中心线旋转一个或多个轮廓来添加或移除材料，可以生成旋转凸台、旋转切除凸台/基准特征或旋转曲面。

要创建旋转凸台/基体特征注意以下准则。

● 实体旋转特征的草图可以包含多个相交轮廓。

● 薄壁或曲面旋转特征的草图可包含多个开环的或闭环的相交轮廓。

● 轮廓不能与中心线交叉。如果草图包含一条以上中心线，请选择想要用作旋转轴的中心线。仅对于旋转曲面和旋转薄壁特征而言，草图不能位于中心线上。

● 当在中心线内为旋转特征标注尺寸时，将生成旋转特征的半径尺寸。如果通过中心线外为旋转特征标注尺寸，将生成旋转特征的直径尺寸。

5.3.1　【旋转】属性面板

在【特征】选项卡中单击【旋转凸台/基体】按钮 ⓢ，弹出【旋转】属性面板。当进入草图环境完成草图绘制并退出草图环境后，再显示如图 5-34 所示的【旋转】属性面板。

草绘旋转特征截面时，其截面必须全部位于旋转中心线一侧，并且截面必须是封闭的，如图 5-35 所示。

5.3.2 旋转方法与角度

旋转特征截面草绘完成后，创建旋转特征时，可按要求选择旋转方法。【旋转】属性面板中包括了系统提供的 4 种旋转方法，如图 5-36 所示。

旋转特征的生成取决于旋转角度和方向控制两个方面的作用。由图 5-37 可知，当旋转角度为 100° 时，特征由草绘平面逆时针旋转 100° 生成。

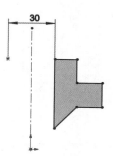

图 5-34 【旋转】属性面板   图 5-35 封闭的截面

5.3.3 旋转轴

旋转特征的旋转轴可以是外部参考（基准轴），也可以是内部参考（自身轮廓边或绘制的中心线）。

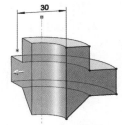

图 5-36 旋转方法   图 5-37 给定角度旋转

默认情况下，SolidWorks 会自动使用内部参考，如果用户没有绘制旋转中心线，可在退出草图环境后创建基准轴作为参考。

当选取草图截面轮廓的一条直线作为旋转轴时，无须再绘制中心线。

上机实践——创建轴套零件模型

利用【旋转】命令，创建如图 5-38 所示的轴套截面。所使用的旋转方法为【给定深度】，旋转轴为内部的基准中心线。

① 新建一个零件文件，如图 5-39 所示。

② 在【特征】选项卡中单击【旋转凸台/基体】按钮，弹出【旋转】属性面板。按信息提示选择前视基准面作为草绘平面，然后自动进入草图环境，如图 5-40 所示。

> **技巧点拨：**
> 除在图形区中直接选择基准面作为草绘平面外，还可以在特征设计树中选择基准面。

③ 首先使用【基准中心线】工具在坐标系原点位置绘制一条竖直的参考中心线。

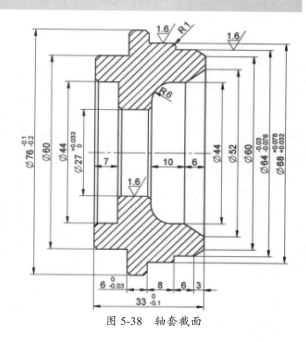

图 5-38 轴套截面

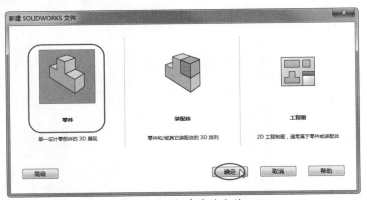

图 5-39　新建零件文件　　　　　　　　　图 5-40　选择草绘平面

④ 从图 5-38 得知，旋转截面为阴影部分，但这里仅仅绘制一个阴影截面即可。使用【直线】和【圆弧】工具绘制如图 5-41 所示的草图。

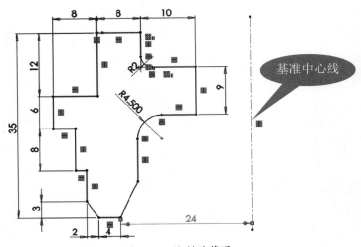

图 5-41　绘制的草图

⑤ 使用【倒角】命令，对基本草图进行倒斜角处理，如图 5-42 所示。

⑥ 退出草图环境，SolidWorks 自动选择内部的基准中心线作为旋转轴，并显示旋转特征的预览，如图 5-43 所示。

⑦ 保留旋转方法及旋转参数的默认设置，单击【确定】按钮✔，完成轴套零件的设计，结果如图 5-44 所示。

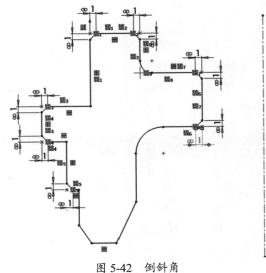

图 5-42　倒斜角

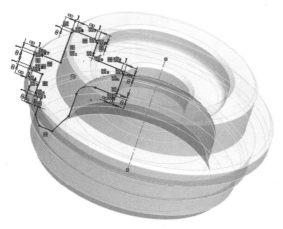

图 5-43　旋转特征的预览

图 5-44　轴套零件

5.4　扫描凸台/基体特征

扫描是在沿一个或多个选定轨迹扫描截面时通过控制截面的方向和选择几何来添加或移除材料的特征创建方法。轨迹线可看作特征的外形线，而草绘平面可看作特征截面。

扫描凸台/基体特征主要由扫描轨迹和扫描截面构成，如图 5-45 所示。扫描轨迹可以指定现有的曲线、边，也可以进入草图环境进行草绘。扫描的截面包括恒定截面和可变截面。

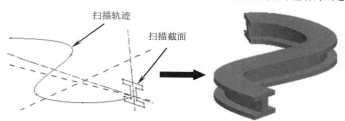

图 5-45　扫描特征的构成

5.4.1　【扫描】属性面板

要创建扫描特征，必须先绘制扫描截面和扫描轨迹（否则【扫描】命令不可用）。在【特征】选项卡中单击【扫描】按钮 ✔，弹出【扫描】属性面板，如图 5-46 所示。

图 5-46　【扫描】属性面板

5.4.2　扫描轨迹的创建方法

简单扫描特征由一条轨迹线和一个特征截面构成。轨迹线可以是开放的也可以是封闭的，但特征截面必须是封闭的，否则不能创建出扫描特征，将弹出警告信息，如图 5-47 所示。

必须要事先准备好扫描截面或扫描轨迹，才能执行【扫描凸台/基体】命令来创建扫描特征。

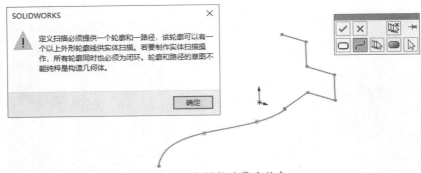

图 5-47　扫描轨迹警告信息

轨迹线可以是草图线、空间曲线或模型的边，且轨迹线必须与截面的所在平面相交。另外，扫描引导线必须与截面或截面草图中的点重合。

在零件设计过程中，常常会在已有的模型上创建附加特征（子特征），那么对于扫描特征，可以选取现有的模型边作为扫描轨迹，如图 5-48 所示。

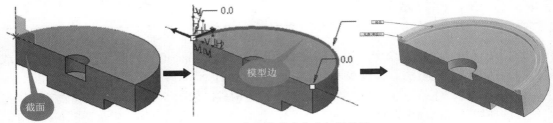

图 5-48　选取模型边作为扫描轨迹

5.4.3　带引导线的扫描特征

简单扫描特征的特征截面是相同的。如果特征截面在扫描的过程中是变化的，则必须使用带引导线的方式创建扫描特征。也就是说，增加辅助轨迹线并使其对特征截面的变化规律加以约束。从图 5-49 和图 5-50 中可见，添加与不添加引导线，特征形状是完全不同的。

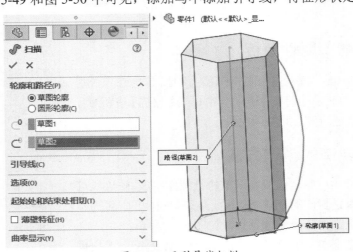

图 5-49　无引导线扫描

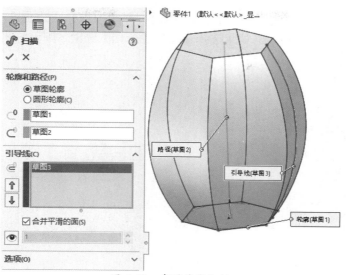

图 5-50 有引导线扫描

上机实践——麻花绳建模

本实例将利用扫描的可变截面方法来创建一个麻花绳的造型。这种方法也可以针对一些不规则的截面用来设计具有造型曲面特点的弧形，由于操作简单，绘制的曲面质量好，而为广大 SolidWorks 用户所使用。下面来详解这一操作过程。

① 新建零件文件。

② 单击【草图】选项卡中的【草图绘制】按钮，弹出【编辑草图】属性面板。选择前视基准面作为草绘平面并自动进入草图环境。

③ 单击【草图】选项卡中的【样条曲线】按钮，绘制如图 5-51 所示的样条曲线作为扫描轨迹。

④ 单击【草图】选项卡中的【退出草图】按钮，退出草图环境。下一步进行扫描截面的绘制，如图 5-52 所示，选择右视基准面作为草绘平面。

⑤ 在右视基准面中绘制如图 5-53 所示的圆形阵列。注意右图方框位置，圆形阵列的中心与扫描轨迹线的端点对齐。

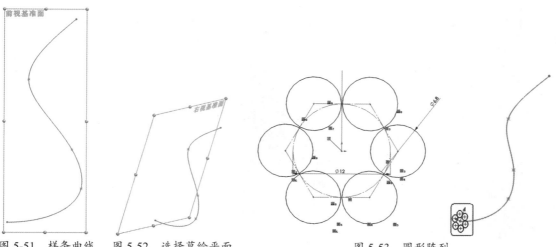

图 5-51 样条曲线　　图 5-52 选择草绘平面　　　　　图 5-53 圆形阵列

⑥ 单击【特征】选项卡中的【扫描】按钮 ✍，打开【扫描】属性面板，选择【沿路径扭转】选项，如图 5-54 所示。如果选择【随路径变化】选项，则无法实现纹路造型特征，如图 5-55 所示。

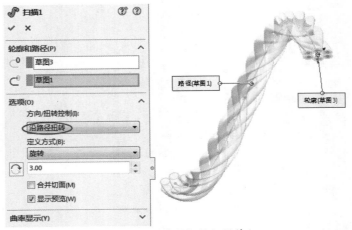

图 5-54　沿路径扭转扫描特征

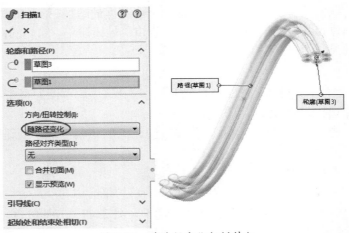

图 5-55　随路径变化扫描特征

⑦ 单击【确定】按钮 ✔，完成麻花绳扫描特征的创建，如图 5-56 所示。

图 5-56　麻花绳扫描特征

5.5 放样凸台/基体特征

【放样凸台/基体】命令是通过在轮廓之间进行过渡生成特征，如图 5-57 所示。放样可以是基体、凸台、切除或曲面。可以使用两个或多个轮廓生成放样。仅第一个或最后一个轮廓可以是点，也可以这两个轮廓均为点。

创建放样特征时，理论上各个特征截面的线段数量应相等，并且要合理地确定截面之间的对应点，如果系统自动创建的放样特征截面之间的对应点不符合用户的要求，则创建放样特征时必须使用引导线。

单击【特征】选项卡中的【放样凸台/基体】按钮，打开【放样】属性面板，如图 5-58 所示。

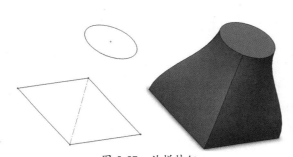

图 5-57　放样特征

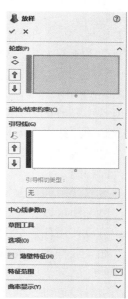

图 5-58　【放样】属性面板

【放样】属性面板中各选项区、选项的含义如下。

- 【轮廓】选项区：设置放样轮廓。
  - ➢ 　：决定用来生成放样的轮廓。
  - ➢ 和：调整轮廓的顺序。
- 【起始/结束约束】选项区：应用约束以控制开始和结束轮廓的相切。
- 【引导线】选项区：设置放样引导线。
  - ➢ 　：选择引导线来控制放样。
  - ➢ 和：调整引导线的顺序。
- 【中心线参数】选项区：设置中心线参数。
  - ➢ 　：使用中心线引导放样形状。在图形区域中选择一草图。
  - ➢ 截面数：在轮廓之间并绕中心线添加截面。可通过移动滑杆来调整截面数。
  - ➢ 显示截面：显示放样截面。单击箭头来显示截面。也可输入一截面数然后单击【显示截面】按钮　以跳到此截面。

- 【草图工具】选项区：利用草图工具可在先前的特征上拖动 3D 草图。
- 【选项】选项区：设置放样选项。
  - ➢ 合并切面：如果对应的线段相切，则使在所生成的放样中的曲面合并。
  - ➢ 封闭放样：沿放样方向生成一闭合实体。此选项会自动连接最后一个和第一个草图。
  - ➢ 显示预览：显示放样的上色预览。取消勾选此复选框则只能查看路径和引导线。
  - ➢ 微公差：使用微小的几何图形为零件创建放样。
- 【薄壁特征】选项区：勾选【薄壁特征】复选框，可定义放样薄壁特征，包括薄壁生成方向和薄壁厚度设置。

5.5.1 创建带引导线的放样特征

如果放样特征各个特征截面之间的融合效果不符合用户要求，可使用带引导线的方式来创建放样特征，如图 5-59 所示。

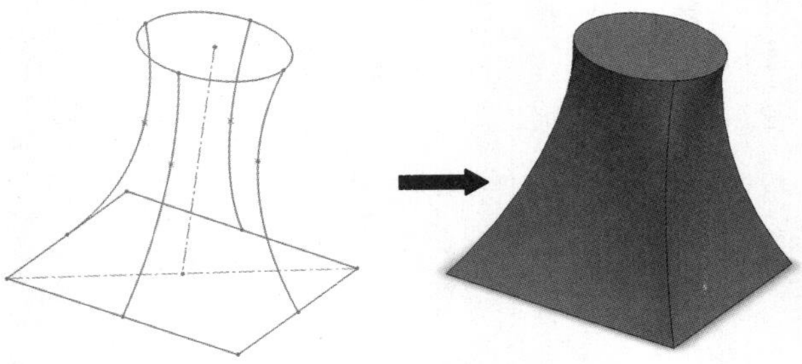

使用带引导线的方式创建放样特征时，必须注意以下事项。

图 5-59 带引导线的放样特征

- 引导线必须与所有特征截面相交。
- 可以使用任意数量的引导线。
- 引导线可以相交于点。
- 可以使用任意草图曲线、模型边线或曲线作为引导线。
- 如果放样失败或扭曲，可以添加通过参考点的样条曲线作为引导线，可以选择适当的轮廓顶点以生成样条曲线。
- 引导线可以比生成的放样特征长，放样终止于最短引导线的末端。

5.5.2 创建带中心线的放样特征

放样特征在创建过程中，各个特征截面可沿着一条中心线进行扫描并相互融合，这样的放样特征叫作"带中心线的放样特征"，如图 4-60 所示。

图 5-60 带中心线的放样特征

上机实践——扁瓶造型

　　利用拉伸、放样等命令来创建如图 5-61 所示的扁瓶。瓶口由拉伸命令创建，瓶体由放样特征实现。

① 新建零件文件。

② 使用【拉伸凸台/基体】工具 ，选择上视基准面作为草绘平面，绘制如图 5-62 所示的圆。

图 5-61 扁瓶　　　　　　　图 5-62 绘制拉伸的截面草图

③ 退出草图环境后再创建拉伸长度为 15 的等距拉伸实体特征，如图 5-63 所示，等距距离为 80。

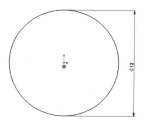

图 5-63 等距拉伸实体

④ 利用【基准面】命令，参照上视基准面平移 55，创建基准面 1，如图 5-64 所示。

⑤ 进入草图环境，在上视基准面上绘制如图 5-65 所示的椭圆（瓶底草图），长距和短距分别为 15 和 6。

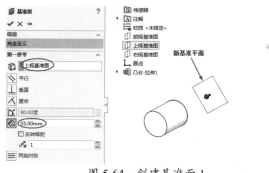

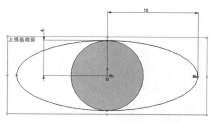

图 5-64 创建基准面 1　　　　　　　图 5-65 绘制瓶底草图

⑥ 在基准面 1 上绘制如图 5-66 所示的瓶身截面草图。

⑦ 单击【特征】选项卡中的【放样凸台/基体】按钮 🔔，打开【放样】属性面板，选择扫描截面和轨迹线后，单击【确定】按钮 ✓ 完成扁瓶的制作，如图 5-67 所示。

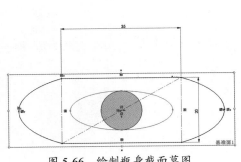

图 5-66　绘制瓶身截面草图

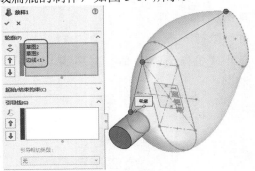

图 5-67　创建瓶身放样特征

5.6　边界凸台/基体特征

【边界凸台/基体】命令通过选择两个或多个截面来创建混合形状特征。

用户可通过以下方式执行【边界凸台/基体】命令，打开【边界】属性面板，如图 5-68 所示。

● 单击【特征】选项卡中的【边界凸台/基体】按钮 📦；

● 在菜单栏中执行【插入】|【凸台/基体】|【边界】命令。

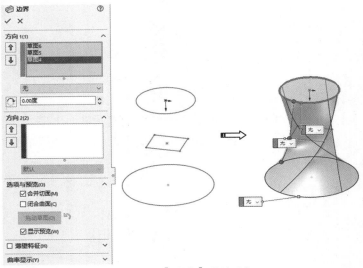

图 5-68　【边界】属性面板

【边界】属性面板中各选项区、选项的含义如下。

● 【方向1】选项区：设置单个方向的边界特征。

➢ 曲线：指定用于以此方向生成边界特征的曲线。选择要连接的草图曲线、面或边线，边界特征根据曲线选择的顺序而生成。

➢ ⬆ 和 ⬇：调整曲线的顺序。

技巧点拨:

如果预览显示的边界特征令人不满意，可以重新选择或重新对草图进行排序以连接曲线上不同的点。

- ● 【方向 2】选项区：与上述【方向1】选项区中的选项相同。
- ● 【选项与预览】选项区：通过选项来预览边界。
  - ➢ 合并切面：如果对应的线段相切，则会使所生成的边界特征中的曲面保持相切。
  - ➢ 闭合曲面：沿边界特征方向生成一闭合实体。此选项会自动连接最后一个和第一个草图。
  - ➢ 拖动草图：激活拖动模式。在编辑边界特征时，可以从任何已为边界特征定义了轮廓线的 3D 草图中拖动 3D 草图线段、点或基准面。
  - ➢ 撤销草图拖动 ↶：撤销先前的草图拖动并将预览返回到其先前状态。可撤销多个草图拖动。
  - ➢ 显示预览：勾选此复选框，显示边界特征的上色预览。取消勾选此复选框，则只能查看曲线。
- ● 【薄壁特征】选项区：选择此选项可生成一薄壁特征边界。
  - ➢ 单向：在曲线的单侧生成薄壁特征。
  - ➢ 反向 ：单击此按钮，改变薄壁加厚方向。
  - ➢ 厚度 ：设置薄壁加厚的厚度值。
- ● 【曲率显示】选项区：设置曲面网格、斑马条纹及曲率梳的显示。
  - ➢ 网格预览：勾选此复选框，显示曲面网格。
  - ➢ 斑马条纹：勾选此复选框，可查看曲面中标准显示难以分辨的小变化。斑马条纹模仿在光泽表面上反射的长光线条纹。
  - ➢ 曲率检查梳形图：勾选此复选框，将显示曲面的曲率梳，用于判断曲面的质量。

5.7 综合案例——矿泉水瓶造型

在本例中，我们将会使用一些基体特征工具和还没有学习的工具进行建模训练。提前使用还没有学习的工具，会帮助我们更好地掌握相关知识的应用。本例的矿泉水瓶造型如图 5-69 所示。

图 5-69 矿泉水瓶
造型

5.7.1 创建瓶身主体

① 新建 SolidWorks 零件文件。

② 在【特征】选项卡中单击【旋转凸台/基体】按钮 ，选择前视基准面作为草图平面，进入草图环境绘制如图 5-70 所示的旋转截面（草图 1）。

③ 退出草图环境后弹出【旋转】属性面板。选择草图中的中心线作为旋转轴，单击【确定】按钮 完成主体模型的创建，如图 5-71 所示。

④ 创建的主体模型带有尖角，这样的瓶子握在手中会扎手，这是不允许的，需要创建圆角。单击【特征】选项卡中的【圆角】按钮 ，打开【圆角】属性面板。选择主体模型底部边线

进行倒圆角，圆角半径为5，单击【确定】按钮 ✓，完成圆角的创建，如图 5-72 所示。

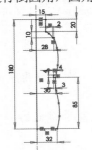

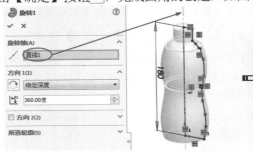

图 5-70　绘制旋转截面草图　　　　　　　　图 5-71　创建主体模型

⑤ 单击【特征】选项卡中的【圆角】按钮 ⊙·，打开【圆角】属性面板。设置圆角类型为【完整圆角】 ◎，在主体模型的中段凹槽上依次选择相邻的 3 个面，单击【确定】按钮 ✓，完成完整圆角的创建，如图 5-73 所示。

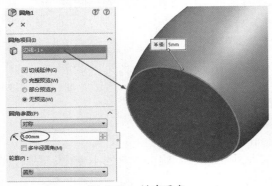

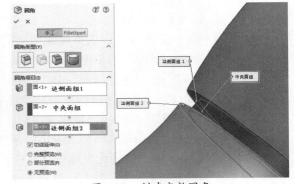

图 5-72　创建圆角　　　　　　　　　　　图 5-73　创建完整圆角

⑥ 最后，再创建多处半径相等的圆角特征（半径为2），如图 5-74 所示。

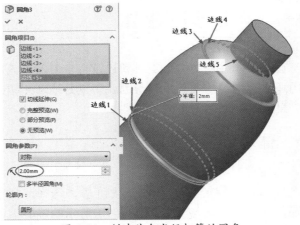

图 5-74　创建其余半径相等的圆角

5.7.2　创建附加特征

① 选择右视基准面作为草图平面进入草图环境，绘制一个点（此点将作为建立三维曲面的中心参考点），如图 5-75 所示。

② 在【草图】选项卡中单击【草图绘制】的三角按钮，激活【3D 草图】命令。在 3D 草图环境中利用【点】 ⬚ 在瓶身曲面上绘制如图 5-76 所示的两个点，再用【样条曲线】工具 N· 将其连接起来。

图 5-75　绘制点

图 5-76　绘制并连接点

③ 在前视基准面上绘制 2D 草图，利用【样条曲线】工具绘制样条曲线，起点和经过点与上一步骤绘制的 3D 草图点重合（如果没有重合，请约束为重合），如图 5-77 所示。

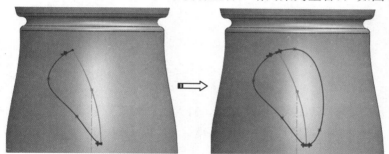

图 5-77　绘制样条曲线

④ 在【曲面】选项卡中单击 🔲 投影曲线 按钮，打开【曲线】属性面板。选择样条曲线草图投影到瓶身曲面上，注意投影方向，如图 5-78 所示。

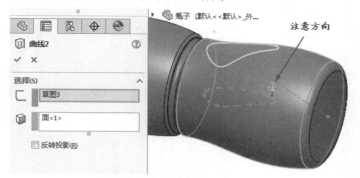

图 5-78　创建投影曲线

⑤ 在【曲面】选项卡中单击【填充曲面】按钮 ◈，打开【曲面填充】属性面板。选择投影曲线和 3D 草图的样条曲线来创建填充曲面，如图 5-79 所示。

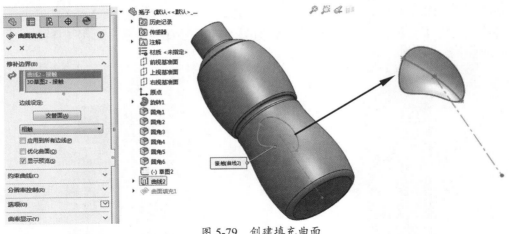

图 5-79　创建填充曲面

⑥ 在【曲面】选项卡中单击 使用曲面切除 按钮，打开【使用曲面切除】属性面板。选择填充曲面作为切除工具，确定切除方向指向瓶身外，单击【确定】按钮✓完成切除，如图 5-80 所示。

图 5-80　创建曲面切除特征

⑦ 在【特征】选项卡中单击 圆周阵列 按钮，打开【圆周阵列】属性面板。选择草图 1 中的旋转轴作为阵列轴，阵列数目为 4，选择上一步骤创建的曲面切除特征作为阵列对象，单击【确定】按钮，完成圆周阵列，如图 5-81 所示。

⑧ 利用【圆角】工具在阵列的 4 个特征上创建半径为 5 的圆角特征，如图 5-82 所示。

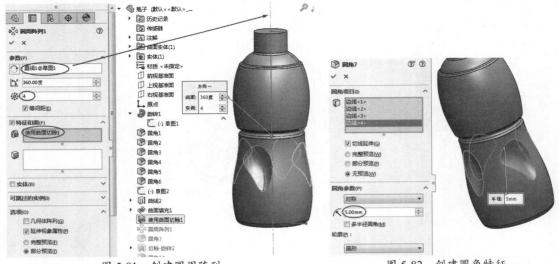

图 5-81　创建圆周阵列　　　　　　　　图 5-82　创建圆角特征

⑨ 在前视基准面上绘制草图 4，如图 5-83 所示。然后利用【旋转切除】工具 🔧，在瓶身底部创建旋转切除特征，如图 5-84 所示。

图 5-83　绘制草图 4

图 5-84　创建旋转切除特征

⑩ 在旋转切除特征边线上创建圆角特征，如图 5-85 所示。

⑪ 在前视基准面上绘制草图 5（用【等距实体】命令绘制曲线），如图 5-86 所示。

⑫ 基于上视基准面和上一步骤绘制的草图点来创建基准面 1，如图 5-87 所示。

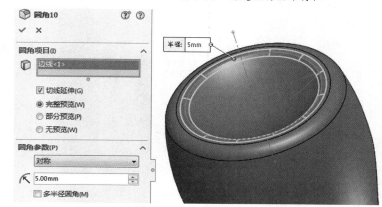

图 5-85　创建圆角特征

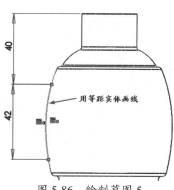

图 5-86　绘制草图 5

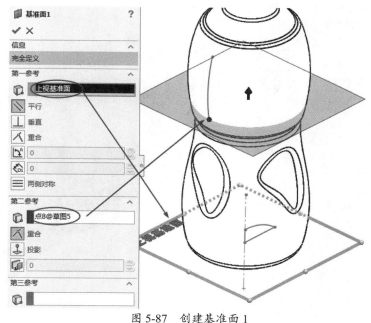

图 5-87　创建基准面 1

⑬ 在创建的基准面上绘制草图 6（圆），如图 5-88 所示。圆心与草图 5 中的点进行穿透约束。

⑭ 利用【扫描切除】工具 扫描切除 创建扫描切除特征，如图 5-89 所示。

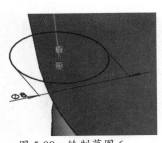

图 5-88　绘制草图 6

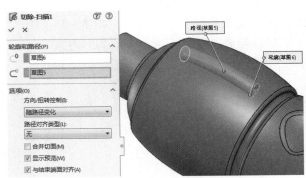

图 5-89　创建扫描切除特征

⑮　单击【特征】选项卡中的【圆角】按钮💠创建半径为 2 的圆角特征，如图 5-90 所示。

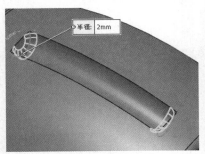

图 5-90　创建圆角特征

⑯　单击【特征】选项卡中的💠 圆周阵列 按钮，创建如图 5-91 所示的圆周阵列特征。

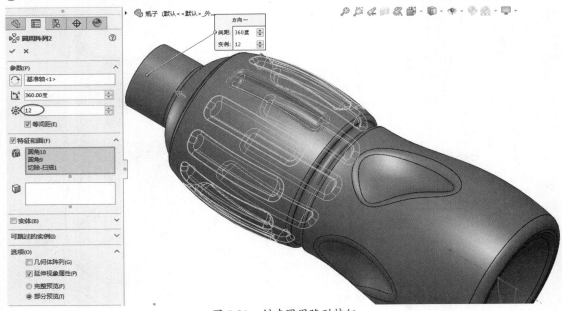

图 5-91　创建圆周阵列特征

⑰　单击【特征】选项卡中的 💠 抽壳 按钮，选择瓶口位置的端面作为抽壳的面，壳厚度为
0.5，如图 5-92 所示。

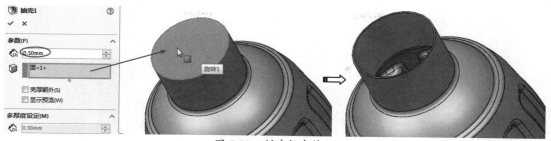

图 5-92　创建抽壳特征

⑱　在前视基准面上绘制草图 7，如图 5-93 所示。然后创建旋转特征（选择草图 1 中的中心线作为旋转轴），如图 5-94 所示。

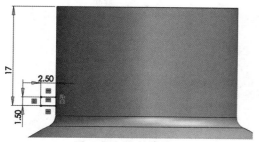

图 5-93　绘制草图 7

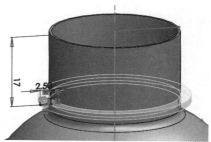

图 5-94　创建旋转特征

⑲　利用【基准面】工具创建基准面 2，如图 5-95 所示。

⑳　然后在基准面 2 上绘制草图 8（此草图圆的直径尽量比瓶口小，避免在后面出现布尔运算问题），如图 5-96 所示。

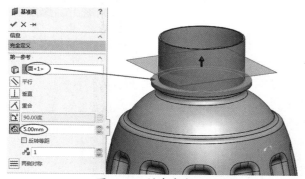

图 5-95　创建基准面 2

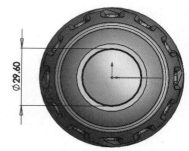

图 5-96　绘制草图 8

㉑　在【曲线】工具栏中单击【螺旋线/涡状线】按钮 ，选择草图 8 为螺旋线横断面，然后设置螺旋线参数，单击【确定】按钮 ✓ 创建螺旋线，如图 5-97 所示。

㉒　在右视基准面上绘制草图 9（从螺旋线端点出发，绘制两条直线），如图 5-98 所示。

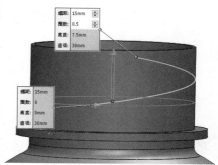

图 5-97　创建螺旋线

然后以此草图直线创建基准面 3，如图 5-99 所示。

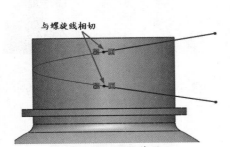

图 5-98　绘制草图 9

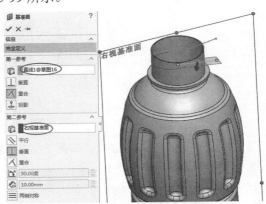

图 5-99　创建基准面 3

㉓　接下来创建基准面 4，如图 5-100 所示。

㉔　在基准面 3 上绘制草图 10——半径为 5 的圆弧，此圆弧要与螺旋线相切，如图 5-101 所示。

㉕　同理，在基准面 4 上绘制与草图 10 相同大小的圆弧（草图 11），如图 5-102 所示。

㉖　单击【曲线】工具栏中的【组合曲线】按钮 🗹，将螺旋线和与之相切的两个草图圆弧结合成一段完整曲线，如图 5-103 所示。

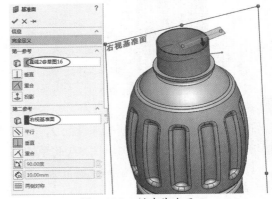

图 5-100　创建基准面 4

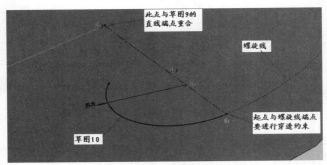

图 5-101　绘制草图 10

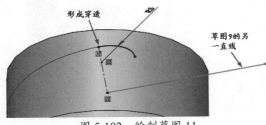

图 5-102　绘制草图 11

图 5-103　创建组合曲线

㉗   在前视基准面上绘制如图 5-104 所示的草图 12 作为即将要创建扫描特征的截面。

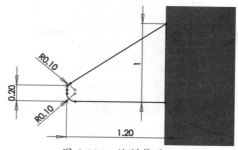

图 5-104   绘制草图 12

㉘   单击【特征】选项卡中的 ✐ 扫描 按钮，选择草图 12 作为截面，选择组合曲线作为路径，创建如图 5-105 所示的扫描特征（瓶口的螺纹）。

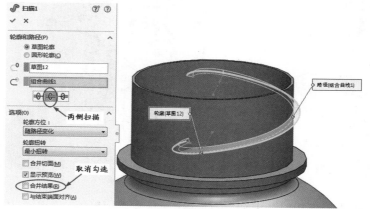

图 5-105   创建扫描特征

㉙   单击【特征】选项卡中的 分割 按钮，用等距曲面去分割扫描特征，如图 5-106 所示。

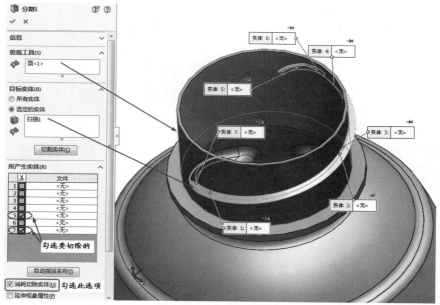

图 5-106   分割扫描特征

图 5-106　分割扫描特征（续）

㉚　将分割后的扫描特征进行圆周阵列，阵列个数为 3，如图 5-107 所示。

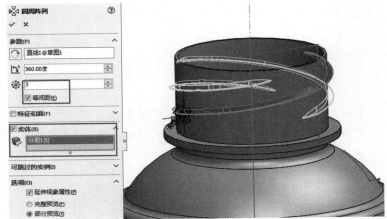

图 5-107　创建圆周阵列特征

㉛　使用【组合】工具 组合 将扫描特征与瓶身主体合并成整体，如图 5-108 所示。

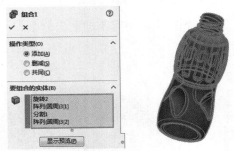

图 5-108　组合特征

㉜　至此完成了矿泉水瓶造型的绘制。

CHAPTER 6

创建工程特征

本章导读

工程特征就是在不改变基体特征主要形状的前提下，对已有的特征进行局部修改的建模方法。在 SolidWorks 2020 中，工程特征主要包括圆角、倒角、孔、抽壳、拔模及阵列、镜像、筋等，本章将对这些工程特征的造型方法进行逐一介绍。

知识要点

- ☑ 创建倒角与圆角特征
- ☑ 创建孔特征
- ☑ 抽壳与拔模
- ☑ 对象的阵列与镜像
- ☑ 筋及其他特征

6.1 创建倒角与圆角特征

在零件设计过程中，通常在锐利的零件边角处进行倒角或圆角处理，便于搬运、装配及避免应力集中等。

6.1.1 倒角

单击【特征】选项卡中的【倒角】按钮 🔷，或者选择菜单栏中的【插入】|【特征】|【倒角】命令，弹出【倒角】属性面板，如图6-1所示。

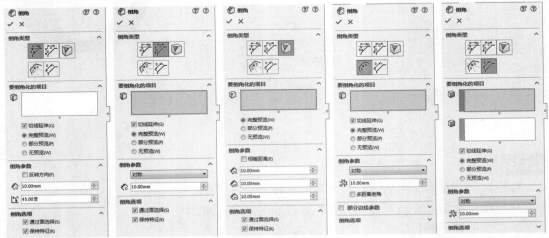

图6-1 【倒角】属性面板

【倒角】属性面板中提供了5种倒角类型，常用的为前3种。

1. 角度距离 ⬚、距离距离 ⬚ 和顶点 ⬚

【角度距离】倒角类型是以斜三角形的某一条边的长度和角度来定义倒角特征的，可以从【倒角参数】选项区中设置两个选项：距离 ⬚ 和角度 ⬚。

【距离距离】倒角类型是以斜三角形的两条直角边的长度来定义倒角特征的。

【顶点】倒角类型是以相邻的三条相互垂直的边来定义顶点圆角的。

如图6-2所示为3种倒角类型的应用。

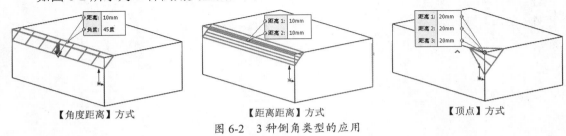

【角度距离】方式　　　【距离距离】方式　　　【顶点】方式

图6-2 3种倒角类型的应用

2. 等距面 ⬚

【等距面】倒角类型是通过偏移选定边线旁边的面来求解等距面倒角的。如图6-3所示，可以选择某一个面来创建【等距面】倒角。严格意义上讲，这种倒角类型近似于【距离距离】倒角类型。

3. 面-面

【面-面】倒角类型选择带有角度的两个面来创建刀具，如图 6-4 所示。

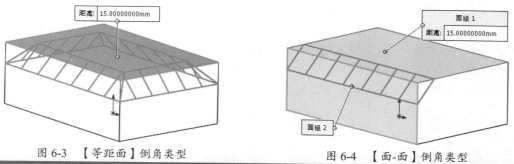

图 6-3 【等距面】倒角类型　　　　　　　图 6-4 【面-面】倒角类型

技巧点拨：

如果某个特征重建失败，可以在特征设计树中右击该特征，再选择快捷菜单中的【什么错】命令来查看失败原因。

6.1.2　圆角

在零件上加入圆角特征，除了在工程上达到保护零件的目的，还有助于增强造型平滑的效果。【圆角】命令可以为一个面的所有边线、所选的多组面、单一边线或者边线环生成圆角特征，如图 6-5 所示。

生成圆角时遵循以下原则。

● 当有多个圆角汇于一个顶点时，先添加大圆角再添加小圆角。

● 在生成具有多个圆角边线及拔模面的铸模零件时，通常情况下在添加圆角之前先添加拔模特征。

● 最后添加装饰用的圆角。在大多数其他几何体定位后尝试添加装饰圆角，添加的时间越早，系统重建零件需要花费的时间越长。

● 如果要加快零件重建的速度，使用一次生成一个圆角的方法处理需要相同半径圆角的多条边线。

单击【特征】选项卡中的【圆角】按钮，弹出【圆角】属性面板，如图 6-6 所示。

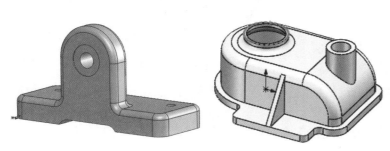

图 6-5　圆角特征

图 6-6　【圆角】属性面板

- ⬜ **等半径**：选择此圆角类型，即将创建的所有圆角特征的半径都是相等的。
- ⬜ **变半径**：选择此圆角类型，可以生成带变半径的圆角。
- ⬜ **面圆角**：选择此圆角类型，可以混合非相邻、非连续的面。
- ⬜ **完整圆角**：选择此圆角类型，可以生成相切于 3 个相邻面组的圆角。
- **多半径圆角**：勾选此复选框，可以为每条边线选择不同的圆角半径值进行倒圆角操作。
- **逆转圆角**：可以在混合曲面之间沿着零件边线创建圆角，生成平滑过渡。

SolidWorks 2020 根据不同的参数设置可生成以下几种圆角特征，如图 6-7 所示。

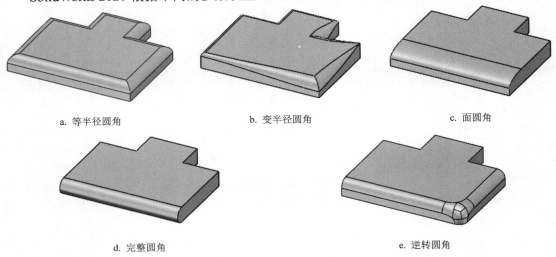

    a. 等半径圆角   b. 变半径圆角   c. 面圆角

               d. 完整圆角   e. 逆转圆角

图 6-7　圆角特征的效果

动手操作——创建螺母零件

① 新建一个零件文件进入零件设计环境。

② 选择前视基准面作为草绘平面自动进入草图环境，绘制如图 6-8 所示的六边形（草图 1）。

③ 使用【拉伸凸台/基体】命令 ⬛，设置拉伸深度为 3，创建如图 6-9 所示的拉伸特征。

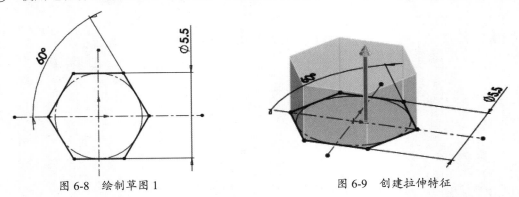

图 6-8　绘制草图 1   图 6-9　创建拉伸特征

④ 切除斜边。选择右视基准面，绘制如图 6-10 所示的草图 2，注意三角形的边线与基体对齐。再绘制旋转用的中心线。

⑤ 单击【特征】选项卡中的【旋转切除】命令 ⬛，选定中心线，并设置方向为 360°，创建旋转切除特征，如图 6-11 所示。

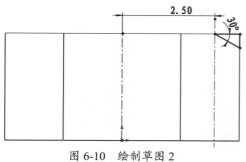

图 6-10　绘制草图 2

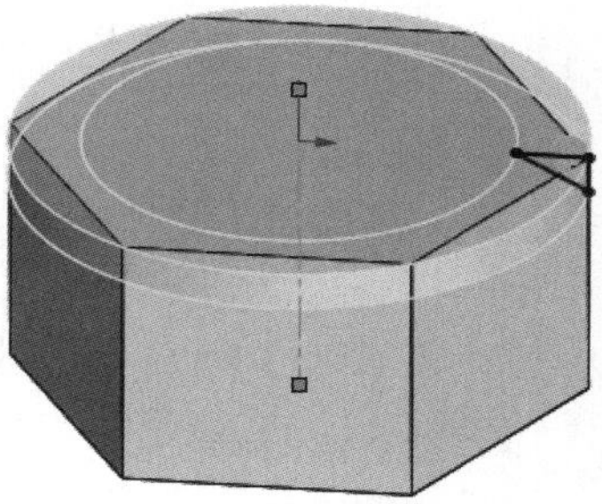

图 6-11　创建旋转切除特征

⑥　通过 3 条相邻边线的中点创建基准面，如图 6-12 所示。

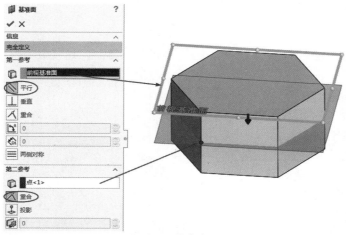

图 6-12　创建基准面

技巧点拨：

　　这个特征也可以通过重复步骤⑤和步骤⑥的操作实现，通过镜像、阵列等特征可以更有效地完成模型创建，这在稍后的章节中将逐步介绍。

⑦　单击【特征】选项卡中的【镜像】按钮 ，选择要镜像切除的特征（旋转切除特征）和镜像基准面，单击【确定】按钮 完成镜像，如图 6-13 所示。

⑧　在螺母表面绘制直径为 3 的圆，拉伸切除螺栓孔。注意，拉伸方法选择【完全贯穿】，如图 6-14 所示。

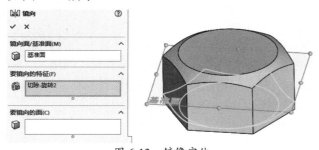

图 6-13　镜像实体

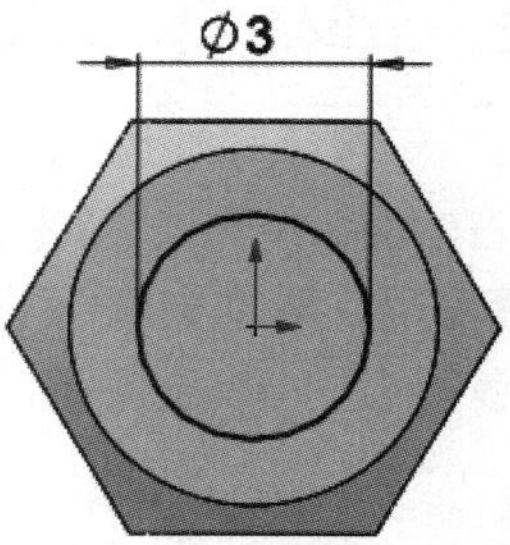

图 6-14　创建螺母孔

⑨　选择螺母孔的边线进行倒角特征的创建，倒角距离为 0.5，角度为 45°，如图 6-15 所示。

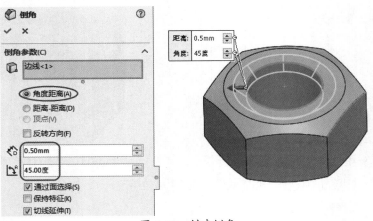

图 6-15　创建倒角

⑩　在螺母孔的另一面选择圆角特征，圆角半径为 0.5，勾选【切线延伸】复选框，如图 6-16 所示。

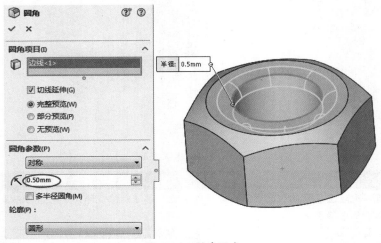

图 6-16　创建圆角

⑪　将创建的螺母零件保存。

6.2　创建孔特征

在 SolidWorks 的零件环境中可以创建 4 种类型的孔特征：简单直孔、高级孔、异形孔和螺纹线。简单直孔用来创建非标孔，高级孔和异形孔向导用来创建标准孔，螺纹线用来创建圆柱内、外螺纹特征。

6.2.1　简单直孔

简单直孔的创建类似于拉伸切除特征。也就是只能创建圆柱直孔，不能创建其他孔类型（如沉头、锥孔等）。简单直孔只能在平面上创建，不能在曲面上创建。因此，要想在曲面上创建简单直孔特征，建议使用【拉伸切除】工具或【高级孔】工具来创建。

提示：
　　若【简单直孔】命令不在默认的功能区【特征】选项卡中，需要从【自定义】对话框的【命令】选项卡下调用此命令。

　　在模型表面上创建简单直孔的操作步骤如下。

① 在模型中选取要创建简单直孔的平直表面。

② 单击【特征】选项卡中的【简单直孔】按钮，或者选择【插入】|【特征】|【钻孔】|【简单直孔】命令，打开【孔】属性面板。【孔】属性面板中的选项含义与【凸台-拉伸】属性面板中的选项含义完全相同，这里就不再赘述了。

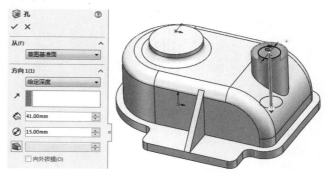
图 6-17　放置孔并显示预览

③ 在模型表面的光标选取位置上自动放置孔特征，通过孔特征的预览查看生成情况，如图6-17所示。

④ 设置孔参数后单击【确定】按钮，完成简单直孔的创建。

6.2.2　高级孔

　　【高级孔】工具可以创建沉头孔、锥形孔、直孔、螺纹孔等类型的标准系列孔。【高级孔】工具可以选择标准孔类型，也可以自定义孔尺寸。

　　与【简单直孔】工具所不同的是，【高级孔】工具可以在曲面上创建孔特征。

　　单击【特征】选项卡中的【高级孔】按钮，在模型中选择放置孔的平面后，弹出【高级孔】属性面板，如图6-18所示。

　　创建高级孔的步骤如下。

① 选择放置孔的平面或曲面，并通过设置【位置】选项卡中的选项来精准定义孔位置。

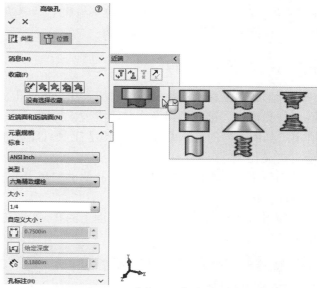
图 6-18　【高级孔】属性面板

② 在属性面板右侧展开的【近端】选项面板中单击【在活动元素下方插入元素】按钮，然后选择孔类型。

③ 若要创建螺栓孔，在【近端面和远端面】选项区中勾选【远端】复选框，接着在属性面板右侧展开的【远端】选项面板中选择远端面的孔类型。

④ 在【元素规格】选项区中选择螺栓孔或螺钉孔的标准、类型及大小等选项。

⑤ 可以自定义孔大小，并设置孔标注样式。

⑥ 单击【确定】按钮 ✔ 完成高级孔的创建，如图 6-19 所示。

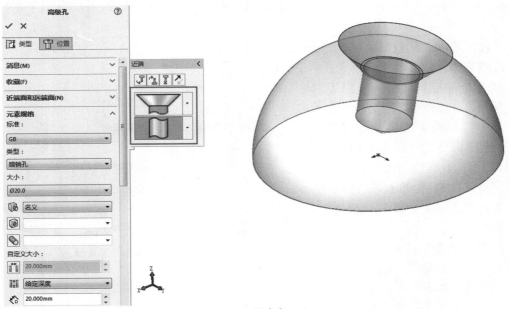

图 6-19　创建高级孔

6.2.3　异形孔向导

　　异形孔包括柱形沉头孔、锥形沉头孔、螺纹孔、锥螺纹孔、旧制孔、柱孔槽口、锥孔槽口及槽口等类型，如图 6-20 所示。与【高级孔】工具所不同的是，【异形孔向导】工具只能选择标准孔规格，不能自定义孔尺寸。

　　当使用异形孔向导生成孔时，孔的类型和大小出现在【孔规格】属性面板中。

　　使用异形孔向导可以生成基准面上的孔，或者在平面和非平面上生成孔。

图 6-20　异形孔类型

动手操作——创建零件上的孔特征

① 新建零件文件。

② 在【草图】选项卡中单击【草图绘制】按钮 ▭，选择前视基准面作为草绘平面进入草图环境。

③ 绘制基体。绘制如图 6-21 所示的组合图形。

④ 使用【拉伸凸台/基体】命令 ▣，拉伸基体。拉伸深度为 8。

⑤ 插入异形孔特征。单击【特征】选项卡中的【异形孔向导】按钮 ▣▾，弹出【孔规格】属性面板。在【类型】选项卡中设置如图 6-22 所示的孔参数。

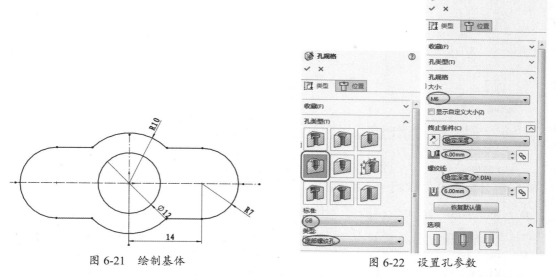

图 6-21 绘制基体

图 6-22 设置孔参数

⑥ 切换到【位置】选项卡,单击【3D 草图】按钮,指定零件中两个半圆形端面的圆心作为异形孔位置,如图 6-23 所示。

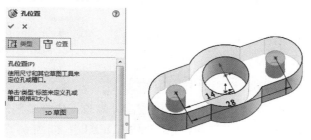

图 6-23 指定异形孔位置

⑦ 单击【孔位置】属性面板中的【确定】按钮✔完成孔特征的创建。

> **技巧点拨:**
>
> 用户可以通过打孔点的设置,一次选择多个同规格孔的创建,提高绘图效率。

6.2.4 螺纹线

【螺纹线】命令用来创建英制或公制螺纹特征。螺纹特征包括外螺纹(也称板牙螺纹)和内螺纹(或称攻丝螺纹)。

在【特征】选项卡中单击【螺纹线】按钮🗐,弹出【SOLIDWORKS】警告对话框,如图 6-24 所示。单击【确定】按钮,弹出【螺纹线】属性面板,如图 6-25 所示。

> **技巧点拨:**
>
> 【SOLIDWORKS】警告对话框中警告提示的含义为:【螺纹线】属性面板中的螺纹类型和螺纹尺寸仅仅是英制或公制的标准螺纹,不能用作非标螺纹的创建,若要创建非标螺纹,可修改标准螺纹的轮廓以满足生产要求。

在【螺纹线】属性面板的【规格】选项区中,包含 5 种标准螺纹类型,如图 6-26 所示。

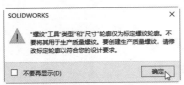

图 6-24 【SOLIDWORKS】警告对话框

图 6-25 【螺纹线】属性面板

- Inch Die：英制板牙螺纹，主要用来创建外螺纹。
- Inch Tap：英制攻螺纹，主要用来创建内螺纹。
- Metric Die：公制板牙螺纹，主要用来创建外螺纹。
- Metric Tap：公制攻螺纹，主要用来创建内螺纹。
- SP4xx Bottle：国际瓶口标准螺纹，用来创建瓶口处的外螺纹。

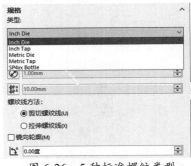

图 6-26 5 种标准螺纹类型

动手操作——创建螺钉、蝴蝶螺母和瓶口螺纹

本例将在螺钉、蝴蝶螺母和矿泉水瓶中分别创建外螺纹、内螺纹和瓶口螺纹。

① 打开本例源文件"螺钉、蝴蝶螺母和矿泉水瓶.SLDPRT"，如图 6-27 所示。

② 创建螺钉外螺纹。在【特征】选项卡中单击【螺纹线】按钮🔩，弹出【螺纹线】属性面板。

③ 在图形区中选取螺钉圆柱面的边线作为螺纹的参考，随后系统生成预定义的螺纹预览，如图 6-28 所示。

图 6-27 螺钉、蝴蝶螺母和矿泉水瓶

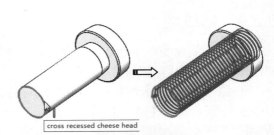

cross recessed cheese head

图 6-28 选取螺纹参考

④ 在【螺纹线】属性面板的【螺纹线位置】选项区中激活【可选起始位置】选择框🔲，然后在螺钉圆柱面上再选取一条边线作为螺纹起始位置，如图 6-29 所示。

⑤ 在【结束条件】选项区中单击【反向】按钮↗，更改螺纹生成方向，如图 6-30 所示。

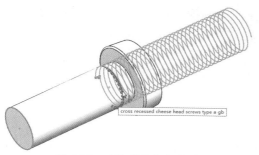
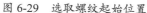

图 6-29 选取螺纹起始位置

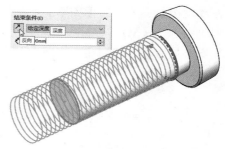

图 6-30 更改螺纹生成方向

⑥ 在【规格】选项区的【类型】下拉列表中选择【Metric Die】类型，在【尺寸】下拉列表中选择【M1.6×0.35】规格尺寸，其余选项保持默认，单击【确定】按钮✔，完成螺钉外螺纹的创建，如图 6-31 所示。

图 6-31 创建外螺纹

⑦ 创建蝴蝶螺母的内螺纹。在【特征】选项卡中单击【螺纹线】按钮，弹出【螺纹线】属性面板。

⑧ 在图形区中选取蝴蝶螺母的圆孔边线作为螺纹的参考，随后系统生成预定义的螺纹预览，如图 6-32 所示。

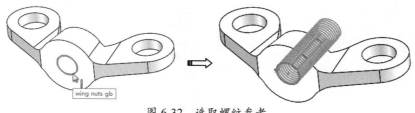

图 6-32 选取螺纹参考

⑨ 在【规格】选项区的【类型】下拉列表中选择【Metric Tap】类型，并在【尺寸】下拉列表中选择【M1.6×0.35】规格尺寸，其余选项保持默认，单击【确定】按钮 ✓，完成蝴蝶螺母内螺纹的创建，如图 6-33 所示。

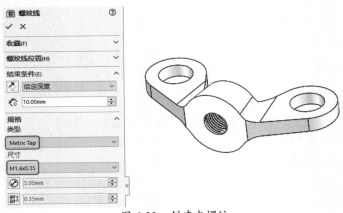

图 6-33　创建内螺纹

⑩ 创建瓶口螺纹。在【特征】选项卡中单击【螺纹线】按钮 🔩，弹出【螺纹线】属性面板。

⑪ 在图形区中选取瓶口上的圆柱边线作为螺纹的参考，随后系统生成预定义的螺纹预览，如图 6-34 所示。

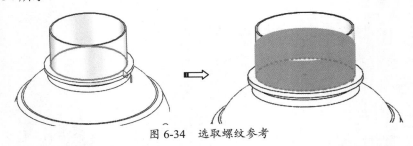

图 6-34　选取螺纹参考

⑫ 在【规格】选项区的【类型】下拉列表中选择【SP4xx Bottle】类型，并在【尺寸】下拉列表中选择【SP400-M-6】规格尺寸，单击【覆盖螺距】按钮 🔩，修改螺距为 15，选择【拉伸螺纹线】单选选项。

⑬ 在【螺纹线位置】选项区中勾选【偏移】复选框，并设置偏移距离为 5。在【结束条件】选项区中设置深度值为 7.5，如图 6-35 所示。

图 6-35　设置瓶口螺纹选项及参数

⑭ 查看螺纹线的预览确认无误后，单击【确定】按钮☑️，完成瓶口螺纹的创建，如图 6-36 所示。

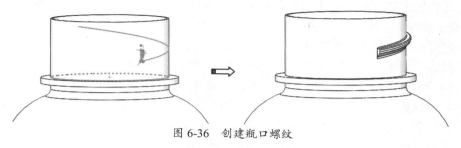

图 6-36 创建瓶口螺纹

⑮ 单击【特征】选项卡中的【圆周阵列】按钮🔧，对瓶口螺纹特征进行圆周阵列，阵列个数为 3，如图 6-37 所示。

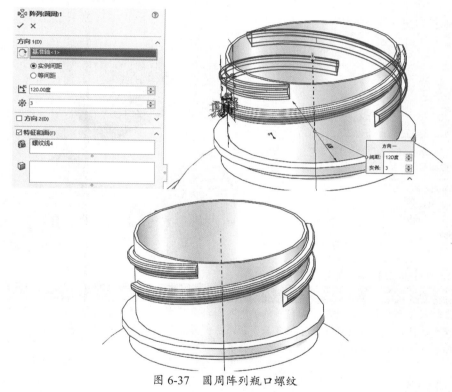

图 6-37 圆周阵列瓶口螺纹

6.3 抽壳与拔模

　　抽壳与拔模是产品设计常用的形状特征创建方法。抽壳能产生薄壳，比如有些箱体零件和塑件产品，都需要用此工具来完成壳体的创建。

　　拔模可以理解为"脱模"，是来自于模具设计与制造中的工艺流程。意思是将零件或产品的外形在模具开模方向上形成一定倾斜角度，以将产品轻易地从模具型腔中顺利脱出，而不至于将产品刮伤。

6.3.1 抽壳

单击【特征】选项卡中的【抽壳】按钮，显示【抽壳】属性面板，如图 6-38 所示。

【抽壳】属性面板中的选项含义如下。

- 厚度：指定抽壳的厚度。
- 移除的面：选取要移除的面，可以是一个或多个模型表面。
- 壳厚朝外：以"移除的面"为基准，在基准面外创建加厚壳体。
- 显示预览：在抽壳过程中显示特征。在选择面之前最好关闭显示预览，否则每次选择面都将更新预览，导致操作速度变慢。
- 多厚度设定：可以选取不同的面来设定抽壳厚度。

选择合适的实体表面，设置抽壳厚度，完成特征创建。选择不同的表面，会产生不同的抽壳效果，如图 6-39 所示。

图 6-38　【抽壳】属性面板

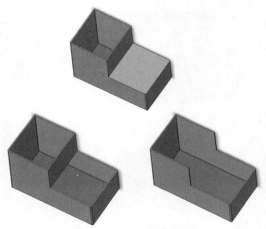

图 6-39　不同抽壳效果

技巧点拨：

多数塑料零件都有圆角，如果抽壳前对边缘加入圆角而且圆角半径大于壁厚，零件抽壳后形成的内圆角就会自动形成圆角，内圆角的半径等于圆角半径减去壁厚。利用这个优点可以省去在零件内部创建圆角的工作。如果壁厚大于圆角半径，内圆角将会是尖角。

6.3.2 拔模

在 SolidWorks 中，可以在利用【拉伸凸台/基体】工具创建凸台时设置拔模斜度，也可使用【拔模】命令对已知模型进行拔模操作。

单击【特征】选项卡中的【拔模】按钮，弹出【拔模】属性面板。SolidWorks 提供的手工拔模方法有 3 种，包括【中性面】、【分型线】和【阶梯拔模】，如图 6-40 所示。

- 中性面：在拔模过程中的固定面，如图 6-41 所示。指定下端面为中性面，矩形四周的面为拔模面。

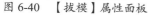

图 6-40 【拔模】属性面板

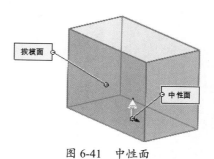

图 6-41 中性面

● 分型线：可以在任意面上绘制曲线作为固定端，如图 6-42 所示。选取样条曲线为分型线。需要说明的是，并不是任意草绘的一条曲线都可以作为分型线，作为分型线的曲线必须同时是一条分割线。

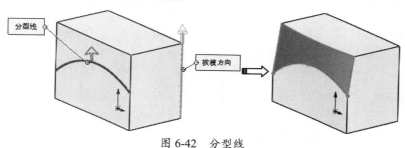

图 6-42 分型线

● 阶梯拔模：以分型线为界，可以进行【锥形阶梯】拔模或【垂直阶梯】拔模。如图 6-43 所示为锥形阶梯拔模。

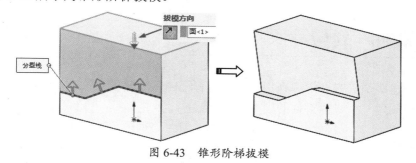

图 6-43 锥形阶梯拔模

动手操作——创建花瓶模型

① 选择【文件】|【新建】命令，新建零件文件后进入零件建模环境。

② 在【草图】选项卡中单击【草图绘制】按钮，弹出【编辑草图】属性面板，选择前视基准面作为草绘平面并自动进入草图环境。

③ 绘制如图 6-44 所示的组合图形，样条曲线的尺寸以实际花瓶为参考。

④ 使用【旋转凸台/基体】命令，并设置旋转角度为 360°，旋转轴为草图中的直线，创建旋转特征，如图 6-45 所示。

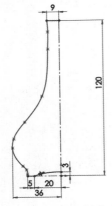

图 6-44　绘制组合图形

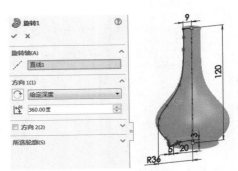

图 6-45　创建旋转特征

⑤ 单击【特征】选项卡中的【抽壳】按钮，选择花瓶上表面为抽壳面，壳体厚度为 4，创建抽壳特征，如图 6-46 所示。

⑥ 选择瓶口表面，创建圆角特征，完成花瓶的制作，如图 6-47 所示。

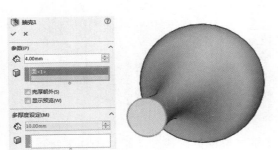

图 6-46　创建抽壳特征

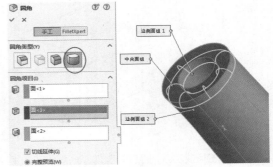

图 6-47　创建圆角特征

6.4　对象的阵列与镜像

阵列是创建多个具有一定排列规则的副本特征的常用建模方法。镜像是阵列方法中的一种特例，仅可创建一个镜像对称的副本。

6.4.1　阵列

SolidWorks 提供了 7 种特征阵列方式，包括线性阵列、圆周阵列、曲线驱动的阵列、草图驱动的阵列、表格驱动的阵列、填充阵列和变量阵列。

最常用的是线性阵列和圆周阵列，介绍如下。

1. 线性阵列

线性阵列是指在一个方向或两个相互垂直的直线方向上生成阵列特征。

单击【特征】选项卡中的【线性阵列】按钮，打开【线性阵列】属性面板，如图 6-48 所示。根据系统要求设置面板中的相关选项：指定一个线性阵列的方向，指定一个要阵列的特征，设定阵列特征之间的间距和阵列的动手操作数，如图 6-49 所示。

2. 圆周阵列

圆周阵列是指阵列特征绕着一个基准轴进行特征复制，它主要用于圆周方向特征均匀分布的情形。

单击【特征】选项卡中的【圆周阵列】按钮，打开【圆周阵列】属性面板。根据系统要求设置相关选项：选取参考轴线，选取要阵列的特征，设置阵列参数，如图 6-50 所示。

图 6-48 【线性阵列】属性面板

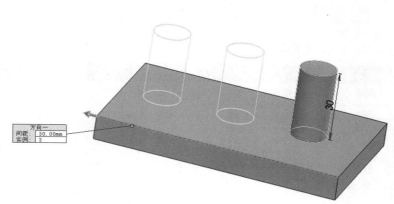

图 6-49 线性阵列

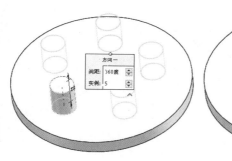
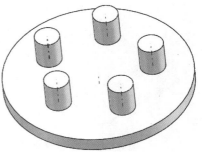

图 6-50 圆周阵列

6.4.2 镜像

镜像是绕面或基准面镜像特征、面及实体。沿面或基准面镜像，生成一个特征（或多个特征）的复制。可选择特征或构成特征的面。对于多实体零件，可使用阵列或镜像特征来阵列或镜像同一文件中的多个实体。

单击【特征】选项卡中的【镜像】按钮，打开【镜像】属性面板，如图 6-51 所示。根据系统要求设置面板中的相关选项：指定一个参考平面作为执行特征镜像操作的参考平面；选取一个或多个要镜像的特征，如图 6-52 所示。

图 6-51 【镜像】属性面板

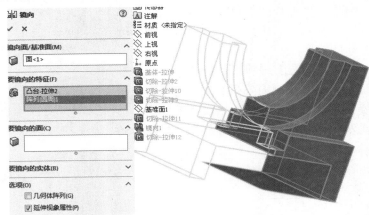

图 6-52 镜像特征

> **说明：**
> 本书【镜像】属性面板中的"镜向"系人为翻译错误，应为"镜像"。

动手操作——创建多孔板

① 新建一个文件，进入零件建模环境。

② 选择前视基准面作为草绘平面并自动进入草图环境。

③ 绘制如图 6-53 所示的基体图形。然后创建拉伸高度为 2 的拉伸凸台基体，如图 6-54 所示。

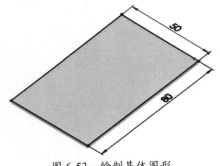

图 6-53 绘制基体图形

图 6-54 创建拉伸凸台基体

④ 使用【圆角】命令，选中基体一侧的边线创建半径为 2 的圆角，如图 6-55 所示。

⑤ 创建如图 6-56 所示的第一个孔，切除高度为 1。

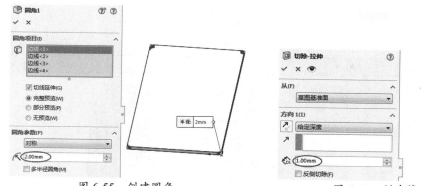

图 6-55　创建圆角

图 6-56　创建第一个孔的特征

⑥　选择第一个孔作为阵列特征，并选择基体长边为方向 1，短边为方向 2，尺寸参数如图 6-57 所示。

⑦　单击【特征】选项卡中的【镜像】按钮，选择基体侧面为镜像基准面，完成镜像操作，如图 6-58 所示。

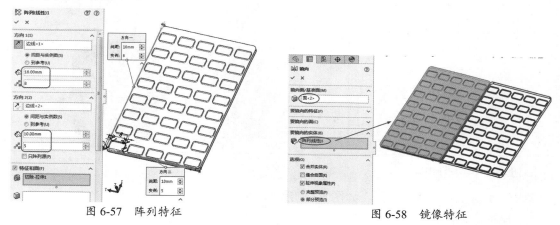

图 6-57　阵列特征

图 6-58　镜像特征

6.5　筋及其他特征

除了上述提到的构造特征，还有一些附加特征，如筋特征、形变特征等。

6.5.1　筋特征

筋给实体零件添加薄壁支撑。筋是从开环或闭环绘制的轮廓所生成的特殊类型的拉伸特征。它在轮廓与现有零件之间添加指定方向和厚度的材料。可使用单一或多个草图生成筋特征，也可以用拔模生成筋特征，或者选择一个要拔模的参考轮廓。

要创建筋特征，必须先绘制筋草图，再单击【特征】选项卡中的【筋】按钮，打开【筋】属性面板，如图 6-59 所示。

筋特征允许用户使用最少的草图几何元素创建筋。创建筋时，需要指定筋的厚度、位置、方向和拔模角度。

图 6-59　【筋】属性面板

如表 6-1 所示为筋草图拉伸的典型例子。

表 6-1　筋草图拉伸的典型例子

拉 伸 方 向	图　　例
简单草图，拉伸方向与草图平面平行	
简单草图，拉伸方向与草图平面垂直	
复杂草图，拉伸方向与草图平面垂直	

动手操作——插座造型

本例要创建一个插座造型，如图 6-60 所示。

① 新建零件文件。

② 选择前视基准面作为草绘平面并自动进入草图环境。利用【直线】命令 ╲ 绘制如图 6-61 所示的图形作为基座。

③ 选择【拉伸凸台/基体】命令，设置拉伸参数，拉伸基座，如图 6-62 所示。

图 6-60　插座造型

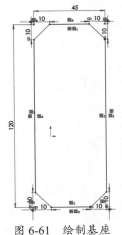

图 6-61　绘制基座

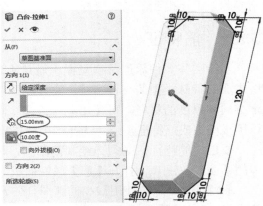

图 6-62　拉伸基座

④ 在基座表面绘制插座孔和指示灯孔，如图 6-63 所示。选择【拉伸切除】命令，给定深度为 5。

⑤ 选择基座背面，执行【抽壳】命令，如图 6-64 所示，壳体厚度为 1。

图 6-63 插座孔及指示灯孔

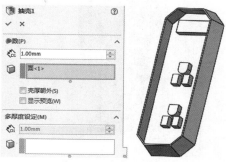

图 6-64 完成插座体

⑥ 通过执行【拉伸切除】命令将插座孔和指示灯孔挖穿，如图 6-65 所示。考虑到绘图效率，可以用【草图】选项卡中的【转换实体引用】命令 更方便地选择线段。

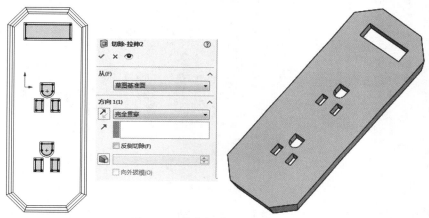

图 6-65 挖穿插座孔和指示灯孔

技巧点拨：

在这里，选择插座孔和指示灯孔的底面作为草绘平面。

⑦ 在生成电线孔的特征时，用到了【参考几何体】中的【新建基准面】命令 ，参考前视基准面，新建如图 6-66 所示的基准面 1。

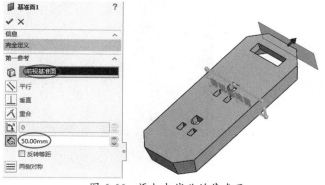

图 6-66 添加电线孔的基准面

⑧ 在基准面 1 上绘制如图 6-67 所示的一组同心半圆（电线孔草图），内圆直径为 2.5，外圆直径为 4，半圆的端点与基座底边自动对齐。

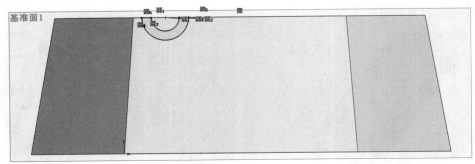

图 6-67　绘制同心半圆

⑨ 执行【拉伸凸台/基体】命令完成电线孔特征的创建，考虑到基座侧面有 10° 的拔模角度，选择【成形到一面】的拉伸方法，并选择基座侧面为拉伸面，如图 6-68 所示。

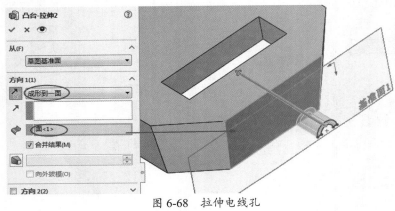

图 6-68　拉伸电线孔

⑩ 如图 6-69 所示，采用【拉伸切除】命令，选取内圆草图作为拉伸截面，将基座侧壁上的电线位置挖穿。

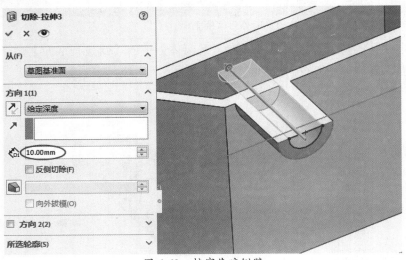

图 6-69　挖穿基座侧壁

⑪　以基座底面（边线面）作为草绘平面，绘制两条直线（筋线），如图 6-70 所示，尺寸是未完全定义的。注意这两条线是"水平"的。

⑫　使用【筋】工具，设置参数，创建筋特征，如图 6-71 所示。

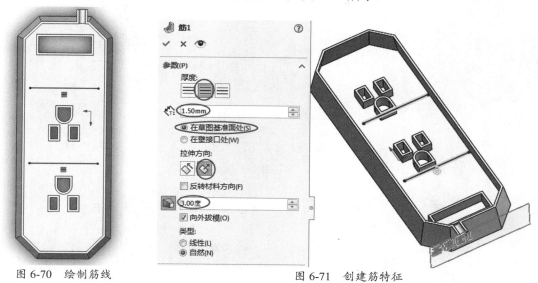

图 6-70　绘制筋线　　　　　　　　　　　图 6-71　创建筋特征

⑬　预览一下拉伸方向，如果筋拉伸的方向错了，就勾选【反转材料方向】复选框。单击【细节预览】按钮，确认是否是自己想要的状态，确认后退出，完成插座设计。

⑭　至此，插座的造型设计工作结束。最后将结果保存在工作目录中。

6.5.2　形变特征

通过形变特征来改变或生成实体模型和曲面。常用的形变特征有自由形、变形、压凹、弯曲和包覆等。

1. 自由形

自由形通过在点上推动和拖动而在平面或非平面上添加变形曲面。自由形特征用于修改曲面或实体的面。每次只能修改一个面，该面可以有任意条边线。设计人员可以通过生成控制曲线和控制点，然后推拉控制点来修改面，对变形进行直接的交互式控制。可以使用三重轴约束推拉方向。

单击【特征】选项卡中的【自由形】按钮，打开【自由形】属性面板。

实体模型的自由形变操作，如图 6-72 所示。

2. 变形

变形是将整体变形应用到实体或曲面实体上。使用变形特征改变复杂曲面或实体模型的局部或整体形状，无须考虑用于生成模型的草图或特征约束。

变形提供一种虚拟改变模型的简单方法，这在创建设计概念或对复杂模型进行几何修改时很有用，因为使用传统的草图、特征或历史记录编辑需要花费很长时间。

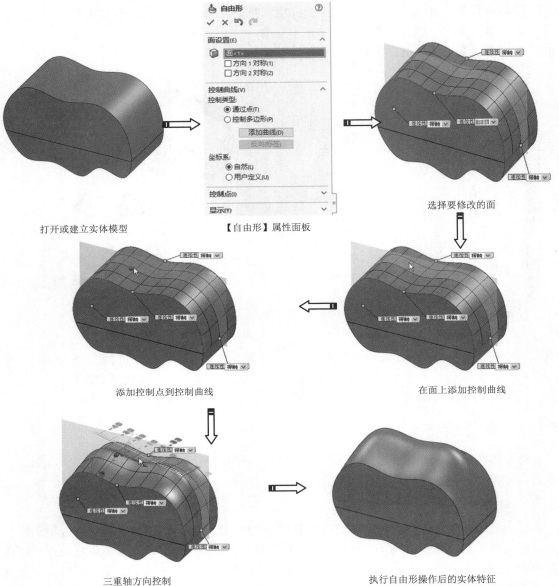

打开或建立实体模型　　　　　　【自由形】属性面板　　　　　　　　　　　选择要修改的面

添加控制点到控制曲线　　　　　　　　　　　　　　　　　在面上添加控制曲线

三重轴方向控制　　　　　　　　　　　　执行自由形操作后的实体特征

图 6-72　自由形变操作

变形特征有以下 3 种变形类型。

● 点：点变形是改变复杂形状的最简单的方法。选择模型面、曲面、边线或顶点上的一点，或者选择空间中的一点，然后选择用于控制变形的距离和球形半径。

● 曲线到曲线：曲线到曲线变形是改变复杂形状的更为精确的方法。通过将几何体从初始曲线（可以是曲线、边线、剖面曲线及草图曲线组等）映射到目标曲线组，可以变形对象。

● 曲面推进：曲面推进变形通过使用工具实体曲面替换（推进）目标实体的曲面来改变其形状。目标实体曲面接近工具实体曲面，但在变形前后每个目标曲面之间保持一对一的对应关系。

单击【特征】选项卡中的【变形】按钮 ⬡，打开【变形】属性面板。

使用【点】变形类型的操作过程，如图 6-73 所示。

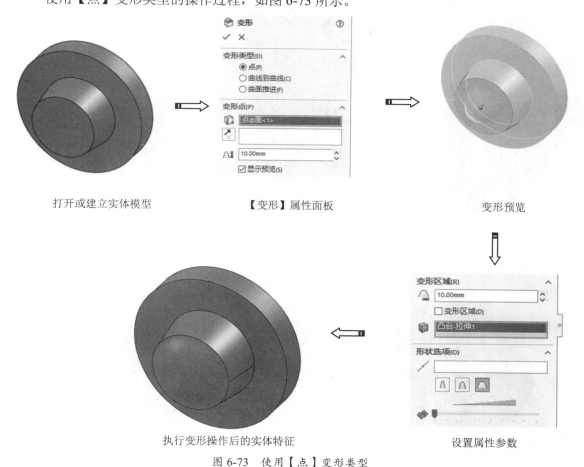

打开或建立实体模型　　　　　　【变形】属性面板　　　　　　　变形预览

执行变形操作后的实体特征　　　　　　　　　设置属性参数

图 6-73　使用【点】变形类型

3. 压凹

压凹特征以工具实体的形状在目标实体中生成袋套或凸起，因此在最终实体中比在原始实体中显示更多的面、边线和顶点。这与变形特征不同，变形特征中的面、边线和顶点数在最终实体中保持不变。

压凹可用于以指定厚度和间隙值进行复杂等距的多种应用，其中包括封装、冲印、铸模及机器的压入配合等。

> **技巧点拨：**
>
> 如果更改用于生成凹陷的原始工具实体的形状，则压凹特征的形状将会更新。

生成压凹特征的一些条件和要求如下。

- 目标实体和工具实体中必须有一个为实体。
- 如想压凹，目标实体必须与工具实体接触，或者间隙值必须允许穿越目标实体的凸起。
- 如想切除，目标实体和工具实体不必相互接触，但间隙值必须大到可足够生成与目标实体的交叉。

● 如想以曲面工具实体压凹（切除）实体，曲面必须与实体完全相交。

单击【特征】选项卡中的【压凹】按钮，打开【压凹】属性面板。

实体模型压凹特征的操作过程如图 6-74 所示。

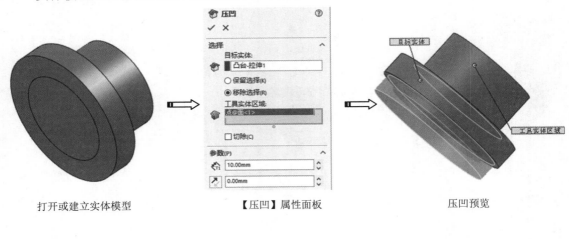

打开或建立实体模型　　　　　【压凹】属性面板　　　　　　压凹预览

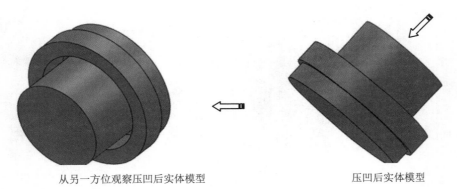

从另一方位观察压凹后实体模型　　　　　　压凹后实体模型

图 6-74　实体模型压凹特征操作

4. 弯曲

弯曲特征以直观的方式对复杂的模型进行变形，包括 4 种弯曲类型：折弯、扭曲、锥削和伸展。

单击【特征】选项卡中的【弯曲】按钮，打开【弯曲】属性面板。

实体模型弯曲特征的操作过程，如图 6-75 所示。

5. 包覆

包覆特征将草图包裹到平面或非平面上，可从圆柱、圆锥或拉伸模型中生成一个平面。也可选择一个平面轮廓来添加多个闭合的样条曲线草图。包覆特征支持轮廓选择和草图再用，可以将包覆特征投影至多个面上。

单击【特征】选项卡中的【包覆】按钮，指定草图平面并绘制包覆草图后，打开【包覆】属性面板。

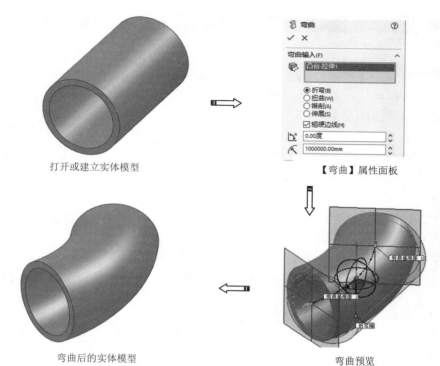

打开或建立实体模型

【弯曲】属性面板

弯曲后的实体模型

弯曲预览

图 6-75   实体模型弯曲特征操作

实体模型生成包覆特征的操作过程，如图 6-76 所示。

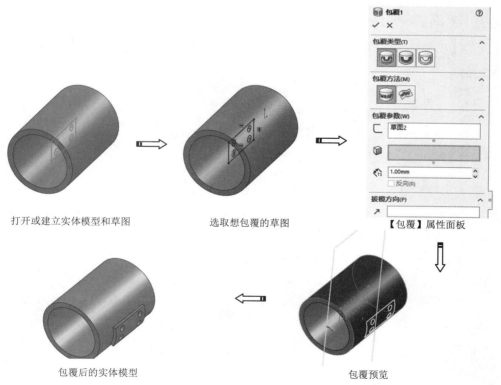

打开或建立实体模型和草图

选取想包覆的草图

【包覆】属性面板

包覆后的实体模型

包覆预览

图 6-76   实体模型生成包覆特征操作

提示：
> 包覆的草图只可包含多个闭合轮廓，不能从包含任何开放性轮廓的草图生成包覆特征。

动手操作——飞行器造型

飞行器的结构由飞行器机体、侧翼、动力装置和喷射的火焰组成，如图 6-77 所示。

① 打开本例源文件"飞行器草图.SLDPRT"，打开的文件为飞行器机体的草图，如图 6-78 所示。

② 在【特征】选项卡中单击【扫描】按钮，打开【扫描】属性面板。在图形区中选择草图作为轮廓和路径，如图 6-79 所示。

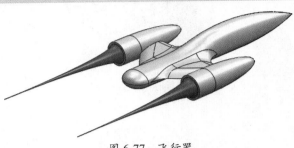

图 6-77　飞行器

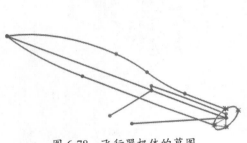

图 6-78　飞行器机体的草图

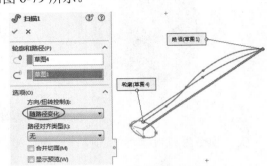

图 6-79　选择轮廓和路径

③ 激活【引导线】选项区的列表，然后在图形区选择两条扫描的引导线，如图 6-80 所示。

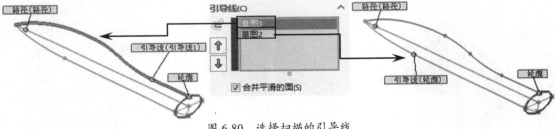

图 6-80　选择扫描的引导线

④ 查看扫描预览，确认无误后单击【扫描】属性面板中的【确定】按钮，完成扫描特征的创建，如图 6-81 所示。

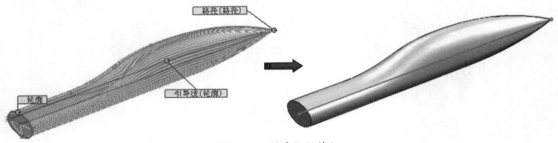

图 6-81　创建扫描特征

技巧点拨：

　　若要自己绘制草图来创建扫描特征，则扫描的轮廓（椭圆）不能为完整椭圆，即要将椭圆一分为二。否则在创建扫描特征时会出现如图 6-82 所示的情况。

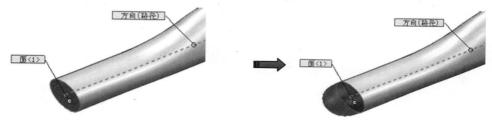

图 6-82　以完整椭圆为轮廓时创建的扫描特征

⑤　在【特征】选项卡中单击【圆顶】按钮 ● 圆顶，打开【圆顶】属性面板。在扫描特征中选择面和方向，随后显示圆顶预览，如图 6-83 所示。

图 6-83　选择到圆顶的面和方向

⑥　设置圆顶的距离值为 105cm，单击【确定】按钮 ✔ 完成圆顶特征的创建，如图 6-84 所示。扫描特征与圆顶特征即为飞行器机体。

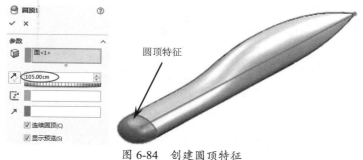

图 6-84　创建圆顶特征

⑦　使用【扫描】工具，选择如图 6-85 所示的扫描轮廓、扫描路径和扫描引导线来创建扫描特征。

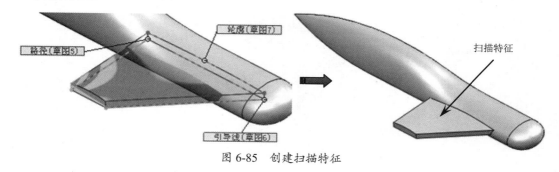

图 6-85　创建扫描特征

⑧ 使用【圆角】工具，分别在扫描特征上创建半径为 91.5cm 和 160cm 的圆角特征，如图 6-86 所示。

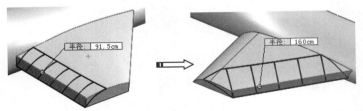

图 6-86　创建圆角特征

⑨ 使用【旋转凸台/基体】工具，选择如图 6-87 所示的扫描特征侧面作为草绘平面，然后进入草图环境绘制旋转草图。

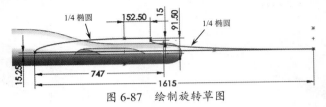

图 6-87　绘制旋转草图

⑩ 退出草图环境后，以默认的旋转设置来完成旋转特征的创建，结果如图 6-88 所示。此旋转特征即为动力装置和喷射火焰。

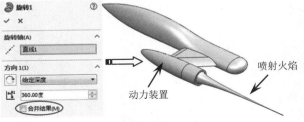

图 6-88　创建旋转特征

⑪ 使用【镜像】工具，以右视基准面作为镜像平面，在机体另一侧镜像出侧翼、动力装置和喷射火焰，结果如图 6-89 所示。

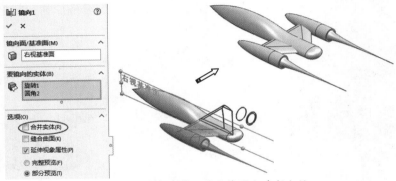

图 6-89　镜像侧翼、动力装置和喷射火焰

技巧点拨：

　　在【镜像】属性面板中不能勾选【合并实体】复选框。这是因为在镜像过程中，只能合并一个实体，不能同时合并两个及两个以上的实体。

⑫　使用【组合】工具，将图形区中所有实体合并成一个整体，如图 6-90 所示。

⑬　使用【圆角】工具，在侧翼与机体连接处创建半径为 120cm 的圆角特征，如图 6-91 所示。至此，飞行器的造型设计操作全部完成。

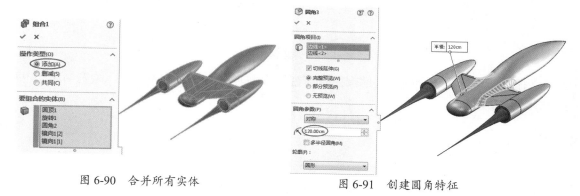

图 6-90　合并所有实体　　　　　　　　　　　图 6-91　创建圆角特征

6.6　综合案例——中国象棋造型设计

　　在 SolidWorks 的零件建模环境下象棋的造型其实是比较简单的，象棋与棋盘可以做成装配体，也可以做成一个零件。

　　本节要创建的中国象棋模型如图 6-92 所示。

①　新建零件文件，进入零件建模环境。

②　选择前视基准面作为草图平面，绘制如图 6-93 所示的草图 1。

③　单击【特征】选项卡中的【拉伸凸台/基体】按钮，选择草图 1 创建拉伸特征，如图 6-94 所示。

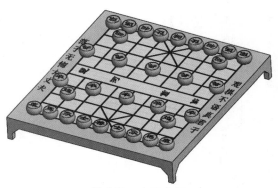

图 6-92　中国象棋

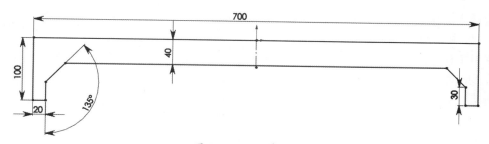

图 6-93　绘制草图 1

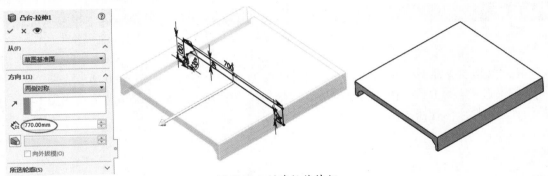

图 6-94　创建拉伸特征

④ 选择拉伸特征的一个端面（此端面与前视基准面垂直）作为草图平面，绘制如图 6-95 所示的草图 2。

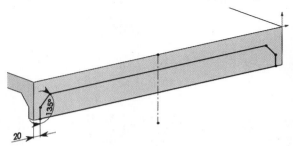

图 6-95　绘制草图 2

⑤ 单击【特征】选项卡中的【拉伸切除】按钮🔲，打开【切除-拉伸】属性面板，选择草图 2，创建拉伸切除特征 1，如图 6-96 所示，完成棋桌主体的绘制。

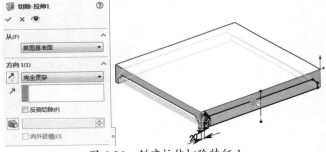

图 6-96　创建拉伸切除特征 1

⑥ 选择桌面作为草图平面，绘制草图 3，如图 6-97 所示。

⑦ 使用【拉伸切除】工具，选择草图 3，创建拉伸切除特征 2，如图 6-98 所示。此特征为棋盘格。

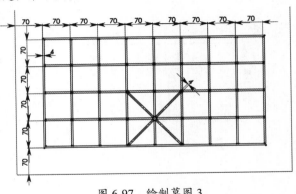

图 6-97　绘制草图 3

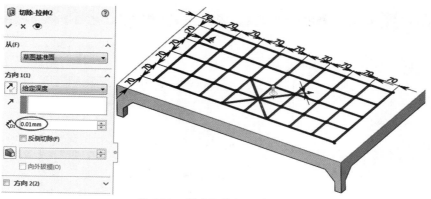

图 6-98 创建拉伸切除特征 2

⑧ 单击【特征】选项卡中的【镜像】按钮，打开【镜像】属性面板。选择前视基准面为镜像平面，选择拉伸切除特征 2 作为要镜像的特征，单击【确定】按钮 ✔ 完成镜像操作，如图 6-99 所示。

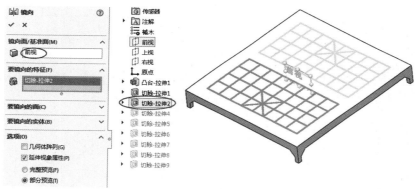

图 6-99 创建棋盘格镜像

⑨ 选择桌面作为草图平面，进入草图环境绘制文字。首先绘制"楚河"二字，另需要绘制一条辅助构造线，如图 6-100 所示。

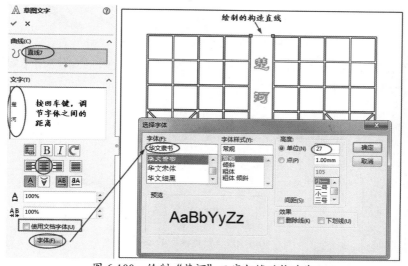

图 6-100 绘制"楚河"二字与辅助构造线

技巧点拨：

不要将文字设置为粗体，否则不能创建拉伸切除特征。

⑩ 同理，在下方绘制构造直线，再绘制"汉界"二字，如图 6-101 所示。

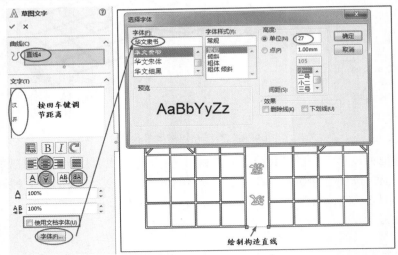

图 6-101 绘制"汉界"二字

⑪ 退出草图环境后使用【拉伸切除】工具，创建文字的切除特征，如图 6-102 所示。

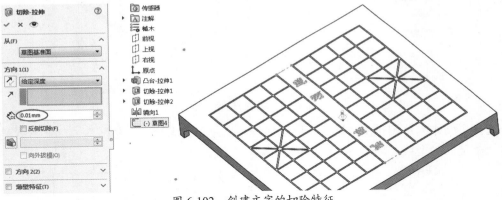

图 6-102 创建文字的切除特征

⑫ 接下来设计象棋棋子。在右视基准面上绘制旋转截面草图，然后使用【旋转凸台/基体】工具 🍋 创建旋转特征，作为棋子的主体，如图 6-103 所示。

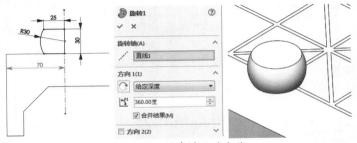

图 6-103 创建棋子的主体

⑬ 对旋转特征进行倒圆角处理，如图 6-104 所示。

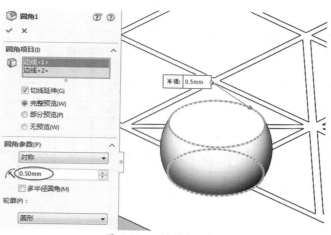

图 6-104 倒圆角处理

⑭ 在旋转特征上表面绘制文字草图，以黑子的"帅"为例，如图 6-105 所示。

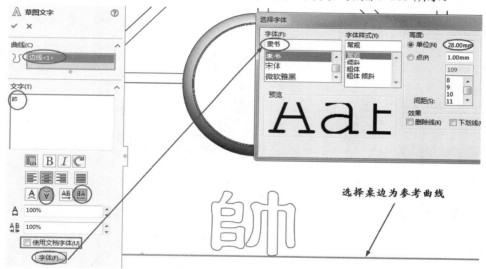

图 6-105 绘制"帅"字

⑮ 将"帅"字进行定位，不能使用【移动实体】工具，可以制作成块。选中"帅"字，在显示的浮动工具栏中单击【制作块】按钮，打开【制作块】属性面板。拖动操纵柄定义块的插入点，单击【确定】按钮，完成块的创建，如图 6-106 所示。

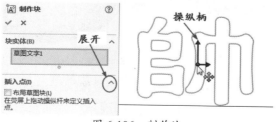

图 6-106 制作块

⑯ 默认情况下制作的块在坐标系的原点位置，需要拖动块的插入点，直到棋子上，如图 6-107 所示。

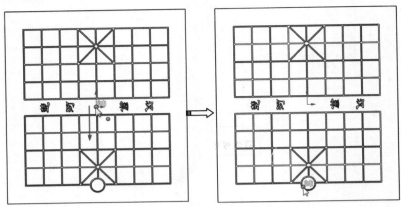

图 6-107　拖动块到新位置

⑰　退出草图环境。利用【拉伸切除】工具，创建文字的拉伸切除特征，如图 6-108 所示。

图 6-108　创建文字的拉伸切除特征

⑱　在棋子表面绘制同心圆草图，并创建拉伸切除特征（深度为 0.2），如图 6-109 所示。

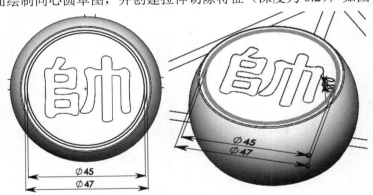

图 6-109　创建拉伸切除特征

⑲　其他的象棋棋子不必再一一创建，使用阵列和镜像操作，最后只需要修改文字即可。首先将"帅"字棋进行草图阵列。要进行草图阵列，必须先绘制草图，在桌面上绘制如图 6-110 所示的草图点（每个棋子的位置）。

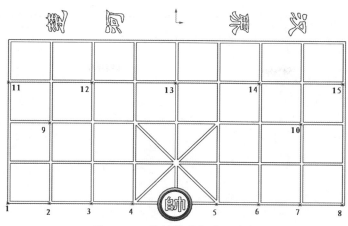

图 6-110 绘制草图点（15 个）

⑳ 在【特征】选项卡中单击 草图驱动的阵列 按钮，打开【由草图驱动的阵列】属性面板。选择点草图，然后再选择特征进行草图驱动阵列，如图 6-111 所示。

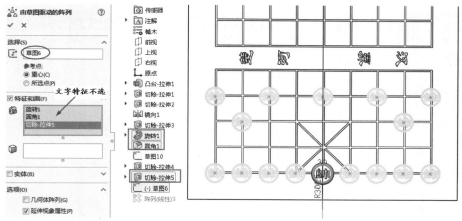

图 6-111 草图驱动阵列

㉑ 使用【镜像】工具，将现有的棋子全部镜像到前视基准面的另一对称侧，如图 6-112 所示。

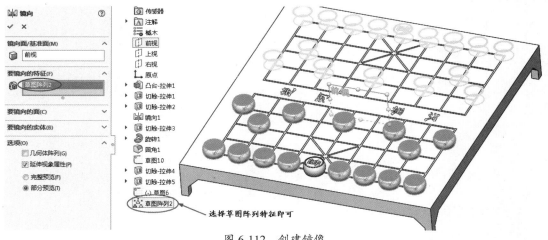

图 6-112 创建镜像

㉒ 统一在棋子表面绘制各棋子文字草图，当然也可以分开绘制。然后再创建拉伸切除特征（拉伸深度为 0.2），最终效果如图 6-113 所示。

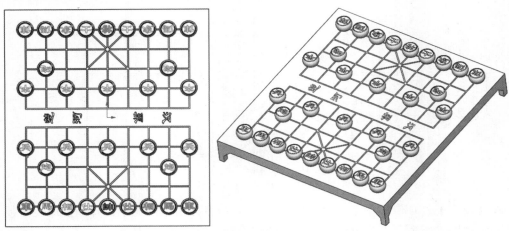

图 6-113　创建其余棋子文字的拉伸切除特征

技巧点拨：

　　如果把文字制作成块后找不到，可以缩小整个视图，文字块极有可能在绘图区的一个角落里，千万不要以为没有创建成功。在创建对称侧的文字时，制作块后还要把文字块进行旋转（单击 ▶◇ 旋转实体按钮）。

㉓ 至此，完成了中国象棋的造型设计。

CHAPTER 7

曲面造型设计

本章导读

曲面的造型设计在实际工作中会经常用到，其往往是三维实体造型的基础，因此要熟练掌握。本章将详细介绍基础曲面设计及曲面编辑与修改。

知识要点

☑　基础曲面设计

☑　曲面编辑与修改

7.1　基础曲面设计

曲面是一种可以用来构建产品外形表面的几何片体，一个零件的外表由多个曲面片构成。在 SolidWorks 中，曲面设计工具在【曲面】选项卡中，如图 7-1 所示。

图 7-1　【曲面】选项卡

SolidWorks 的曲面工具有两种，一种是基础曲面设计工具，另一种是曲面编辑与修改工具。【拉伸曲面】【旋转曲面】【扫描曲面】【放样曲面】【边界曲面】等工具与前面学习的【特征】选项卡中的【拉伸凸台/基体】【旋转凸台/基体】【扫描】【放样凸台/基体】【边界凸台/基体】等工具的属性面板设置与用法是完全相同的，所以本节就不再介绍这几种基础曲面工具了。下面仅介绍【填充曲面】、【平面区域】、【等距曲面】、【直纹曲面】及【中面】等基础曲面工具。

7.1.1　填充曲面

填充曲面是指在现有模型边线、草图或曲线定义的边界内构成带任何边数的曲面修补。填充曲面通常用于以下几种情况。

- 填充用于型芯和型腔造型零件中的孔。
- 生成实体模型。
- 纠正没有正确输入 SolidWorks 中的零件。
- 用于包括作为独立实体的特征或合并这些特征。
- 构建用于工业设计的曲面。

生成填充曲面的操作步骤如下。

① 单击【曲面】选项卡中的【填充曲面】按钮⌗，或者选择【插入】|【曲面】|【填充】命令，弹出【填充曲面】属性面板，如图 7-2 所示。【填充曲面】属性面板中各选项含义如下。

- 修补边界⌗：定义所应用的修补边线。对于曲面或者实体边线，可以使用草图作为修补的边界。对于所有草图边界，只能设置【曲率控制】类型为【相触】。
- 交替面：只在实体模型上生成修补时使用，用于控制修补曲率的反转边界面，如图 7-3 所示。

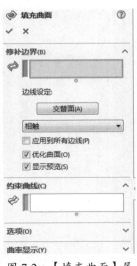

图 7-2　【填充曲面】属性面板

图 7-3　交替面

- 曲率控制：在生成的填充面上进行控制，可以在同一填充面中应用不同的曲率控制方式（相触、相切和曲率），如图 7-4 所示。

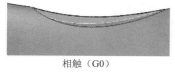
相触（G0）

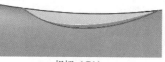
相切（G1）

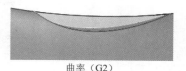
曲率（G2）

图 7-4　曲率的控制

- 应用到所有边线：可以将相同的曲率控制应用到所有边线中。
- 优化曲面：用于对曲面进行优化。
- 显示预览：以上色的方式显示曲面填充预览。

② 单击【修补边界】选择框，然后在图形区域选择边线，在【修补边界】选项区中设置【曲率控制】类型为【相切】。

③ 单击【确定】按钮，生成填充曲面，如图 7-5 所示。

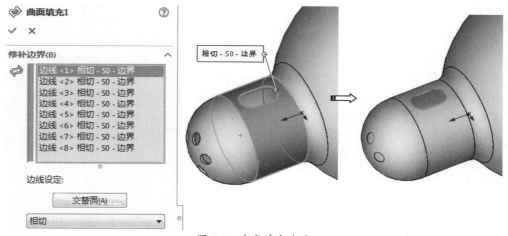

图 7-5　生成填充曲面

7.1.2　平面区域

可以通过草图生成有边界的平面区域，也可以在零件中生成有一组闭环边线边界的平面区域。生成平面区域的操作步骤如下。

① 生成一个非相交、单一轮廓的闭环草图。

② 单击【曲面】选项卡中的【平面区域】按钮，或者选择【插入】|【曲面】|【平面区域】命令，弹出【平面】属性面板。

③ 选择【边界实体】，并在图形区域选择草图。

④ 如果要在零件中生成平面区域，则选择【边界实体】，然后在图形区域选择零件上的一组闭环边线。注意：所选边线必须位于同一基准面上。

⑤ 单击【确定】按钮即可生成平面区域，如图 7-6 所示。

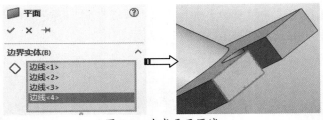

图 7-6　生成平面区域

7.1.3　等距曲面

等距曲面的造型方法和特征造型中的对应方法相似，对于已经存在的曲面都可以生成等距曲面。生成等距曲面的操作步骤如下。

① 单击【曲面】选项卡中的【等距曲面】按钮 ⬚ 等距曲面，或者选择【插入】|【曲面】|【等距曲面】命令，弹出如图 7-7 所示的【等距曲面】属性面板。

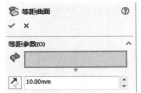

图 7-7　【等距曲面】属性面板

② 单击 ◆ 图标右侧的显示框，然后在右侧的图形区域选择要等距的模型面或曲面。

③ 在【等距参数】选项区的文本框中指定等距曲面之间的距离，此时在右侧的图形区域显示等距曲面的效果。

④ 如果等距面的方向有误，单击【反向】按钮 ↗，反转等距方向。

⑤ 单击【确定】按钮 ✔，生成等距曲面，如图 7-8 所示。

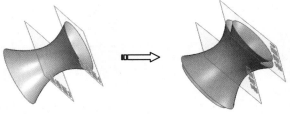

图 7-8　生成等距曲面

7.1.4　直纹曲面

【直纹曲面】工具通过实体、曲面的边来定义曲面。单击【曲面】选项卡中的【直纹曲面】按钮 ⬚ 直纹曲面，打开【直纹曲面】属性面板，如图 7-9 所示。

【直纹曲面】属性面板中提供了 5 种直纹曲面的创建类型。

1. 相切于曲面

【相切于曲面】类型可以创建相切于所选曲面的直纹面，如图 7-10 所示。

技巧点拨：

【直纹曲面】工具不能创建基于草图和曲线的曲面。

图 7-9 【直纹曲面】属性面板

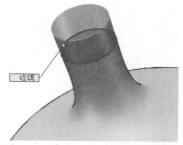

图 7-10 相切于曲面的直纹面

● 交替面：如果所选的边线为两个模型面的共边，可以单击【交替面】按钮切换相切曲面，来获取想要的曲面，如图 7-11 所示。

图 7-11 交替面

技巧点拨：

　　如果所选边线为单边，【交替面】按钮将以灰色显示，表示不可用。

● 剪裁和缝合：如果所选的边线为两个或两个以上且相连，【剪裁和缝合】选项被激活，用来相互剪裁和缝合所产生的直纹面，如图 7-12 所示。

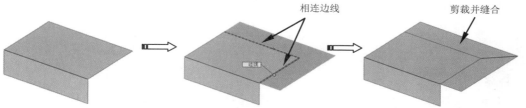

相连边线

剪裁并缝合

图 7-12 直纹面的剪裁和缝合

技巧点拨：

　　如果取消勾选此复选框，将不进行缝合，但会自动修剪。如果所选的多边线不相连，那么勾选此复选框就不再有效。

● 连接曲面：勾选此复选框，具有一定夹角且延伸方向不一致的直纹面将以圆弧过渡进行连接。如图 7-13 所示为不连接曲面和连接曲面的效果。

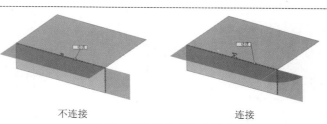

不连接　　　　　　　连接

图 7-13 不连接曲面与连接曲面

2. 正交于曲面

【正交于曲面】类型用于创建与所选曲面边正交（垂直）的延伸曲面，如图 7-14 所示。单击【反向】按钮可改变延伸方向，如图 7-15 所示。

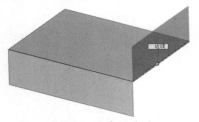

图 7-14　正交于曲面

图 7-15　更改延伸方向

3. 锥削到向量

【锥削到向量】类型可创建沿指定向量成一定夹角（拔模斜度）的延伸曲面，如图 7-16 所示。

4. 垂直于向量

【垂直于向量】可创建沿指定向量成垂直角度的延伸曲面，如图 7-17 所示。

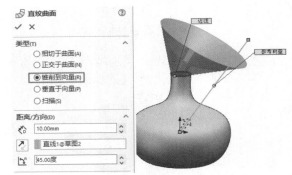

图 7-16　锥削到向量

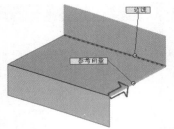

图 7-17　垂直于向量

5. 扫描

【扫描】类型可创建沿指定参考边线、草图及曲线的延伸曲面，如图 7-18 所示。

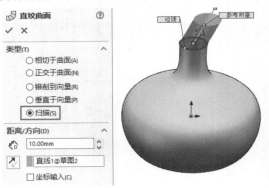

图 7-18　扫描

7.1.5　中面

【中面】工具可在实体上合适的所选双对面之间生成中面。合适的双对面应该处处等距，并且必须属于同一实体。

中面生成通常有以下几种情况。

- 单个：从图形区中选择单个等距面生成中面。
- 多个：从图形区中选择多个等距面生成中面。
- 所有：单击【中面】属性面板中的【查找双对面】按钮，系统会自动选择模型上所有合适的等距面以生成所有等距面的中面。

① 单击【曲面】选项卡中的【中面】按钮 🐱 中面，或者选择【插入】|【曲面】|【中面】命令，弹出【中面】属性面板，如图 7-19 所示。

② 单击【面 1】选择框，在图形区中选择外圆柱面，单击【面 2】选择框，在图形区中选择内孔面，在【定位】文本框中设定值为 50%。

③ 单击【确定】按钮 ✅，生成的中面如图 7-20 所示。

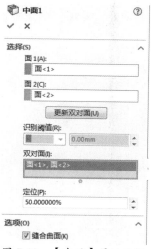

图 7-19　【中面】属性面板

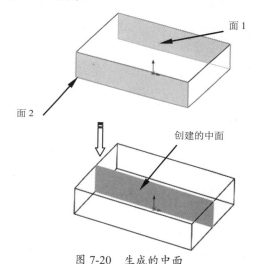

图 7-20　生成的中面

7.1.6　上机实践——基础曲面造型应用

① 新建零件文件。

② 在菜单栏中选择【插入】|【曲线】|【螺旋线/涡状线】命令，打开【螺旋线/涡状线】属性面板。

③ 选择上视基准面为草图平面，绘制草图 1，如图 7-21 所示。

④ 退出草图环境后，在【螺旋线/涡状线】属性面板中设置如图 7-22 所示的螺旋线参数。

⑤ 单击【确定】按钮 ✅ 完成螺旋线的创建。

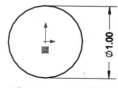

图 7-21　绘制草图 1

技巧点拨：

要设置或修改高度和螺距，须选择【高度和螺距】定义方式。若需要修改圈数，则选择【高度和圈数】定义方式即可。

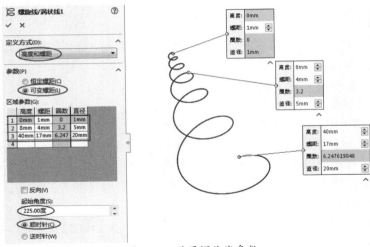

图 7-22　设置螺旋线参数

⑥ 利用【草图绘制】工具，在前视基准面上绘制如图 7-23 所示的草图 2。

⑦ 利用【基准面】工具，选择螺旋线和螺旋线端点作为第一参考和第二参考，创建垂直于端点的基准面 1，如图 7-24 所示。

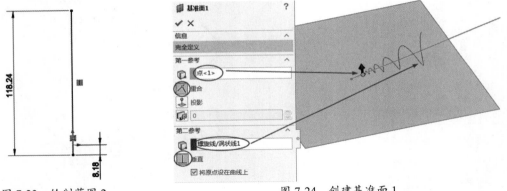

图 7-23　绘制草图 2　　　　　　　　　图 7-24　创建基准面 1

⑧ 利用【草图绘制】工具，在基准面 1 上绘制如图 7-25 所示的草图 3。

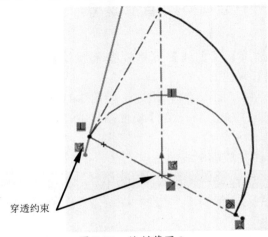

穿透约束

图 7-25　绘制草图 3

技巧点拨：

当绘制草图曲线而无法利用草图环境外的曲线作为约束参考时，可以先随意绘制草图曲线，然后选取草图曲线端点和草图环境外的曲线进行【穿透】约束，如图 7-26 所示。

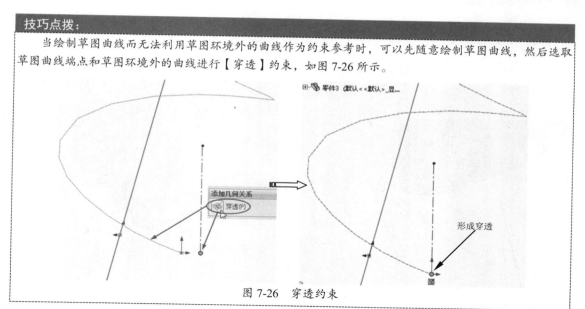

图 7-26　穿透约束

⑨ 单击【曲面】选项卡中的【扫描曲面】按钮，打开【曲面-扫描】属性面板。

⑩ 选择草图 3 作为扫描截面、螺旋线作为扫描路径，再选择草图 2 作为引导线，如图 7-27 所示。

⑪ 单击【确定】按钮，完成扫描曲面的创建。

⑫ 利用【螺旋线/涡状线】工具，选择上视基准面为草图平面。再在原点绘制直径为 1 的圆（草图 4）后，完成如图 7-28 所示的螺旋线的创建。

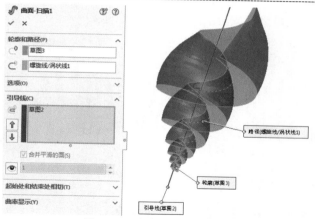

图 7-27　设置扫描曲面选项

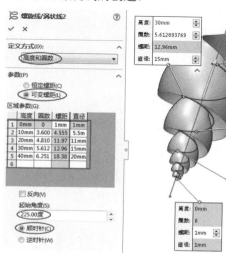

图 7-28　创建螺旋线

⑬ 利用【草图绘制】工具，在基准面 1 上绘制如图 7-29 所示的圆弧（草图 5）。

⑭ 单击【曲面】选项卡中的【扫描曲面】按钮 🦴，打开【曲面-扫描】属性面板。按如图 7-30 所示的设置，创建扫描曲面。

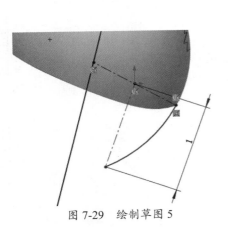

图 7-29　绘制草图 5

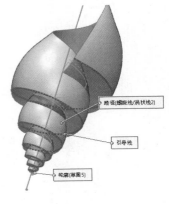

图 7-30　创建扫描曲面

⑮ 最终完成的结果如图 7-31 所示。

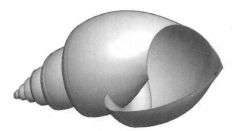

图 7-31　创建完成的田螺曲面

7.2　曲面编辑与修改

　　曲面编辑与修改工具是基于基础曲面的进一步编辑与修改的常规操作工具，简单的外形经过修改后可以变为复杂的外形。

7.2.1　曲面的延展与延伸

　　曲面可以延展成平面，也可以延续曲率来延伸现有曲面。

1. 延展曲面

　　延展曲面是通过选择平面参考来创建实体或曲面边线的新曲面。多数情况下，也利用此工具来设计简单产品的模具分型面。

　　单击【曲面】选项卡中的【延展曲面】按钮 ⬭ 延展曲面，打开【延展曲面】属性面板，如图 7-32 所示。

　　【延展曲面】属性面板中各选项含义如下。

图 7-32　【延展曲面】属性面板

- 延展方向参考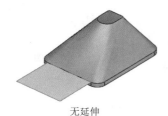：激活此选择框，为创建延展曲面来选择延展方向的参考平面，延展方向将平行于所选参考平面。
- 反转延展方向↗：单击此按钮，将改变延展方向。
- 要延展的边线⬬：选取要延展的实体边或曲面边。
- 沿切面延伸：勾选此复选框，将创建与所选边线都相切的延展曲面，如图 7-33 所示。

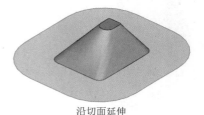

无延伸　　　　　　　　　　　　　　　　　　沿切面延伸

图 7-33　沿切面延伸的延展曲面

- 延展距离◇：输入延展曲面的延展长度。

2. 延伸曲面

延伸曲面是基于已有曲面创建新曲面。与前面所介绍的延展曲面不同，延伸曲面的终止条件有多重选择，可以沿不同方向延伸，且截面会有变化。延展曲面只能跟所选平面平行，截面是恒定的。

此外，延展曲面可以针对实体或曲面，而延伸曲面只能基于曲面进行创建。

技巧点拨：

对于边线，曲面沿边线的基准面延伸。对于面，曲面沿面的所有边线延伸，那些连接到另一个面的除外。

单击【曲面】选项卡中的【延伸曲面】按钮 <img 延伸曲面>，打开【延伸曲面】属性面板，如图 7-34 所示。

【延伸曲面】属性面板中各选项含义如下。

- 【拉伸的边线/面】选项区：激活【所选面/边线】 选择框，在图形区中选择要延伸的面或边线。
- 【终止条件】选项区：包括【距离】、【成形到某一点】和【成形到某一面】选项，如图 7-35 所示。

按输入的距离值延伸　将曲面延伸到指定的点或顶点　将曲面延伸到指定的平面或基准面

图 7-34　【延伸曲面】
属性面板

图 7-35　终止条件

● 【延伸类型】选项区：包括【同一曲面】和【线性】两种延伸类型。【同一曲面】延伸是沿曲面的几何体延伸曲面，如图 7-36 所示；【线性】延伸是沿边线相切于原有曲面来延伸曲面，如图 7-37 所示。

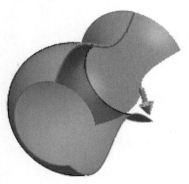

图 7-36　【同一曲面】延伸

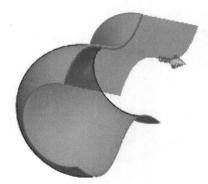

图 7-37　【线性】延伸

7.2.2　曲面的缝合与剪裁

多个曲面片体可以缝合成一个整体曲面，也可以利用剪裁工具将单个曲面剪裁成多个曲面片体。

1. 缝合曲面

【缝合曲面】工具就是曲面的布尔求和运算工具，可以将两个及两个以上的曲面缝合成一个整体。如果多个曲面形成了封闭状态，可利用【缝合曲面】工具将其缝合，空心的曲面就变成了实心的实体。

单击【曲面】选项卡中的【缝合曲面】按钮 🎁，打开【曲面-缝合】属性面板，如图 7-38 所示。

【缝合曲面】工具还应用于模具分型面设计，其属性面板中的【缝隙控制】选项对于曲面之间的间隙控制十分有效，一般情况下应保持默认公差，确保在分割型芯、型腔时不会出错。如果曲面之间有缝隙且缝隙距离超出了默认值，那么就要适当加大缝合公差，将曲面缝合起来。

2. 剪裁曲面

剪裁曲面是指在一个曲面与另一个曲面、基准面或草图交叉处修剪曲面，或者将曲面与其他曲面联合使用作为相互修剪的工具。

剪裁曲面主要有【标准】和【相互】两种剪裁类型。

（1）标准剪裁。

【标准】类型是指用曲面、草图实体、曲线、基准面等来剪裁曲面。

① 单击【曲面】选项卡中的【剪裁曲面】按钮 ✂ 剪裁曲面 ，或者选择【插入】|【曲面】|【剪裁】命令，弹出如图 7-39 所示的【剪裁曲面】属性面板。

② 在【剪裁类型】选项区中，选中【标准】单选按钮。在【选择】选项区中，单击【剪裁工具】◈ 选择框，在图形区中选择曲面 1；选中【保留选择】单选按钮，并在【保留部分】◈ 选择框中选择曲面 2，如图 7-40 所示。

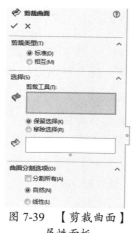

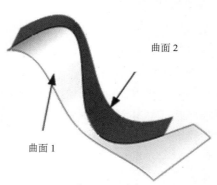

图 7-38 【曲面-缝合】属性　　图 7-39 【剪裁曲面】　　　图 7-40 选择曲面
面板　　　　　　　　属性面板

③ 单击【确定】按钮 ，生成剪裁曲面，如图 7-41b 所示。若在步骤②中选中【移除选择】单选按钮，则产生的剪裁曲面效果如图 7-41c 所示。

a. 剪裁之前两曲面　　　　　b. 保留选择的剪裁曲面　　　　c. 移除选择的剪裁曲面
图 7-41 剪裁曲面

（2）相互剪裁。

【相互】剪裁类型是指相交的两个曲面互为修剪和被修剪对象，能够进行相互之间的修剪，如图 7-42 所示。

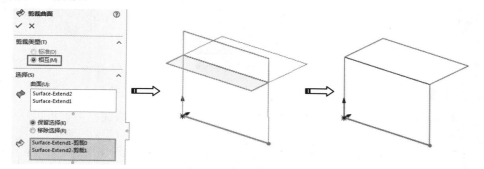

图 7-42 相互剪裁曲面

3. 解除剪裁曲面

如果要恢复剪裁曲面之前的结果，可以使用 解除剪裁曲面 工具，选择已经被剪裁的曲面，即可恢复至原始状态，如图 7-43 所示。

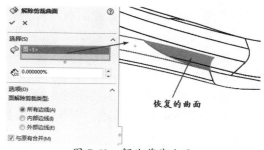

恢复的曲面

图 7-43 解除剪裁曲面

7.2.3 曲面的删除与替换

可以对不需要的多余曲面进行删除，或者将曲面中的破孔进行删除得到完整曲面，再或者可以替换模型表面得到新的形状曲面。下面介绍几种曲面修改工具。

1. 替换面

替换面是指以新曲面实体来替换曲面或者实体中的面。在替换面时，原来实体中的相邻面自动剪裁或修补到替换后的曲面上。另外，替换后的曲面可以不与旧的面具有相同的边界。

替换面通常用于以下几种情况。

● 以一个曲面实体替换另一个或者一组相连的面。

● 在单一操作中，用一个相同的曲面实体替换一组以上相连的面。

● 在实体或曲面实体中替换面。

替换面的操作步骤如下。

① 单击【曲面】选项卡中的【替换面】按钮 替换面 ，或者选择【插入】|【面】|【替换】命令，弹出【替换面】属性面板。

② 在【替换的目标面】 选择框中单击选择面 1，在【替换曲面】 选择框中单击选择面 2。

③ 单击【确定】按钮 ，替换效果如图 7-44 所示。

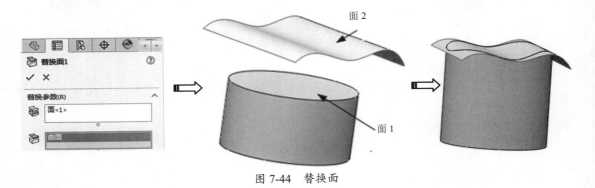

图 7-44　替换面

2. 删除面

利用【删除面】工具，可以从实体中删除面，使其由实体变成曲面；也可以从曲面集合中删除个别曲面。删除曲面可以采用下面的操作。

① 单击【曲面】选项卡中的【删除面】按钮 删除面 ，或者选择【插入】|【面】|【删除】命令，弹出【删除面】属性面板，如图 7-45 所示。

② 在图形区中选择要删除的面，此时要删除的曲面在【删除面】属性面板中的【要删除的面】 选择框中显示。

③ 如果选中【删除】单选按钮，将删除所选曲面；如果选中【删除并修补】单选按钮，则在删除曲面的同时，对删除曲面后的曲面进行自动修补；如果选中【删除并填补】单选按钮，则在删除曲面的同时，对删除曲面后的曲面进行自动填充。

④ 单击【确定】按钮 ，完成曲面的删除，如图 7-46 所示。

图 7-45　【删除面】属性面板

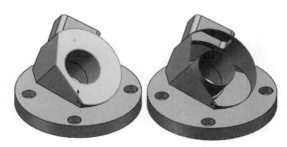

图 7-46　删除面的效果

3. 删除孔

利用【删除孔】工具可以将曲面中的孔删除，从而修补孔得到完整曲面。单击【曲面】选项卡中的【删除孔】按钮 ，弹出【删除孔】属性面板。选择曲面中的孔边线，单击【确定】按钮 ，完成孔的删除，如图 7-47 所示。

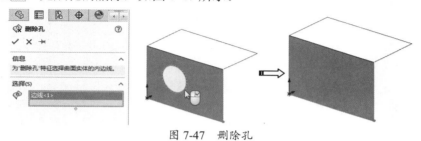

图 7-47　删除孔

7.2.4　曲面与实体的修改工具

在 SolidWorks 中，可以利用【曲面加厚】工具将曲面变成实体模型；也可以利用曲面修剪实体，从而改变实体的模型状态。

1. 曲面加厚

加厚是根据所选曲面来创建具有一定厚度的实体，如图 7-48 所示。

单击【曲面】选项卡中的【加厚】按钮 ，打开【加厚】属性面板，如图 7-49 所示。

图 7-48　加厚曲面生成实体　　　　　图 7-49　【加厚】属性面板

> **技巧点拨：**
>
> 必须先创建曲面特征，【加厚】命令才可用。

【加厚】属性面板中包括以下 3 种加厚方法。

● 加厚侧边 1：在所选曲面的上方生成加厚特征，如图 7-50a 所示。

● 加厚两侧：对所选曲面的两侧同时加厚，如图 7-50b 所示。

- ☰加厚侧边 2：在所选曲面的下方生成加厚特征，如图 7-50c 所示。

| a. 加厚侧边 1 | b. 加厚两侧 | c. 加厚侧边 2 |

图 7-50　加厚方法

2. 加厚切除

也可以使用【加厚切除】工具来分割实体而创建出多个实体。

技巧点拨：

仅当在图形区中创建了实体和曲面后，【加厚切除】命令才可用。

单击【曲面】选项卡中的【加厚切除】按钮 ⚒ 加厚切除 ，打开【切除-加厚】属性面板，如图 7-51 所示。

图 7-51　【切除-加厚】属性面板

该属性面板中的选项与【加厚】属性面板中的选项完全相同。如图 7-52 所示为加厚切除的操作过程。

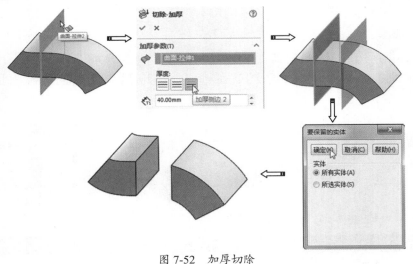

图 7-52　加厚切除

3. 使用曲面切除

【使用曲面切除】工具用曲面来分割实体。如果是多实体零件，可选择要保留的实体。

单击【曲面】选项卡中的【使用曲面切除】按钮 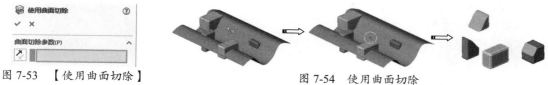 ，打开【使用曲面切除】属性面板，如图 7-53 所示。

如图 7-54 所示为使用曲面切除的操作过程。

图 7-53　【使用曲面切除】
　　　　　属性面板

图 7-54　使用曲面切除

7.2.5　上机实践——汤勺造型

① 新建零件文件。

② 利用【草图绘制】命令在前视基准面上绘制如图 7-55 所示的草图 1。

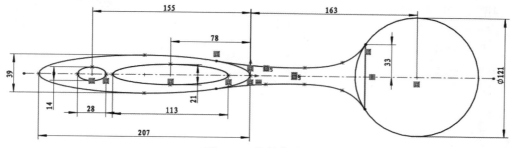

图 7-55　绘制草图 1

③ 利用【草图绘制】命令在上视基准面上绘制如图 7-56 所示的草图 2。

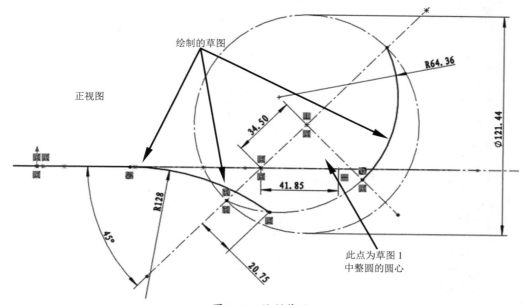

绘制的草图

正视图

R64.36

34.50

41.85

Φ121.44

R128

45°

20.75

此点为草图 1
中整圆的圆心

图 7-56　绘制草图 2

技巧点拨：

绘制的草图

由于线条比较多，为了让大家看清楚绘制了多少曲线，将草图 1 暂时隐藏，如图 7-57 所示。

图 7-57　隐藏草图 1 后的草图 2

④ 利用【拉伸曲面】命令，选择草图 2 中的部分曲线来创建拉伸曲面，如图 7-58 所示。

⑤ 利用【旋转曲面】命令，选择如图 7-59 所示的旋转轮廓和旋转轴来创建旋转曲面。

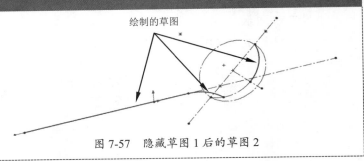

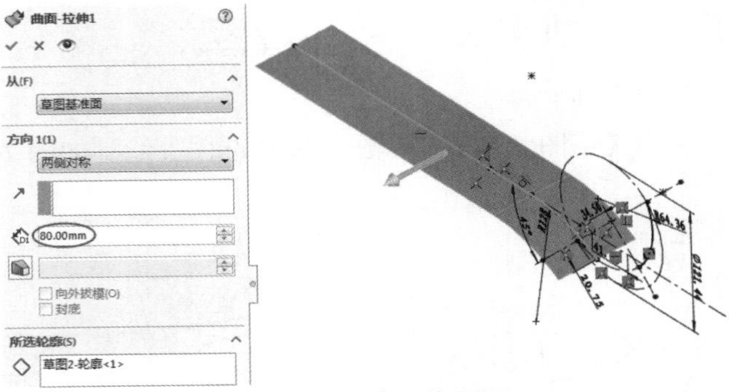

图 7-58　创建拉伸曲面

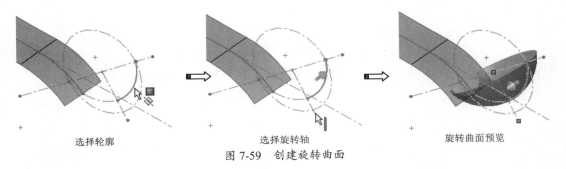

选择轮廓　　　　　　　　选择旋转轴　　　　　　　旋转曲面预览

图 7-59　创建旋转曲面

⑥ 利用【剪裁曲面】命令，设置【标准】剪裁类型，选择草图 1 作为剪裁工具，再在拉伸曲面中选择要保留的曲面部分，剪裁曲面，如图 7-60 所示。

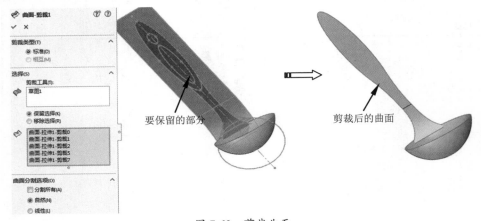

要保留的部分

剪裁后的曲面

图 7-60　剪裁曲面

⑦ 单击【曲面】选项卡中的【等距曲面】按钮📎，打开【曲面-等距】属性面板。选择如图 7-61 所示的曲面进行等距复制，创建等距曲面 1。将等距曲面 1 暂时隐藏。

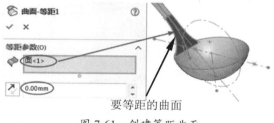

图 7-61 创建等距曲面

⑧ 利用【基准面】工具，创建如图 7-62 所示的基准面 1。

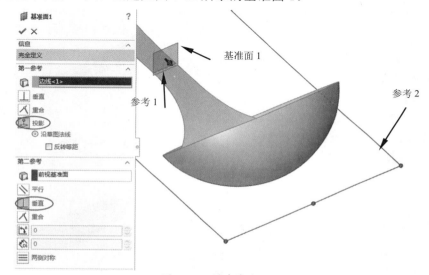

图 7-62 创建基准面 1

⑨ 再利用【剪裁曲面】工具，以基准面 1 为剪裁工具，剪裁如图 7-63 所示的曲面（此曲面为前面剪裁后的曲面）。

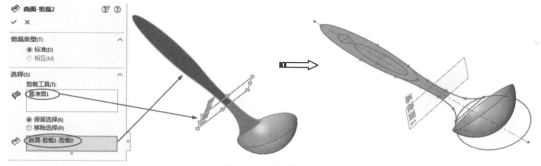

图 7-63 剪裁曲面

⑩ 单击【曲面】选项卡中的【加厚】按钮🗂，打开【加厚】属性面板。选择剪裁后的曲面进行加厚，厚度为 10，单击【确定】按钮完成加厚，如图 7-64 所示。

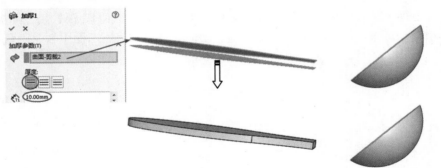

图 7-64　加厚曲面

⑪　利用【圆角】工具，对加厚的曲面进行圆角处理，半径为3，结果如图7-65所示。

⑫　单击【曲面】选项卡中的【删除面】按钮 ⬚ 删除面，选择如图7-66所示的2个面进行删除。

⑬　显示隐藏的等距曲面1。利用【直纹曲面】工具 ⬚ 直纹曲面，选择等距曲面1上的边来创建直纹曲面，如图7-67所示。

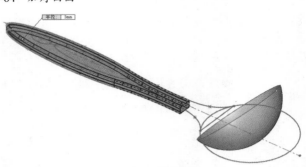

图 7-65　创建圆角

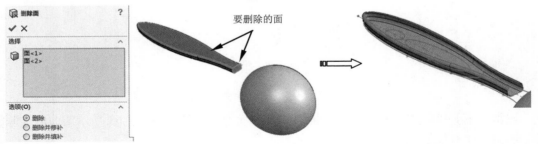

要删除的面

图 7-66　删除面

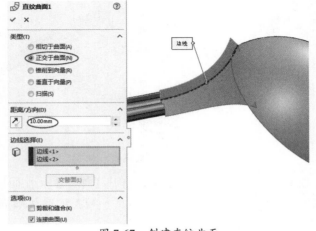

边线

图 7-67　创建直纹曲面

⑭ 利用【分割线】工具 🔷 分割线，选择上视基准面作为分割工具，选择 2 个曲面作为分割对象，创建如图 7-68 所示的分割线 1。

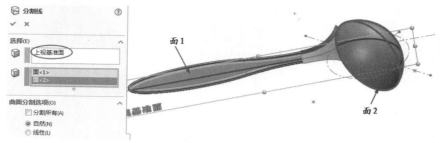

图 7-68　创建分割线 1

⑮ 再利用【分割线】工具 🔷 分割线，创建如图 7-69 所示的分割线 2。

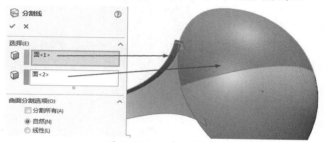

图 7-69　创建分割线 2

⑯ 在上视基准面上绘制如图 7-70 所示的草图 3。

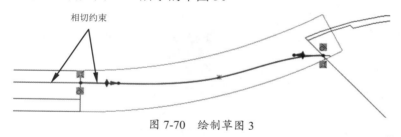

图 7-70　绘制草图 3

⑰ 利用【投影曲线】工具 🔷 投影曲线，将草图 3 投影到直纹曲面上，如图 7-71 所示。

⑱ 随后再在上视基准面上绘制如图 7-72 所示的草图 4。

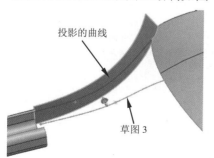

图 7-71　将草图 3 投影到曲面

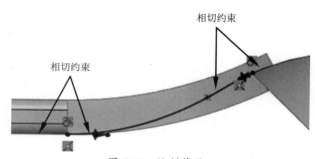

图 7-72　绘制草图 4

⑲ 将等距曲面 1 暂时隐藏。利用【组合曲线】工具 🔷 组合曲线，选择如图 7-73 所示的 3 条边创建组合曲线。

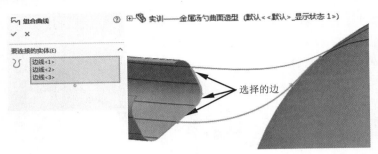

图 7-73　创建组合曲线

⑳　利用【放样曲面】工具 ，创建如图 7-74 所示的放样曲面。

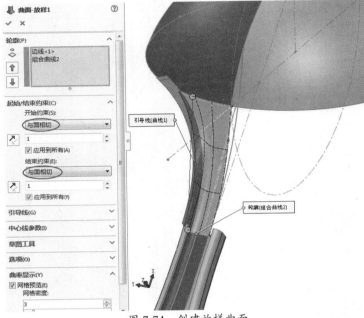

图 7-74　创建放样曲面

㉑　利用【镜像】工具 ，将放样曲面镜像至上视基准面的另一侧，如图 7-75 所示。

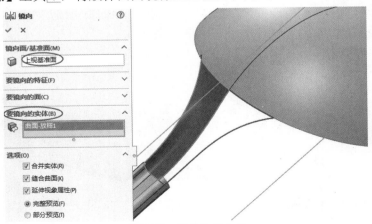

图 7-75　镜像放样曲面

㉒　在上视基准面上绘制如图 7-76 所示的草图 5。

㉓ 再利用【剪裁曲面】工具，用草图 5 中的曲线剪裁手柄曲面，如图 7-77 所示。

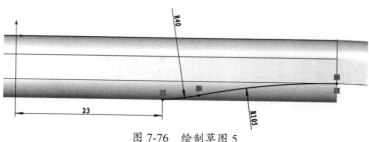

图 7-76　绘制草图 5

㉔ 利用【缝合曲面】工具，缝合所有曲面。再利用【加厚】命令，创建厚度为 0.8 的特征。

图 7-77　剪裁手柄曲面

㉕ 至此，完成了汤勺的造型设计，结果如图 7-78 所示。

图 7-78　汤勺造型

7.3　综合案例——水龙头曲面造型

本节以水龙头的曲面造型来介绍 SolidWorks 中的曲面连续性问题的解决方式。本例中的水龙头要求曲面连接性至少是 G2 连续，表面光滑。水龙头造型如图 7-79 所示。

图 7-79　水龙头造型

1. 水龙头手柄部分建模

① 新建零件文件，进入建模环境。

② 在前视基准面上绘制草图 1 作为手柄的外形轮廓，如图 7-80 所示。后续的截面草图可以参考此草图进行绘制。

③ 仍然以前视基准面为草图平面，绘制草图 2（使用【等距实体】工具复制草图 1 的曲线，

等距距离为 0，然后修剪一半草图），此草图为旋转曲面的截面，如图 7-81 所示。

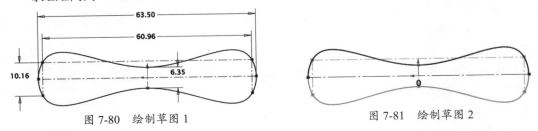

图 7-80　绘制草图 1　　　　　　　　　图 7-81　绘制草图 2

④　使用【旋转曲面】工具 🎱，以草图 2 为旋转截面，创建如图 7-82 所示的旋转曲面 1。

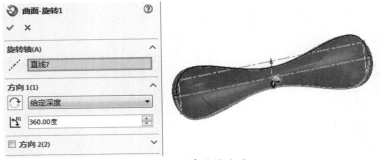

图 7-82　创建旋转曲面 1

⑤　使用【基准轴】工具 ✐ 基准轴，选择草图 1 中的中心线作为参考，创建基准轴 1，如图 7-83 所示。

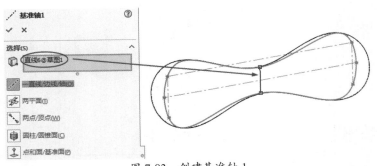

图 7-83　创建基准轴 1

⑥　单击【曲面】选项卡中的【移动/复制实体】按钮 🎱 移动/复制实体（需要调出此命令），将旋转曲面绕旋转轴（基准轴 1）旋转 90° 度并复制，如图 7-84 所示。

图 7-84　创建旋转复制曲面

2. 水龙头管身及头部建模

① 在前视基准面上绘制草图 3，可以只画大概形状，不必完全按照尺寸绘制，如图 7-85 所示。

② 使用【旋转曲面】工具 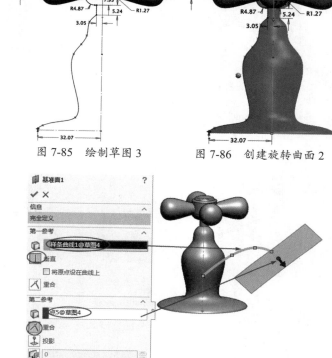，以草图 3 为旋转截面，创建如图 7-86 所示的旋转曲面 2。

③ 在右视基准面上绘制草图 4，如图 7-87 所示。

④ 使用【基准面】工具 ，创建基准面 1，如图 7-88 所示。

图 7-85　绘制草图 3　　　　图 7-86　创建旋转曲面 2

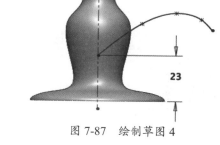

图 7-87　绘制草图 4

图 7-88　创建基准面 1

⑤ 在基准面 1 上绘制如图 7-89 所示的草图 5。

⑥ 单击【曲面】选项卡中的【扫描曲面】按钮 ，打开【曲面-扫描】属性面板。选择草图 4 和草图 5 分别作为扫描轮廓和扫描路径，创建扫描曲面 1，如图 7-90 所示。

图 7-89　绘制草图 5

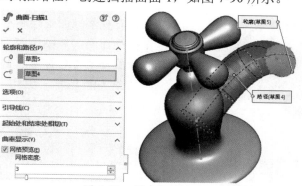

图 7-90　创建扫描曲面 1

⑦ 在右视基准面上绘制草图 6，如图 7-91 所示。

⑧ 单击【曲面】选项卡中的【剪裁曲面】按钮 ，以草图 6 作为裁剪工具，管身曲面（旋转曲面 2）作为被修剪且被保留部分，单击【确定】按钮 完成剪裁，如图 7-92 所示。

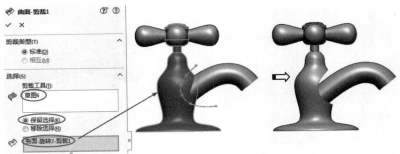

图 7-91　绘制草图 6

图 7-92　剪裁曲面

⑨　同理，再绘制草图 7，并用草图 7 去剪裁扫描曲面 1（水龙头头部曲面），如图 7-93 所示。

⑩　单击【曲面】选项卡中的【曲面放样】按钮，选择管身曲面的剪裁边和头部曲面的剪裁边来创建曲面放样，须设置【起始/结束约束】为【与面的曲率】，如图 7-94 所示。

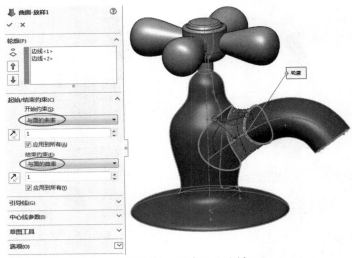

图 7-93　绘制草图 7
并剪裁扫描曲面

图 7-94　创建曲面放样

⑪　在右视基准面上绘制草图 8，然后利用【扫描曲面】工具创建扫描曲面，如图 7-95 所示。

⑫　最后使用【缝合曲面】工具，将管身曲面和头部曲面缝合，如图 7-96 所示。至此，完成了水龙头的造型设计。

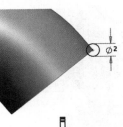

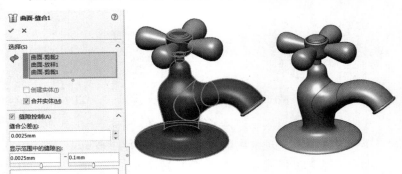

图 7-95　创建扫描曲面

图 7-96　缝合曲面

PhotoView 360 模型渲染

本章导读

本章将详细介绍 SolidWorks 2020 的 PhotoView 360 的模型渲染设计功能，以典型实例来讲解如何渲染，以及渲染的一些基本知识。希望大家能够基本掌握渲染的步骤与方法，并能做一些简单的渲染。

知识要点

- ☑ 渲染概述
- ☑ PhotoView 360 渲染功能

8.1 渲染概述

渲染是三维制作中的收尾阶段，在进行了建模、设计材质、添加灯光或制作一段动画后，需要进行渲染，才能生成丰富多彩的图像或动画。

8.1.1 认识渲染

渲染（Render），也称为着色，但工程师更习惯把 Shade 称为着色，把 Render 称为渲染。因为 Render 和 Shade 这两个词在三维软件中是截然不同的两个概念，虽然它们的功能很相似，但又有不同。

Shade 是一种显示方案，一般出现在三维软件的主要窗口中，和三维模型的线框图一样起到辅助观察模型的作用。很明显，着色模式比线框模式更容易让设计人员理解模型的结构，但它只是简单地显示而已，数字图像中把它称为明暗着色法。如图 8-1 所示为模型的着色显示。

在 PhotoView 360 软件中，还可以用 Shade 显示出简单的灯光效果、阴影效果和表面纹理效果。当然，高质量的着色效果（RealView）是需要专业三维图形显示卡来支持的，它可以加速和优化三维图形的显示。但无论怎样优化，它都无法把显示出来的三维图形变成高质量的图像，这是因为 Shade 采用的是一种实时显示技术，硬件的速度限制它无法实时地反馈出场景中的反射、折射等光线追踪效果。

Render 效果就不同了，它是基于一套完整的系统计算出来的，硬件对它的影响只是一个速度问题，而不会改变渲染的结果，影响结果的是看它是基于什么系统渲染的，比如是光影追踪还是光能传递，如图 8-2 所示。

图 8-1 模型的着色显示

图 8-2 产品渲染效果

8.1.2 启动 PhotoView 360 插件

PhotoView 360 功能随 SolidWorks 2020 软件安装以后不会自动出现在 SolidWorks 2020 用户界面中，用户必须从 SolidWorks 2020 中加载 PhotoView 360 插件。

如图 8-3 所示，在菜单栏中执行【工具】|【插件】命令，系统弹出【插件】对话框。从【插件】对话框中勾选【PhotoView 360】复选框，然后单击【确定】按钮即可启动 PhotoView 360 插件。

8.1.3 PhotoView 360 菜单及工具栏

当激活零件或装配体窗口时，PhotoView 360 系统将显示在

图 8-3 启动【PhotoView 360】插件

【渲染工具】选项卡（如图 8-4 所示）、【PhotoView 360】菜单（如图 8-5 所示）及【渲染】工具栏（如图 8-6 所示）中。【渲染工具】选项卡与 SolidWorks 2020 的其他选项卡一样，可以被移动、改变大小或固定在窗口边缘。

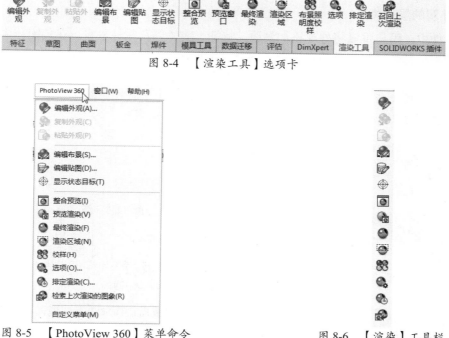

图 8-4　【渲染工具】选项卡

图 8-5　【PhotoView 360】菜单命令　　　　图 8-6　【渲染】工具栏

8.2　PhotoView 360 渲染功能

使用 PhotoView 360 插件可在 SolidWorks 2020 模型中创建具有特殊品质的逼真图像。PhotoView 360 提供了许多专业渲染效果。

8.2.1　渲染步骤

在使用 PhotoView 360 对模型进行渲染时，渲染步骤基本相同。为了达到理想的渲染效果，可能需要多次重复渲染步骤。

（1）放置模型。使用标准视图或通过放大、旋转及移动视图操作，使需要渲染的零件或装配体处于一个理想的视图位置。

（2）应用材质。在零件、特征或模型表面上指定材质。

（3）设置布景。从 PhotoView 360 预设的布景库中选择一个布景，或者根据要求设置背景和场景。

（4）设置光源。从 PhotoView 360 预设的光源库中选择预定义的光源，或者建立所需的光源。

（5）渲染模型。在屏幕中渲染模型并观看渲染效果。

（6）后处理。PhotoView 360 输出的图像可能不符合最终的要求，用户可以将输出的图像用于其他应用系统，以达到更加理想的效果。

8.2.2 应用外观

PhotoView 360 外观定义模型的视向属性，包括颜色和纹理。物理属性是由材料所定义的，外观不会对其产生影响。

1. 外观的层次关系

在零件中，用户可以将外观添加到面、特征、实体以及零件本身。在装配体中，可以将外观添加到零部件。根据外观在模型上的指派位置，会对其应用一种层次关系。

例如，在任务窗格的【外观、布景和贴图】标签中，展开【外观】文件夹，将某个外观拖到模型上。释放指针后会出现一个弹出式工具栏，这个工具栏中的按钮命令表达了外观层次关系，如图 8-7 所示。

图 8-7 表达外观层次关系的弹出式工具栏

- 应用到面 ■：单击此按钮，指针选择的面被外观覆盖，其余面不被覆盖，如图 8-8 所示。
- 应用到特征 ：单击此按钮，特征会呈现新外观，除非被面指派所覆盖，如图 8-9 所示。

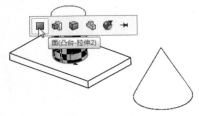
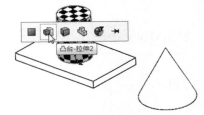

图 8-8 应用到面

图 8-9 应用到特征

- 应用到实体 ：单击此按钮，实体会呈现新外观，除非被特征或面指派所覆盖，如图 8-10 所示。
- 应用到整个零件 ：单击此按钮，整个零件会呈现新外观，除非被实体、特征或面指派所覆盖，如图 8-11 所示。

2. 编辑外观

在【渲染工具】选项卡中单击【编辑外观】按钮 ，或者在前导视图工具栏中单击【编辑外观】按钮 ，打开【颜色】属性面板，同时在任务窗格中打开【外观、布景和贴图】标签。【颜色】属性面板中包括【基本】和【高级】两个选项设置面板，如图 8-12、图 8-13 所示。

（1）【基本】选项设置面板。

在【基本】选项设置面板中仅有一个【颜色/图像】选项卡，此选项卡中包括【所选几何体】、【颜色】和【显示状态（链接）】选项区。

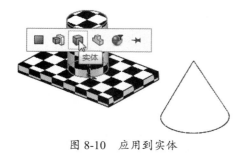

图 8-10　应用到实体

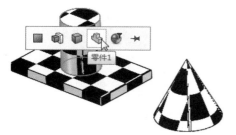

图 8-11　应用到整个零件

图 8-12　【基本】选项设置面板

图 8-13　【高级】选项设置面板

● 【所选几何体】选项区：用来选择要编辑外观的零件、面、曲面、实体和特征。例如，单击要编辑外观的【选择特征】按钮 🔲 后，所选的特征将显示在几何体列表中。通过单击【移除外观】按钮，可以从面、特征、实体或零件中移除外观。

技术要点：

　　【所选几何体】选项区中包含了表达外观层次关系的命令按钮，包括选择零件 🔲、选取面 🔲、选择曲面 🔲、选择实体 🔲 和选择特征 🔲。

● 【颜色】选项区：可以将颜色添加至所选对象中，如图 8-14 所示。

　➢ 主要颜色 🖊：为当前状态下默认的颜色，要编辑此颜色，需双击颜色区域，然后在弹出的【颜色】对话框中选择新颜色。

　➢ 生成新样块 🔳：将用户自定义的颜色保存为 SLDCLR 样块文件，以便于调用。

　➢ 添加当前颜色到样块 🔳：在颜色选项列表中选择一种颜色，再单击该按钮，即可将颜色添加到样块列表中，如图 8-15 所示。用户也可以使用样块列表中的颜色样块为模型上色。

图 8-14　【颜色】选项区

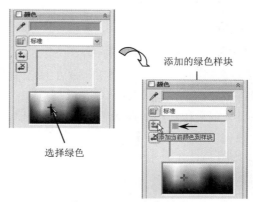

添加的绿色样块

选择绿色

图 8-15　添加颜色样块

> 移除所选样块颜色 ：在样块列表中选中一个样块，再单击该按钮，即可将其从样块列表中移除。

> RGB：以红、绿及蓝的数值定义颜色。在如图 8-16 所示的颜色滑杆中拖动滑块或输入数值来设置颜色。

> HSV：以色调、饱和度和数值条目（包括数值和数值滑块）定义颜色。在如图 8-17 所示的颜色滑杆中拖动滑块或输入数值来设置颜色。

● 【显示状态（链接）】选项区：用来设置显示状态，且列表中的选项反映出显示状态是否链接到配置，如图 8-18 所示。

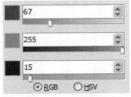

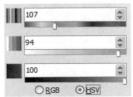
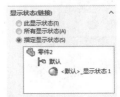

图 8-16 RGB 颜色滑杆   图 8-17 HSV 颜色滑杆   图 8-18 【显示状态（链接）】选项区

技术要点：

如果没有显示状态链接到该配置，则该零件或装配体中的所有显示状态均可供选择。如果有显示状态链接到该配置，则仅可选择该显示状态。

> 此显示状态：所做的更改只反映在当前显示状态中。

> 所有显示状态：所做的更改反映在所有显示状态中。

> 指定显示状态：所做的更改只反映在所选的显示状态中。

（2）【高级】选项设置面板。

【高级】选项设置面板主要用于模型的高级渲染设置。在【高级】选项设置面板中，包含 4 个选项卡：【照明度】、【表面粗糙度】、【颜色/图像】和【映射】。其中【颜色/图像】选项卡在【基本】选项设置面板中已介绍过。

● 【照明度】选项卡：用于在零件或装配体中调整光源。在外观类型列表中包含多种照明属性，如图 8-19 所示。

● 【表面粗糙度】选项卡：用于修改外观的表面粗糙度。其中包括多种表面粗糙度类型供选择，如图 8-20 所示。

● 【映射】选项卡：用于在零件或装配体文档中映射纹理外观。映射可以控制材质的大小、方向和位置，例如织物、粗陶瓷（瓷砖、大理石等）和塑料（仿塑料、合成塑料等）。

3.【外观、布景和贴图】标签

在任务窗格的【外观、布景和贴图】标签中包含了所有的外观、布景、贴图和光源的数据库，如图 8-21 所示。

【外观、布景和贴图】标签有以下几种功能。

● 拖动：当用户从【外观、布景和贴图】标签中拖动外观、布景或贴图到图形区时，可将其直接应用到模型，按住 Alt 键拖动可打开对应的属性面板或对话框。对于光源方案不会显示属性面板。

图 8-19 【照明度】选项卡

图 8-20 【表面粗糙度】选项卡

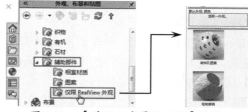

图 8-21 【外观、布景和贴图】标签

技术要点：

将光源方案拖到图形区域不仅添加光源，它还会更改光源方案。

- 双击：当用户在任务窗格的布景文件列表中双击布景文件时，布景会自动附加到当前活动场景中。在贴图文件列表中双击贴图文件时，【贴图】属性面板会打开，但是贴图不会自动插入到图形区中。
- 保存：编辑一个外观、布景、贴图或光源文件后，可通过属性面板、布景编辑器保存。

8.2.3 应用布景

使用布景功能可生成被高光泽外观反射的环境。用户可以通过 PhotoView 360 的布景编辑器或布景库来添加布景。

在【渲染工具】选项卡中单击【编辑布景】按钮，弹出【编辑布景】属性面板。【编辑布景】属性面板中包含 3 个选项卡：【基本】、【高级】和【Photo View 360 光源】，如图8-22 所示。

图 8-22 【编辑布景】属性面板

8.2.4　光源与相机

使用光源，可以极大地提高渲染的效果。关于光源的位置，设计者可以将自己想象为一个摄影师，在 PhotoView 360 中设置光源与在实际照相过程中设置灯光效果的原理是相同的。

1. 光源类型

PhotoView 360 光源类型包括环境光源、线光源、聚光源和点光源。

（1）环境光源。

环境光源从所有方向均匀照亮模型。白色墙壁房间内的环境光源很强，这是由于墙壁和环境中的物体会反射光线所致。

在 DisplayManager 显示管理器中，单击【查看布景、光源与相机】按钮■，打开【布景、光源与相机】面板。在展开的【SOLIDWORKS 光源】文件夹中双击 💡 环境光源，打开【环境光源】属性面板，如图 8-23 所示。

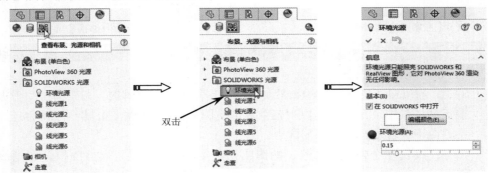

图 8-23　打开【环境光源】属性面板

【环境光源】属性面板中各选项、按钮的含义如下。

● 在 SOLIDWORKS 中打开：勾选此复选框，打开或关闭模型中的光源。
● 编辑颜色：单击此按钮，打开【颜色】对话框，这样用户即可选择带颜色的光源。
● 环境光源■：控制光源的强度。拖动滑块或输入一个介于 0 和 1 之间的数值。数值越大，光源强度就会越强。在模型各个方向上，光源强度均等地改变。

技术要点：

环境光源依据多种因素，包括光源的颜色、模型的颜色以及环境光源的度数(强度)。例如，更改环境光源的颜色在高环境光源中比在低环境光源中会产生更显著的结果，如图 8-24 所示。

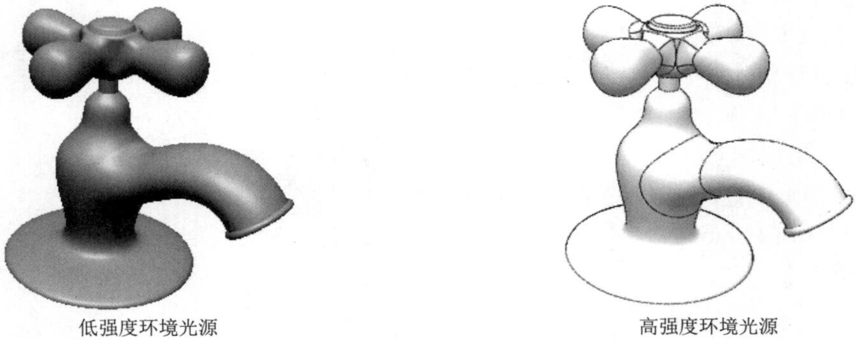

低强度环境光源　　　　　　　　　　　　　　　　高强度环境光源

图 8-24　环境光源

（2）线光源。

线光源是从距离模型无限远的位置发射的光线，可以认为是从单一方向发射的、由平行光组成的准直光源。线光源中心照射到模型的中心。

在【布景、光源与相机】面板中，展开【SOLIDWORKS 光源】文件夹，用鼠标右键单击　线光源1 并在弹出的快捷菜单中选择【添加线光源】命令，如图 8-25 所示。或者在菜单栏中执行【视图】|【光源与相机】|【添加线光源】命令，打开【线光源】属性面板，如图8-26 所示。同时图形区中显示线光源预览。

图 8-25　选择右键菜单命令

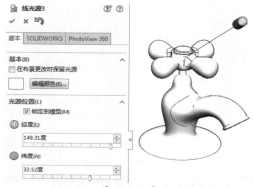

图 8-26　【线光源】属性面板

【线光源】属性面板中各选项含义如下。

- 明暗度：控制光源的明暗度。移动滑杆或输入一个介于 0 和 1 之间的数值。较大的数值在最靠近光源的模型一侧投射更多的光线。
- 光泽度：控制光泽表面在光线照射处展示强光的能力。移动滑杆或输入一个介于 0 和 1 之间的数值。此数值越大则强光越显著，且外观更为光亮。
- 锁定到模型：勾选此复选框，相对于模型的光源位置将保留；取消勾选，光源在模型空间中保持固定。
- 经度　与纬度　：拖动滑块调节光源在经度和纬度上的位置。

（3）聚光源。

聚光源来自一个限定的聚焦光源，具有锥形光束，其中心位置最为明亮。聚光源可以投射到模型的指定区域。

在菜单栏中执行【视图】|【光源与相机】|【添加聚光源】命令，打开【聚光源】属性面板，如图 8-27 所示。同时图形区中显示聚光源预览。

【聚光源】属性面板中各选项含义如下。

- 球坐标：使用球形坐标系来指定光源的位置。在图形区中拖动操纵杆或者在【光源位置】选项区中输入值或拖动滑块都可以改变光源的位置。
- 笛卡尔式：使用笛卡尔坐标系来指定光源的位置。

在图形区中，当指针由　变为　时，可以拖动操纵杆来旋转聚光源。当指针变为　时，可以平移聚光灯源。将指针移到定义圆锥基体的圆上，可以放大或缩小聚光灯源。

（4）点光源。

点光源的光来自位于模型空间特定坐标处一个非常小的光源。此类型的光源向所有方向发射光线。

在菜单栏中执行【视图】|【光源与相机】|【添加点光源】命令，打开【点光源】属性面板，如图 8-28 所示。同时图形区中显示点光源预览。

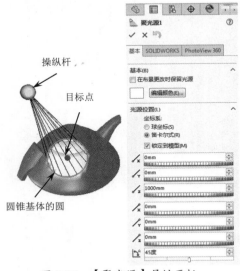 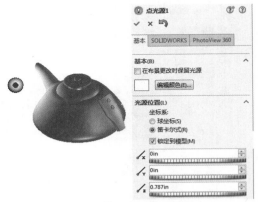

图 8-27　【聚光源】属性面板　　　　　　图 8-28　【点光源】属性面板

技术要点：

将鼠标指针移到点光源上。当指针变成 ✛ 时，可以平移点光源。当将点光源拖动到模型上时，可以捕捉到各种实体，如顶点和边线。

2. 相机

使用【相机】可以创建自定义的视图。也就是说，使用【相机】对渲染的模型进行照相，然后通过【相机】拍摄角度来查看模型，如图 8-29 所示。

在菜单栏中执行【视图】|【光源与相机】|【添加相机】命令，打开【相机】属性面板，同时在图形区中显示相机预览和相机视图，如图 8-30 所示。

【相机】属性面板中各选项介绍如下。

（1）【相机类型】选项区。

该选项区用于设置相机的位置。

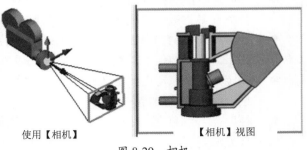

使用【相机】　　　　　　　【相机】视图

图 8-29　相机

● 对准目标：选择此单选按钮，当拖动相机或设置其他属性时，相机保持到目标点的视线。

● 浮动：选择此单选按钮，相机不锁定到任何目标点，可任意移动。

● 显示数字控制：勾选此复选框，为相机和目标位置显示数字栏区。如果取消勾选，则可通过在图形区中单击来选择位置。

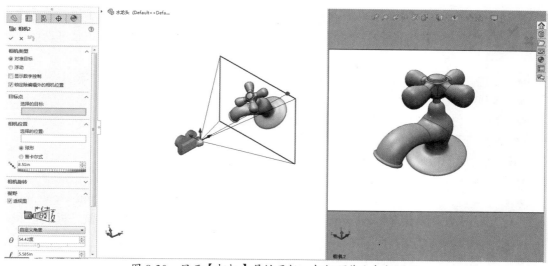

图 8-30　显示【相机】属性面板、相机预览和相机视图

● 锁定除编辑外的相机位置：勾选此复选框，在相机视图中禁用视图工具（旋转、平移等）。在编辑相机视图时除外。

（2）【目标点】选项区。

当选择了【对准目标】选项后，该选项区才可用，如图 8-31 所示。该选项区用来设置目标点。

● 选择的目标：勾选此复选框，可以在图形区中选取模型上的点、边线或面来指定目标点。

<table>
<tr><td>技术要点：</td></tr>
<tr><td>若想在已选取了一目标点时拖动目标点，按住 Ctrl 键并拖动。</td></tr>
</table>

（3）【相机位置】选项区。

通过该选项区可以指定相机的位置点，如图 8-32 所示。

● 选择的位置：相机可以在任意空间中，也可以将其连接到零部件上或草图中（包括模型的内部空间）的实体。

● 球形：选择此单选按钮，通过球形坐标的方式来拖动相机位置。

● 笛卡尔式：选择此单选按钮通过笛卡尔坐标的方式来指定相机位置。

● 离目标的距离 ：如果为相机位置选择边线、直线或曲线，则可通过输入值、拖动滑块，或者在图形区中拖动相机点来指定相机点沿实体的距离。

（4）【相机旋转】选项区。

该选项区定义相机的定位与方向。如果在【相机类型】选项区中选择【对准目标】类型，则【相机旋转】选项区如图 8-33a 所示；如果选择【浮动】类型，则显示如图 8-33b 所示的选项区。

图 8-31　【目标点】选项区　图 8-32　【相机位置】选项区　图 8-33　【相机旋转】选项区

- 通过选择设定卷数：选择直线、边线、面或基准面来定义相机的朝上方向。如果选择直线或边线，它将定义朝上方向。如果选择面或基准面，由垂直于基准面的直线来定义朝上方向。
- 偏航（边到边）📷：输入值或拖动滑块来指定边到边的相机角度。
- 俯仰（上下）📷：输入值或拖动滑块来指定上下方向的相机角度。
- 滚转（扭曲）📷：输入值或拖动滑块来指定相机的推进角度。

（5）【视野】选项区。

该选项区用于指定相机视野的尺寸，如图 8-34 所示。

- 透视图：勾选此复选框，可以透视查看模型。
- 标准镜头预设值 50mm 标准 ▼：从镜头预设值列表中选择 PhotoView 360 提供的标准镜头选项。如果选择"自定义"，将通过设置视图的角度值、高度值和距离值来调整镜头。
- 视图角度 θ：设定此值，矩形的高度将随视图角度的变化而调整。
- 视图矩形的距离 l：设定此值，视图角度将随距离的变化而调整。该值与【视图角度】值都可以通过在图形区中拖动视野来更改，如图 8-35 所示。
- 视图矩形的高度 h：设定此值，视图角度将随高度的变化而调整。

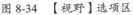

- 高宽比例（宽度：高度）：输入数值或从列表中选择数值来设定比例。
- 拖动高宽比例：勾选此复选框，可以通过拖动图形区中的视野矩形来更改高宽比例。

图 8-34　【视野】选项区　　　图 8-35　拖动视野

（6）【景深】选项区。

景深指定物体处在焦点时所在的区域范围。基准面将出现在图形区中，以指明对焦基准面及对焦基准面两侧大致失焦的基准面，与对焦基准面相交的模型部分将锁焦，如图 8-36 所示。

【景深】选项区用于设置相机位置点与目标点之间的距离，以及对焦基准面到失焦基准面的距离，如图 8-37 所示。

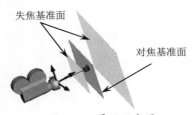

失焦基准面

对焦基准面

图 8-36　景深示意图

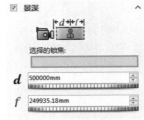

图 8-37　【景深】选项区

- 选择的锁焦：在图形区域中单击以选择到对焦基准面的距离。
- d：如果取消了【选择的锁焦】的选择，则可设置到对焦基准面的距离。

● **f**：设置从对焦基准面到失焦基准面的距离，以指明大致的失焦位置。

技术要点：

失焦基准面与对焦基准面不是等距的，因为相对于与相机距离较近的物体而言，距离较远的物体在显示时所需的像素要少。

光学变焦就是通过移动镜头内部的镜片来改变焦点的位置，改变镜头焦距的长短，并改变镜头的视角大小，从而实现影像的放大与缩小。图 8-38 中，三角形较长的直角边就是相机的焦距。当改变焦点的位置时，焦距也会发生变化。例如将焦点向成像面反方向移动，则焦距会变长，视角也会变小。这样，视角范围内的景物在成像面上会变得更大。这就是光学变焦的成像原理。

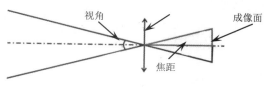

图 8-38　光学成像原理

上机操作——渲染篮球

篮球是皮革或塑胶制品，表面具有粗糙的纹理。在其渲染的效果图里，场景、灯光、材质要合理搭配，地板能反射篮球，光源要有阴影效果，使渲染的篮球作品达到以假乱真的地步。

本例渲染的篮球作品如图 8-39 所示。篮球的渲染过程包括应用外观（材质）、应用布景、应用光源及渲染和输出等步骤。

图 8-39　渲染的篮球作品

1. 应用外观

① 打开本例源文件"篮球.SLDPRT"，其中包括篮球实体和地板实体。

② 首先对地板实体应用材质。在任务窗格的【外观、布景和贴图】标签中，依次展开【外观】|【有机】|【木材】|【青龙木】文件夹。单击【青龙木】文件夹，然后在【青龙木】文件列表中选择【抛光青龙木 2】外观，并将其拖动至图形区中，然后将外观图案应用到地板特征中，如图 8-40 所示。

③ 对篮球应用外观。在任务窗格的【外观、布景和贴图】标签中，依次展开【外观】|【有机】|【辅助部件】文件夹。单击【辅助部件】文件夹，然后在【辅助部件】文件列表中选择【皮革】外观，并将其拖动至图形区中，然后将外观图案应用到篮球实体中，如图 8-41 所示。

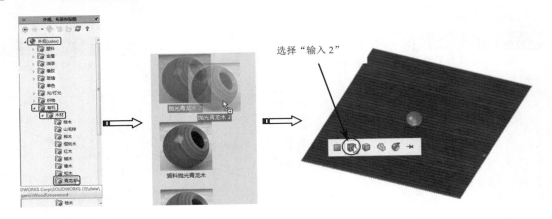

图 8-40　将外观应用到地板特征中

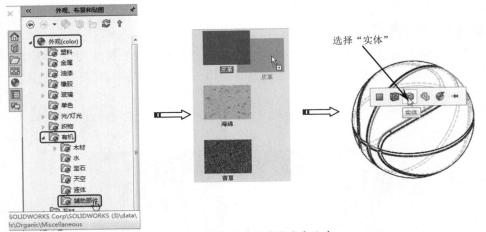

图 8-41　将外观应用到篮球实体中

④ 对篮球中的凹槽应用外观。在任务窗格的【外观、布景和贴图】标签中，依次展开【外观】|【油漆】|【喷射】文件夹。单击【喷射】文件夹，然后在【喷射】文件列表中选择【黑色喷漆】外观，并将其拖动至图形区中，然后将外观图案应用到篮球凹槽面中，如图 8-42 所示。

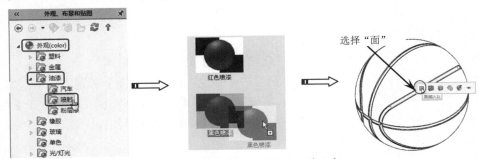

图 8-42　将外观应用到篮球凹槽面中

⑤ 由于凹槽面不是一个整体面，因此需要多次对凹槽面应用【黑色喷漆】外观。

⑥ 在【DisplayManager】显示管理器中，单击【查看外观】按钮 ● 展开【外观】面板。然后在【外观】面板中双击【皮革】外观进行编辑。

⑦　随后显示【皮革】属性面板。在【皮革】属性面板中的【基本】设置类型的【颜色/图像】选项卡下为皮革选择红色；在【高级】设置类型的【照明度】选项卡下，将【漫射量】设为 1，【光泽量】设为 1，【反射量】设为 0.1，其余参数保持默认。在【高级】设置类型的【表面粗糙度】选项卡下，将表面粗糙度的【隆起强度】值设为-8，如图 8-43 所示。

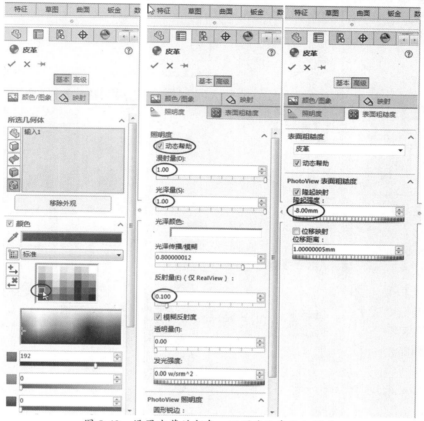

图 8-43　设置皮革的颜色、照明度和表面粗糙度

⑧　在【DisplayManager】显示管理器的【外观】面板中双击【抛光青龙木 2】外观进行编辑，随后显示【抛光青龙木 2】属性面板。在【高级】设置类型的【照明度】选项卡下，将【漫射量】设为 1，【反射量】设为 0.7。

⑨　在【高级】设置类型的【颜色/图像】选项卡下的【外观】选项区中单击【浏览】按钮，从用户安装 SolidWorks 的系统路径（如 "E:\Program Files\SOLIDWORKS Corp\SOLIDWORKS\data\graphics\ Materials\legacy\woods\miscel laneous"）中打开外观文件 "floor board2.p2m"，替换当前的外观文件。

⑩　接着在【高级】设置类型的【颜色/图像】选项卡下的【图像】选项区中单击【浏览】按钮，从 "E:\Program Files\SOLIDWORKS Corp\SOLIDWORKS\data\Images\textures\floor" 路径中打开地板图像文件，替换当前地板的图像，如图 8-44 所示。

2. 应用布景

①　在任务窗格的【外观、布景和贴图】标签中展开【布景】文件夹。然后在【布景】文件夹中选择【基本布景】文件，任务窗格下方的布景文件列表中显示所有的基本布景。

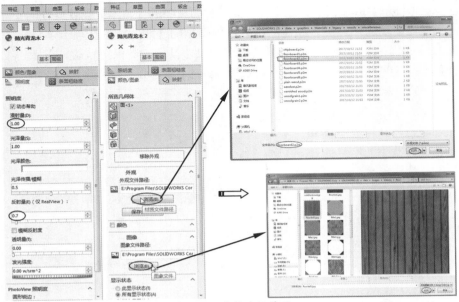

图 8-44 编辑地板外观

② 在布景文件列表中选中【单白色】布景，将其拖曳到图形区中释放，随即完成布景的应用，如图 8-45 所示。

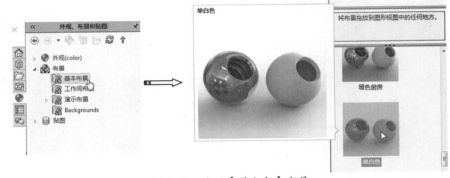

图 8-45 应用【单白色】布景

③ 在【DisplayManager】显示管理器的【布景、光源与相机】面板中展开【布景】文件夹。右击【背景】项目并选择快捷菜单中的【编辑布景】命令，弹出【编辑布景】属性面板。在【基本】选项卡中选择【颜色】选项，再单击【主要颜色】的颜色框，在弹出的【颜色】对话框中选择黑色 作为背景颜色，最后单击【确定】按钮，完成背景的编辑，如图 8-46 所示。

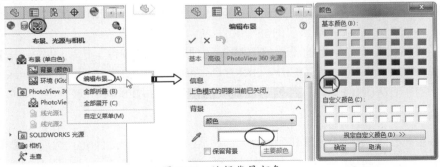

图 8-46 编辑背景颜色

3. 应用光源

① 在【布景、光源与相机】面板中展开【SOLIDWORKS 光源】文件夹。用鼠标右键单击【环境光源】，在弹出的快捷菜单中选择【编辑光源】命令，打开【环境光源】属性面板。设置【环境光源】的值为 0，单击【确定】按钮关闭面板，如图 8-47 所示。

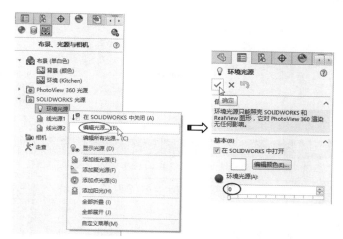

图 8-47　设定环境光源的值

> **技术要点：**
> 将【环境光源】【线光源】的值设为 0，是为了突出聚光光源的照明。

② 同理，在【布景、光源与相机】面板中选择【线光源 1】和【线光源 2】来编辑其光源属性，将线光源的所有参数都设为 0，如图 8-48 所示。

③ 在【布景、光源与相机】面板中，用鼠标右键单击【SOLIDWORKS 光源】文件夹，在弹出的快捷菜单中选择【添加聚光源】命令，打开【聚光源】属性面板。在【基本】选项卡中勾选【锁定到模型】复选框，在【SOLIDWORKS】选项卡中将【光泽度】设为 0，如图 8-49 所示。

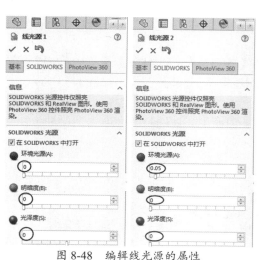

图 8-48　编辑线光源的属性

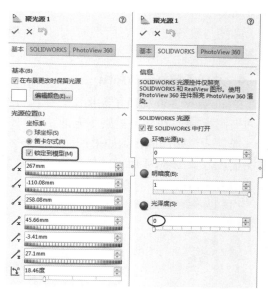

图 8-49　设置聚光源

④ 在图形区将聚光源的目标点放置在球面上，并缩小圆锥基体的圆，如图 8-50 所示。

⑤ 将视图切换为左视图和前视图，然后拖动聚光源的操纵杆至如图 8-51 所示的位置。

⑥ 在【聚光源】属性面板的【PhotoView 360】选项卡中勾选【在 PhotoView360 中打开】复选框。

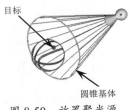

目标

圆锥基体

图 8-50　放置聚光源

左视图

前视图

图 8-51　拖动操纵杆至合适位置

技术要点：

在确定操纵杆的位置时，可以在面板中输入坐标值。但使用切换视图来拖动操纵杆，更加便于控制。

⑦ 单击【聚光源】属性面板中的【确定】按钮 ，完成聚光源的编辑。

4. 渲染和输出

① 在【渲染工具】选项卡中单击【最终渲染】按钮 ，系统开始渲染模型。经过一定时间的渲染进程后，完成了渲染。渲染的篮球如图 8-52 所示。

② 最后单击【保存】按钮 ，保存本例篮球作品的渲染结果。

图 8-52　篮球的渲染效果

8.2.5　贴图和贴图库

贴图是应用于模型表面的图像，在某些方面类似于赋予零件表面的纹理图像，并可以按照表面类型进行映射。

贴图与纹理材质又有所不同。贴图不能平铺，但可以覆盖部分区域。通过掩码图像，可将图像的部分区域覆盖，且仅显示特定区域或形状的图像部分。

1. 从任务窗格添加贴图

PhotoView 360 提供了贴图库。在任务窗格的【外观、布景和贴图】标签中单击【贴图】文件夹图标 ，在任务窗格下方的贴图文件列表中显示所有贴图图像，如图 8-53 所示。

选择一个贴图图像，如果拖动至图形区任意位置，它将应用到整个零件，操纵杆将随着贴图出现，如图 8-54 所示。如果拖动至模型的面、曲面中，被选择的面或曲面则贴上图像，如图 8-55 所示。

图 8-53　贴图库

贴图框

贴图参考轴

图 8-54　应用于零件

图 8-55　应用于面

技术要点：

贴图不能在精确的"消除隐藏线"、"隐藏线可见"和"线架图"的显示模式中添加或编辑。

当拖动贴图图像至模型中后，打开【贴图】属性面板。通过该属性面板可以编辑贴图图像。

2. 从 PhotoView 360 添加贴图

在【渲染工具】选项卡中单击【编辑贴图】按钮 ![],打开【贴图】属性面板。

该属性面板中包含 3 个选项卡：【图像】、【映射】和【照明度】，分别如图 8-56～图 8-58 所示。

图 8-56 【图像】选项卡

图 8-57 【映射】选项卡

图 8-58 【照明度】选项卡

（1）【图像】选项卡。

该选项卡用于贴图图像的编辑。用户可以在【贴图预览】选项区中单击【浏览】按钮，然后从图像文件保存路径中将其打开，或者从贴图库中将贴图图像拖动到模型中，将显示贴图预览，并显示【掩码图形】选项区，如图 8-59、图 8-60 所示。

● 浏览：单击此按钮，浏览贴图文件的文件路径，并将其打开。

● 保存贴图：单击此按钮，可将当前贴图及其属性保存到文件中。

● 无掩码：没有掩码文件。

● 图形掩码文件：在掩码为白色的位置处显示贴图，而在掩码为黑色的位置处贴图会被遮挡。

由于贴图为矩形，使用掩码可以过滤图像的一部分。掩码文件是黑白图像，也是除贴图外的其他区域，它与贴图配合使用；当贴图为深颜色时，掩码文件为白色，可以反转掩码，如图 8-61 所示。

通常情况下，没有经过掩码处理的图像拖放到模型中时，无掩码图形预览，程序自动选择【无掩码】类型。有掩码图像的贴图拖放到模型中时，程序则自动选择【图形掩码文件】类型。

在贴图库的【标志】文件夹中的贴图，是没有掩码图像的。在贴图文件路径中，凡类似于"XXX_mask.bmp"的文件均为掩码文件，"XXX.bmp"为贴图文件。

图 8-59
贴图预览

图 8-60 【掩码
图形】选项区

图 8-61 贴图与掩码

（2）【映射】选项卡。

该选项卡控制贴图的位置、大小和方向，并提供渲染功能。将贴图拖动到模型中时，选项卡中将显示【映射】选项区和【大小/方向】选项区，如图 8-62、图 8-63 所示。

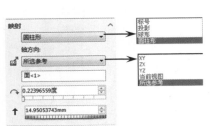

图 8-62 【映射】选项区

图 8-63 【大小/方向】选项区

- 映射：【映射】下拉列表中列出了 4 种类型，包括【标号】、【投影】、【球形】和【圆柱形】。各种类型均有不同的选项设置，如图 8-64 所示为【投影】、【球形】和【圆柱形】类型的选项。

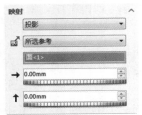

【投影】类型

【球形】类型

【圆柱形】类型

图 8-64 不同映射类型的选项

- 标号：也称为 UV，以一种类似于在实际零件上放置黏合剂标签的方式将贴图映射到模型面（包括多个相邻非平面曲面），此方式不会产生伸展或紧缩现象。
- 投影：将所有点映射到指定的基准面，然后将贴图投影到参考实体上。
- 球形：将所有点映射到球面。系统会自动识别球形和圆柱形。
- 圆柱形：将所有点映射到圆柱面。
- 固定高宽比例：勾选此复选框，将同时更改贴图框的高宽比例。在下方的【高度】 ▯▯ 、【宽度】 ▯ 和【旋转】 ◇ 文本框中输入值或拖动滑块，可以改变贴图框的大小。

● 将宽度套合到选择：勾选此复选框，将固定贴图框的宽度。
● 将高度套合到选择：勾选此复选框，将固定贴图框的高度。
● 水平镜像：水平反转贴图图像。
● 竖直镜像：竖直反转贴图图像。

（3）【照明度】选项卡。

该选项卡用于为贴图指定照明属性。不同的贴图类型则有不同的设置选项。

上机操作——渲染烧水壶

烧水壶的材料主要由不锈钢、铝和塑胶组成。渲染作品中地板能反射，不锈钢具有抛光性且能反射，塑胶手柄和壶盖为黑色但要光亮，另外壶身有贴图。

本例渲染的烧水壶作品，如图 8-65 所示。

烧水壶作品的渲染过程包括应用外观、应用布景、应用贴图及渲染和输出。由于应用的布景中已经有了很好的光源，因此就不再另外添加光源了。

① 打开烧水壶模型。

② 在任务窗格的【外观、布景和贴图】标签中，依次展开【外观】|【金属】|【钢】文件夹。在该文件夹中选择【抛光刚】外观，并将其拖动至图形区中，将其应用到壶身特征中，如图 8-66 所示。

图 8-65　渲染的烧水壶作品

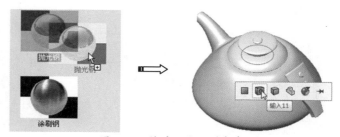

图 8-66　将外观应用到壶身

③ 同理，将【抛光钢】外观应用于壶盖，如图 8-67 所示。

④ 将【无光铝】外观应用于 3 个壶钮，如图 8-68 所示。

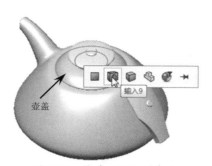

图 8-67　将外观应用到壶盖

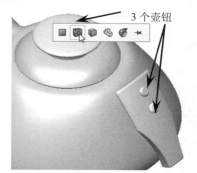

图 8-68　将外观应用到壶钮

⑤ 将塑料库中的【黑色锻料抛光塑料】外观应用于 2 个壶柄，如图 8-69 所示。

⑥ 在任务窗格的【外观、布景和贴图】标签中展开【布景】|【基本布景】文件夹。

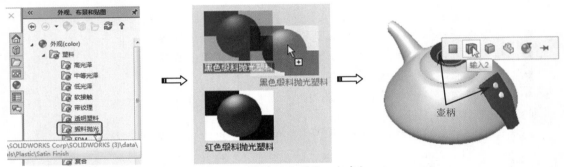

图 8-69　将外观应用于 2 个壶柄

⑦　在下方展开的布景文件列表中选择【带完整光源的黑色】布景，将其拖移到图形区中释放，完成布景的应用，如图 8-70 所示。

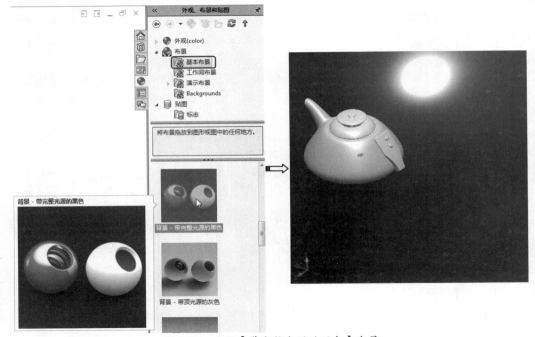

图 8-70　应用【带完整光源的黑色】布景

⑧　在任务窗格的【外观、布景和贴图】标签中，展开【贴图】列表，在贴图文件列表中选择【SolidWorks】贴图，并将其拖动至图形区的壶身上，壶身显示贴图预览，如图 8-71 所示。

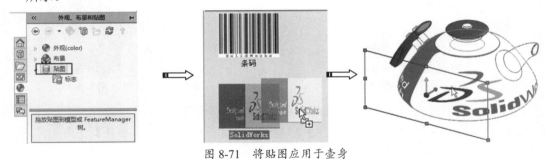

图 8-71　将贴图应用于壶身

⑨　随后，打开【贴图】属性面板。将贴图控制框调整至合适的大小和位置，如图 8-72
　　所示。

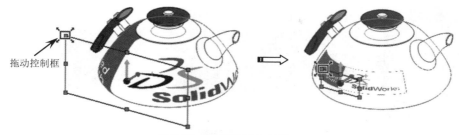

图 8-72　调整贴图控制框

⑩　保持【贴图】属性面板中其余参数的默认设置，
　　单击【确定】按钮✅，完成贴图图像的编辑。
⑪　在【渲染工具】选项卡中单击【最终渲染】
　　按钮⬤，系统开始渲染模型。渲染完成的
　　烧水壶作品如图 8-73 所示。
⑫　在【渲染工具】选项卡中单击【选项】按
　　钮⬤，在属性面板中输入渲染图像的文
　　件保存路径及设置图像格式后，单击【确
　　定】按钮，将烧水壶的渲染结果保存为 bmp
　　文件。

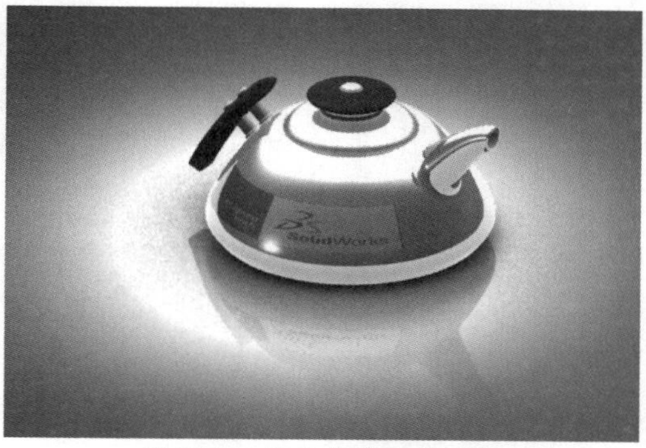

图 8-73　渲染的烧水壶作品

⑬　最后单击【保存】按钮💾，保存渲染结果。

8.2.6　渲染操作

当用户完成了模型的外观（材质）、布景、光源及贴图等渲染步骤的操作后，就可以使
用渲染工具对模型进行渲染了。

1. 整合预览

使用此功能可以实时预览设置渲染条件后的渲染情况，便于用户重新做出渲染设置，如
图 8-74 所示。

图 8-74　整合预览

2. 预览窗口

当用户设置完成并想渲染成真实的效果时，可以单击【预览窗口】按钮 ，在打开的窗口中预览渲染效果，如图 8-75 所示。

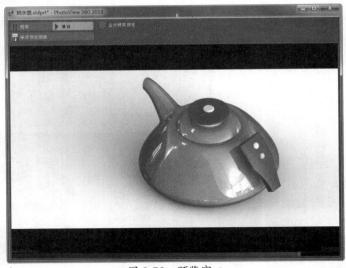

图 8-75　预览窗口

3. 选项

在【渲染工具】选项卡中单击【选项】按钮 ，打开【PhotoView 360 选项】属性面板，如图 8-76 所示。

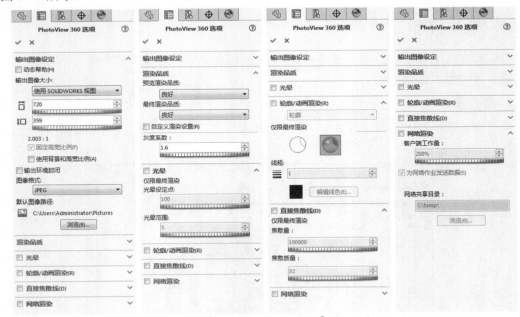

图 8-76　【PhotoView 360 选项】属性面板

通过【PhotoView 360 选项】属性面板可以设置输出图像、渲染品质、轮廓/动画渲染、直接焦散线和网格渲染等选项。

4. 排定渲染

在【渲染工具】选项卡中单击【排定渲染】按钮🕐，打开【排定渲染】对话框，如图 8-77 所示。

使用【排定渲染】对话框可以在指定时间内进行渲染并保存渲染文件。由于渲染的时间较长，如果渲染的对象又多，那么使用此功能排定要渲染的项目后，就无须再值守在计算机前了。

通过此对话框还可以输出渲染图片。取消勾选【在上一任务后开始】复选框，可以自行设定单个渲染项目的时间段。

5. 最终渲染

将设置的外观、布景、光源及贴图全部渲染到模型中。在【渲染工具】选项卡中单击【最终渲染】按钮🔴，系统开始渲染模型，并打开【最终渲染】窗口，浏览渲染完成的效果，如图 8-78 所示。

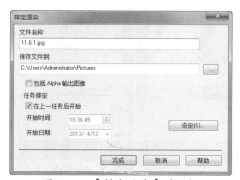

图 8-77　【排定渲染】对话框

图 8-78　最终渲染的模型

6. 召回上次渲染

通过此功能，可以查找先前渲染的项目。

8.3　综合案例

本节将对两个产品的渲染操作过程进行详细介绍，结合前面学习的渲染指令和功能应用进行实战演练。

8.3.1　案例一——渲染宝石戒指

宝石戒指渲染要想达到逼真的效果，需在材质（外观）和灯光两个方面充分考虑。材质主要有黄金镶边、铂金箍和镶嵌宝石。宝石戒指的渲染效果如图 8-79 所示。

1. 应用外观

① 打开本例源文件"钻戒.sldprt"，打开的宝石戒指模型，如图 8-80 所示。

图 8-79　宝石戒指的渲染效果

图 8-80　宝石戒指模型

② 在任务窗格的【外观、布景和贴图】标签中，依次展开【外观】|【金属】|【金】文件夹。在该文件夹中选择【抛光金】外观，并按住左键不放将其拖动至图形区空白位置，松开左键，即可将黄金材质应用到整个宝石戒指实体中，如图 8-81 所示。

图 8-81　将外观应用到整个宝石戒指

技术要点：

首先将黄金材质赋予整个宝石戒指，是考虑到要镶边的曲面最多。

③ 首先按住 Ctrl 键依次选取宝石戒指箍的所有曲面，然后在任务窗格的【外观、布景和贴图】标签中，依次展开【外观】|【金属】|【白金】文件夹。将该文件夹中的【皮抛光白金】外观拖到图形区空白位置，松开鼠标左键，白金材质则自动添加到所选曲面上，如图 8-82 所示。

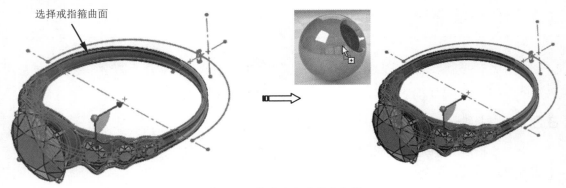

图 8-82　将外观应用到戒指箍

技术要点：

考虑到要应用外观的戒指箍曲面比较多，若有遗漏的曲面未被选择，可以在【DisplayManager】显示管理器的【外观】面板中右击【抛光白金】项目，在弹出的快捷菜单中选择【编辑外观】命令 🍬，通过编辑外观，将遗漏的曲面添加到【所选几何体】的【面】列表中，如图 8-83 所示。

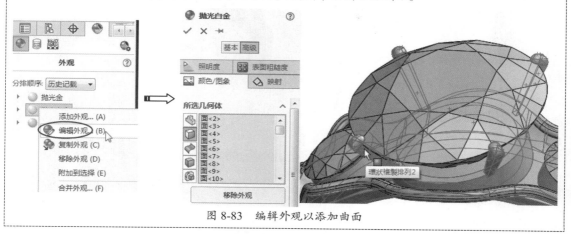

图 8-83 编辑外观以添加曲面

④ 首先选择最大宝石上的所有曲面，然后在任务窗格的【外观、布景和贴图】标签中，依次展开【外观】|【有机】|【宝石】文件夹。在该文件夹中选择【红宝石 01】外观，并将其拖动至图形区中，随后红宝石外观自动应用到最大宝石上，如图 8-84 所示。

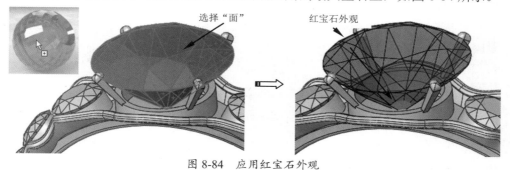

图 8-84 应用红宝石外观

⑤ 同理，将【海蓝宝石 01】外观应用到最大宝石旁边的 2 颗宝石上，如图 8-85 所示。

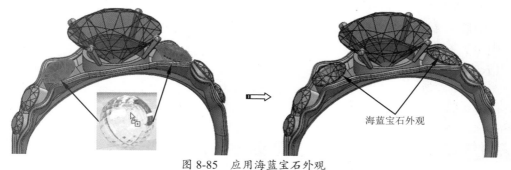

图 8-85 应用海蓝宝石外观

⑥ 再将【紫水晶 01】外观应用到其余 4 颗小宝石上，如图 8-86 所示。

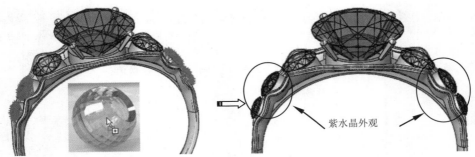

图 8-86　应用紫水晶外观

2. 应用布景和光源

① 在任务空格的【外观、布景和贴图】标签中展开【布景】|【工作间布景】文件夹，将该文件夹中的【反射黑地板】布景拖到图形区窗口中，如图 8-87 所示。

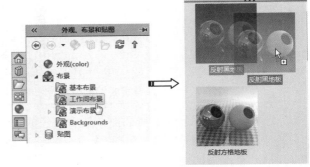

图 8-87　应用工作间布景

② 在【DisplayManager】显示管理器中单击【查看布景、光源和相机】按钮◢，打开【布景、光源与相机】面板。右击【布景】文件夹并在弹出的快捷菜单中选择【编辑布景】命令，随后打开【编辑布景】属性面板。在【编辑布景】属性面板的【PhotoView 360 光源】选项卡中设置如图 8-88 所示的参数。

③ 在【布景、光源与相机】面板中展开【PhotoView 360 光源】文件夹，将【线光源1】、【线光源 2】和【线光源 3】等项目设为【在 PhotoView 360 中打开】，如图 8-89 所示。

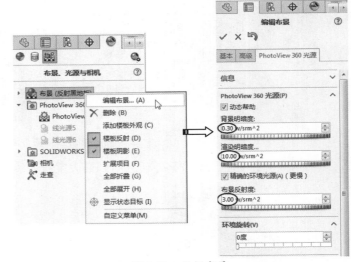

图 8-88　编辑布景

技术要点：

　　如果不设为【在 PhotoView 360 中打开】，那么光源将不会在 PhotoView 360 渲染时打开，渲染的效果会大打折扣。

④ 在【渲染工具】选项卡中单击【选项】按钮◣，打开【PhotoView 360 选项】属性面板，设置【最终渲染品质】为【最大】，如图 8-90 所示。

图 8-89　设置线光源

图 8-90　设置渲染选项

⑤　在【渲染工具】选项卡中单击【最终渲染】按钮 ，系统开始渲染模型。经过一定时间的渲染进程后，完成了宝石戒指的渲染，如图 8-91 所示。

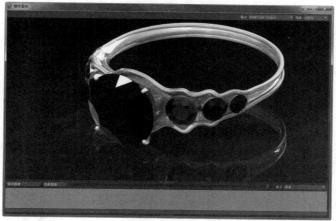

图 8-91　宝石戒指的最终渲染效果

⑥　最后单击【保存】按钮 ，将本例宝石戒指作品的渲染结果保存。

8.3.2　案例二——电灯泡渲染

本例中，电灯泡的渲染图像质量要求比较高，且渲染效果非常逼真，特别是使用场景光源使灯泡、地板都可以反射。同时，为地板赋予材料后并将其设置为投影，则可以镜像灯泡的图像。电灯泡的渲染效果如图 8-92 所示。

1. 应用外观

①　打开本例源文件"灯泡.sldprt"，打开的电灯泡模型中包括地板实体和电灯泡实体。

②　在任务窗格的【外观、布景和贴图】标签

图 8-92　电灯泡渲染效果

中，依次展开【外观】|【辅助部件】|【图案】文件夹。在该文件夹中选择【方格图案 2】外观，并将其拖动至图形区中，应用到地板上，如图 8-93 所示。

图 8-93　将外观应用到地板上

技术要点：

> 也可以将外观应用到地板的面、特征上，但不能应用于整个实体，否则会将外观应用到灯泡模型中。

③　在任务窗格的【外观、布景和贴图】标签中，依次展开【外观】|【玻璃】|【光泽】文件夹。在该文件夹中选择【透明玻璃】外观，并将其拖动至图形区中，将外观应用到灯泡球面特征中，如图 8-94 所示。

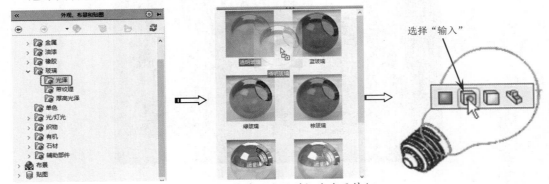

图 8-94　将外观应用到灯泡球面特征

④　在任务窗格的【外观、布景和贴图】标签中，依次展开【外观】|【玻璃】|【光泽】文件夹。然后在该文件夹中选择【透明玻璃】外观，并将其拖动至图形区中，然后将外观应用到灯丝架特征中，如图 8-95 所示。

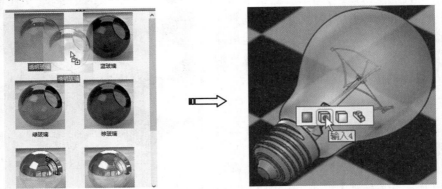

图 8-95　将外观应用到灯丝架特征

⑤　在任务窗格的【外观、布景和贴图】标签中，依次展开【外观】|【光/灯光】|【氖光管】

文件夹。在该文件夹中选择【白氖光管】外观，并将其拖动至图形区中，将外观应用到灯丝特征中，如图 8-96 所示。

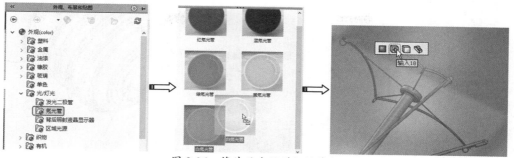

图 8-96　将外观应用到灯丝特征

⑥　在任务窗格的【外观、布景和贴图】标签中，依次展开【外观】|【金属】|【锌】文件夹。然后在该文件夹中选择【抛光锌】外观，并将其拖动至图形区中，然后将外观应用到灯头特征中，如图 8-97 所示。

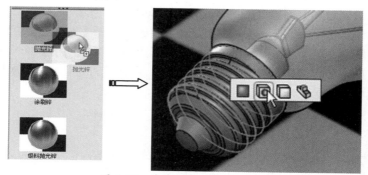

图 8-97　将外观应用到灯头特征

⑦　在任务窗格的【外观、布景和贴图】标签中，依次展开【外观】|【石材】|【粗陶瓷】文件夹。然后在该文件夹中选择【陶瓷】外观，并将其拖动至图形区中，然后将外观应用到灯头绝缘体面中，如图 8-98 所示。

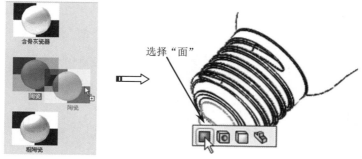

图 8-98　将外观应用到灯头绝缘体面中

⑧　在【DisplayManager】显示管理器中单击【查看外观】按钮 ⬤，在打开的【外观】面板中右击【瓷器】外观，选择快捷菜单中的【编辑外观】命令，如图 8-99 所示。

⑨　随后打开【陶瓷】属性面板。在【基本】设置面板的【颜色/图像】选项卡中，为陶瓷选择黑色，单击【确定】按钮 ✔ 关闭【陶瓷】属性面板，如图 8-100 所示。

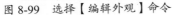

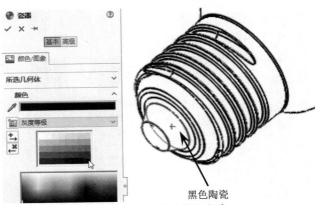

黑色陶瓷

图 8-99　选择【编辑外观】命令　　　　图 8-100　设置陶瓷的颜色

⑩　在【DisplayManager】显示管理器的【外观】面板中选择【透明玻璃】（这个透明玻璃是应用于球面特征的外观）外观进行编辑，随后打开【透明玻璃】属性面板。在【高级】设置面板的【照明度】选项卡中设置漫射量、光泽量和透明量等选项，其他选项保持默认，关闭【透明玻璃】属性面板完成编辑，如图 8-101 所示。

⑪　在【DisplayManager】显示管理器的【外观】面板中选择【方格图案 2】外观进行编辑，打开【方格图案 2】属性面板。在【高级】设置面板的【照明度】选项卡中设置【漫射量】和【反射量】等选项，其他选项保持默认，关闭【方格图案 2】属性面板完成地板的编辑，如图 8-102 所示。

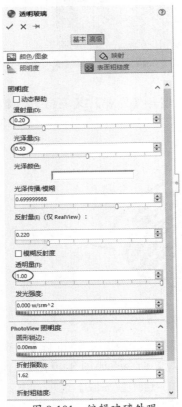
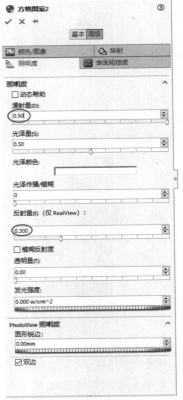

图 8-101　编辑玻璃外观　　　　　　图 8-102　编辑地板外观

⑫　在任务窗格的【外观、布景和贴图】标签中依次展开【布景】|【工作间布景】文件夹，在下方展开的布景文件列表中选择【灯卡】布景，将其拖曳到图形区中释放，随即完成布景的应用，如图 8-103 所示。

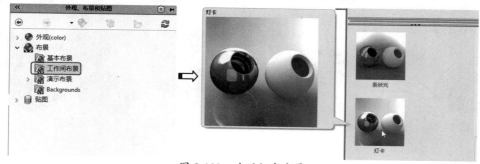

图 8-103　应用灯卡布景

2. 应用光源

①　在【DisplayManager】显示管理器中显示【布景、光源与相机】面板。在【PhotoView360 主光源】文件夹中右击【聚光源 1】，并在弹出的快捷菜单中选择【添加点光源】命令，打开【点光源】属性面板，如图 8-104 所示。

②　在【点光源】属性面板中设置【明暗度】和【光泽度】为 0.5，并勾选【锁定到模型】复选框，如图 8-105 所示。

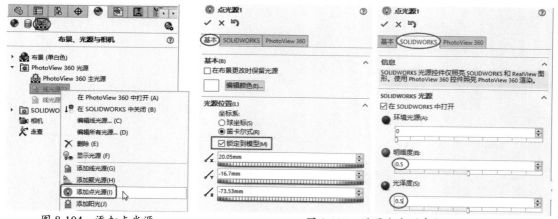

图 8-104　添加点光源　　　　　　　　图 8-105　设置点光源参数

技术要点：

　　勾选【锁定到模型】复选框，是为了便于在球形面上选择点的放置位置。否则，选择的点可能在球形面或地板之后。

③　在图形区的灯泡球形面上选择点光源的放置位置，如图 8-106 所示。

④　单击【点光源】属性面板中的【确定】按钮✔️，完成点光源的添加。

3. 渲染和输出

①　在【渲染工具】选项卡中单击【最终渲染】按钮🔘，程序开始渲染模型。经过一定时间的渲染进程后，完成渲染。

②　渲染后的电灯泡如图 8-107 所示。

图 8-106　选择放置位置

图 8-107　渲染后的电灯泡

CHAPTER

9

零部件装配设计

本章导读

为了让读者了解 SolidWorks 2020 装配设计流程，本章全面介绍从建立装配体、零部件压缩与轻化、装配体的干涉检测、控制装配体的显示、其他装配体技术到装配体爆炸视图的完整设计。

知识要点

- ☑ 装配概述
- ☑ 开始装配体
- ☑ 控制装配体
- ☑ 布局草图
- ☑ 装配体检测
- ☑ 爆炸视图

9.1 装配概述

装配是根据技术要求将若干零部件接合成部件或将若干个零部件和部件接合成产品的劳动过程。装配是整个产品制造过程中的后期工作,各部件需正确地装配,才能形成最终产品。如何从零部件装配成产品并达到设计所需要的装配精度,这是装配工艺要解决的问题。

9.1.1 计算机辅助装配

计算机辅助装配工艺设计是用计算机模拟装配人员编制装配工艺,自动生成装配工艺文件。因此它可以缩短编制装配工艺的时间,减少劳动量,同时也提高了装配工艺的规范化程度,并能对装配工艺进行评价和优化。

1. 产品装配建模

产品装配建模是一个能完整、正确地传递不同装配体设计参数、装配层次和装配信息的产品模型。它是产品设计过程中数据管理的核心,是产品开发和支持设计灵活变动的强有力工具。

产品装配建模不仅描述了零部件本身的信息,而且还描述产品零部件之间的层次关系、装配关系,以及不同层次的装配体中的装配设计参数的约束和传递关系。

建立产品装配模型的目的在于建立完整的产品装配信息表达,一方面使系统对产品设计进行全面支持;另一方面它可以为 CAD 系统中的装配自动化和装配工艺规划提供信息源,并对设计进行分析和评价。如图 9-1 所示为基于 CAD 系统进行装配的产品零部件。

图 9-1 基于 CAD 系统进行装配的产品零部件

2. 装配特征的定义与分类

从不同的应用角度,装配特征有不同的分类。根据产品装配的有关知识,零部件的装配性能不仅取决于零部件本身的几何特性(如轴孔配合有无倒角),还部分取决于零部件的非几何特征(如零部件的重量、精度等)和装配操作的相关特征(如零部件的装配方向、装配方法以及装配力的大小等)。

根据以上所述,装配特征的完整定义即是与零部件装配相关的几何、非几何信息以及装配操作的过程信息。装配特征可分为几何装配特征、物理装配特征和装配操作特征三种类型。

- 几何装配特征：几何装配特征包括配合特征几何元素、配合特征几何元素的位置、配合类型和零部件位置等属性。
- 物理装配特征：与零部件装配有关的物理装配特征属性，包括零部件的体积、重量、配合面粗糙度、刚性以及黏性等。
- 装配操作特征：指装配操作过程中零部件的装配方向，装配过程中的阻力、抓拿性、对称性，有无定向与定位特征，装配轨迹以及装配方法等属性。

3. 了解 SolidWorks 装配术语

在利用 SolidWorks 进行装配建模之前，初学者必须先了解一些装配术语，这有助于后面的课程学习。

（1）零部件。在 SolidWorks 中，零部件就是装配体中的一个组件（组成部件）。零部件可以是单个部件（即零件），也可以是一个子装配体。零部件是由装配体引用而不是复制到装配体中。

（2）子装配体。组成装配体的这些零件称为子装配体。当一个装配体成为另一个装配体的零部件时，这个装配体也可称为子装配体。

（3）装配体。装配体是由多个零部件或其他子装配体所组成的一个组合体。装配体文件的扩展名为".SLDASM"。

装配体文件中保存了两方面的内容：一是进入装配体中各零件的路径，二是各零件之间的配合关系。一个零件放入装配体中时，这个零件文件会与装配体文件产生链接的关系。在打开装配体文件时，SolidWorks 要根据各零件的存放路径找出零件，并将其调入装配体环境。所以装配体文件不能单独存在，要和零件文件一起存在才有意义。

（4）自底向上装配。自底向上装配，是指在设计过程中，先设计单个零部件，在此基础上进行装配生成总体设计。这种装配建模需要设计人员交互给定装配构件之间的配合约束关系，然后由 SolidWorks 系统自动计算构件的转移矩阵，并实现虚拟装配。

（5）自顶向下装配。自顶向下装配，是指在装配环境中创建与其他部件相关的部件模型，是在装配部件的顶级向下产生子装配和部件（即零件）的装配方法。即先由产品的大致形状特征对整体进行设计，然后根据装配情况对零件进行详细的设计。

（6）混合装配。混合装配是将自顶向下装配和自底向上装配结合在一起的装配方法。例如先创建几个主要部件模型，再将其装配在一起，然后在装配中设计其他部件，即为混合装配。在实际设计中，可根据需要在两种模式下切换。

（7）配合。配合是在装配体零部件之间生成几何关系。当零件被调入装配体中时，除第一个调入的之外，其他的都没有添加配合，位置处于任意的"浮动"状态。在装配环境中，处于"浮动"状态的零件可以分别沿 3 个坐标轴移动，也可以分别绕 3 个坐标轴转动，即共有 6 个自由度。

（8）关联特征。关联特征是在当前零件设计环境中通过参考其他零件几何体进行草图绘制、投影、偏移或编辑尺寸等操作来创建几何体。关联特征也是带有外部参考的特征。

9.1.2 进入装配环境

进入装配环境有两种方法：第一种是在新建文件时，在弹出的【新建 SOLIDWORKS 文

件】对话框中选择【装配体】模板，单击【确定】按钮即可新建一个装配体文件，并进入装配环境，如图9-2所示。第二种则是在零部件环境中，执行菜单栏中的【文件】|【从零部件制作装配体】命令，切换到装配环境。

当新建一个装配体文件或打开一个装配体文件时，即进入SolidWorks装配环境。和零部件模式的界面相似，装配操作界面同样具有菜单栏、选项卡、设计树、控制区和零部件显示区。在左侧的控制区中列出了组成该装配体的所有零部件。在设计树底端还有一个配合的文件夹，包含了所有零部件之间的配合关系，如图9-3所示。

SolidWorks提供了定制界面的功能，用户可根据需要定制装配操作界面。

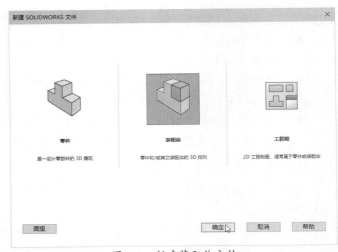

图 9-2　新建装配体文件

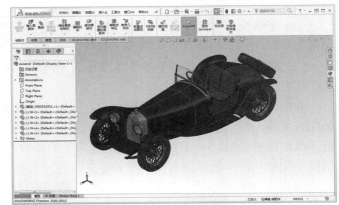

图 9-3　装配操作界面

9.2　开始装配体

当用户新建装配体文件并进入装配环境时，打开【开始装配体】属性面板，如图9-4所示。

在该属性面板中，用户可以单击【生成布局】按钮，直接进入布局草图模式，绘制用于定义装配零部件位置的草图。

用户还可以通过单击【浏览】按钮，浏览要打开的零部件文件并将其插入装配环境，然后再进行装配的设计、编辑等操作。

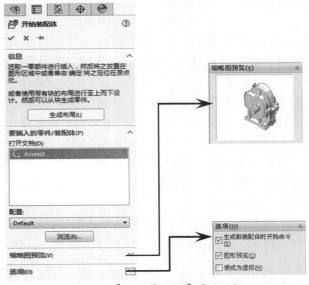

图 9-4　【开始装配体】属性面板

在【选项】选项区中包含 3 个复选选项，其含义如下。

● 生成新装配体时开始命令：用于控制【开始装配体】属性面板的显示与否。如果用户的第一个装配体任务为插入零部件或生成布局之外的普通事项，可以取消勾选此复选框。

技巧点拨：

若要重新打开【开始装配体】属性面板，可以通过执行【插入零部件】命令，勾选【生成新装配体时开始命令】复选框后随即打开该面板。

● 图形预览：用于控制插入的装配模型是否在图形区中预览。
● 使成为虚拟：勾选此复选框，可以使用户插入的零部件成为虚拟零部件。虚拟零部件可断开外部零部件文件的链接并在装配体文件内储存零部件定义。

9.2.1　插入零部件

插入零部件功能可以将零部件添加到新的或现有装配体中。插入零部件包括以下几种插入方式：插入零部件、新零部件、新装配体和随配合复制。

1. 插入零部件

【插入零部件】工具用于将零部件插入现有装配体中。当用户确定采用"自底向上"装配模式后，先在零件设计环境进行零部件设计并保存，使用【插入零部件】工具将保存的零部件插入到装配体环境中，最后使用【配合】工具来定位零部件。

在【装配体】选项卡中单击【插入零部件】按钮，打开【插入零部件】属性面板。【插入零部件】属性面板中的选项设置与【开始装配体】属性面板是相同的，这里就不重复介绍了。

技巧点拨：

在自顶向下的装配设计过程中，第一个插入的零部件叫作"主零部件"。因为后插入的零部件将以它作为装配参考。

2. 新零部件

使用【新零部件】工具，可以在关联的装配体中设计新的零部件。在设计新零部件时可以使用其他装配体零部件的几何特征。只有在用户选择了自顶向下的装配方式后，才可使用此工具。

技巧点拨：

在生成关联装配体的新零部件之前，可指定默认行为将新零部件保存为单独的外部零部件文件，或者作为装配体文件内的虚拟零部件。

在【装配体】选项卡中执行【新零部件】命令后，特征设计树中显示一个空的【[零部件1^装配体1]】的虚拟装配体文件，且指针变为，如图 9-5 所示。

当指针移动至基准面位置时，则变为，如图 9-6 所示。指定一基准面后，就可以在插入的新零部件文件中创建模型了。

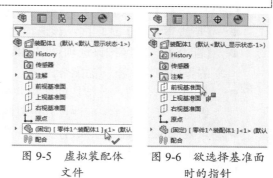

图 9-5　虚拟装配体文件　　图 9-6　欲选择基准面时的指针

对于内部保存的零部件，可不选取基准面，而是单击图形区域的空白区域，此时空白零部件就添加到装配体中了。用户可编辑或打开空白零部件文件并生成几何体。零部件的原点与装配体的原点重合，则零部件的位置是固定的。

3. 新装配体

当需要在任何一层装配体层次中插入子装配体时，可以使用【新装配体】工具。当创建了子装配体后，可以用多种方式将零部件添加到子装配体中。

插入新的子装配体的装配方法也是自顶向下的设计方法。插入的新子装配体文件也是虚拟的装配体文件。

4. 随配合复制

当使用【随配合复制】工具复制零部件或子装配体时，可以同时复制其关联的配合。例如，在【装配体】选项卡中执行【随配合复制】命令后，在减速器装配体中复制其中一个"被动轴通盖"零部件时，打开【随配合复制】属性面板。该属性面板中显示了该零部件在装配体中的配合关系，如图 9-7 所示。

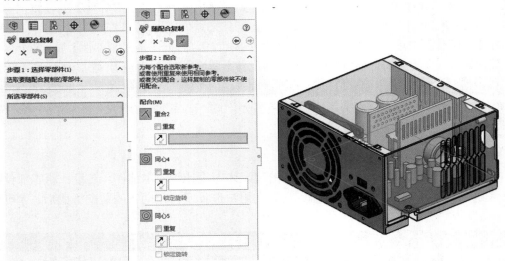

图 9-7 随配合复制减速器装配体的零部件

【随配合复制】属性面板中各选项的含义如下。

● 【所选零部件】选项区：该选项区中的列表用于收集要复制的零部件。

● 【配合】选项区：该选项区中的配合是在选取零部件后系统自动搜索出来的。不同的零部件会有不同的配合。

● 复制该配合◎：此按钮的名称并非是【复制该配合】，而是要求用户单击此配合按钮后，可在复制零部件过程中复制该配合，再单击此按钮，可取消选中。

● 重复：仅当所创建的所有复制件都使用相同的参考时可勾选该复选框。

● 要配合到的新实体[   ]：激活此列表，在图形区域中选择新配合参考。

● 反转配合对齐↗：单击此按钮，改变配合对齐方向。

9.2.2 配合

配合就是在装配体零部件之间生成几何约束关系。

当零部件被调入装配体时，除了第一个调入的零部件或子装配体，其他的都没有添加配合，处于任意的"浮动"状态。在装配环境中，处于"浮动"状态的零部件可以分别沿 3 个坐标轴移动，也可以分别绕 3 个坐标轴转动，即共有 6 个自由度。

当给零部件添加装配关系后，可消除零部件的某些自由度，限制零部件的某些运动，此种情况称为不完全约束。当添加的配合关系将零部件的 6 个自由度都消除时，称为完全约束，零部件将处于"固定"状态，如同插入的第一个零部件一样（默认情况下为"固定"），无法进行拖动操作。

> **技巧点拨：**
>
> 一般情况下，第一个插入的零部件的位置是固定的，但也可以执行右键菜单中的【浮动】命令，改变其"固定"状态。

在【装配体】选项卡中单击【配合】按钮◎，打开【配合】属性面板。面板的【配合】选项卡中包括用于添加标准配合、机械配合和高级配合的选项，如图 9-8 所示。

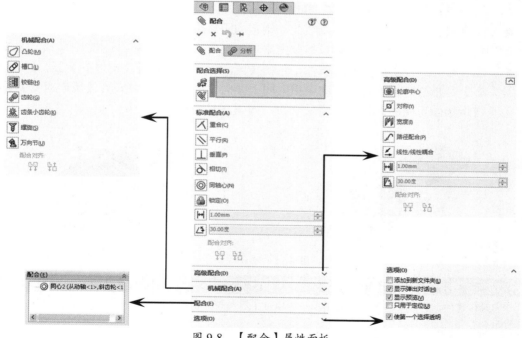

图 9-8 【配合】属性面板

1. 【配合选择】选项区

该选项区用于选择要添加配合关系的参考实体。激活【要配合的实体】选项🔩，选择想配合在一起的面、边线、基准面等。这是单一的配合，范例如图 9-9 所示。

【多配合】模式选项◎是用于多个零部件与同一参考的配合，范例如图 9-10 所示。

2. 【标准配合】选项区

该选项区用于选择配合类型。SolidWorks 提供了 9 种标准配合类型，介绍如下。

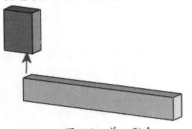

图 9-9　单一配合

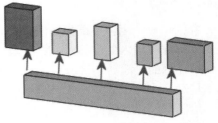

图 9-10　多配合

- 重合⊼：将所选面、边线及基准面定位（相互组合或与单一顶点组合），使其共享同一个无限基准面。定位两个顶点使它们彼此接触。
- 平行＼：使所选的配合实体相互平行。
- 垂直⊥：使所选配合实体以彼此间成 90°角放置。
- 相切♂：使所选配合实体以彼此间相切来放置（至少有一个选择项必须为圆柱面、圆锥面或球面）。
- 同轴心◎：使所选配合实体放置于共享同一中心线处。
- 锁定🔒：保持两个零部件之间的相对位置和方向。
- 距离↔：使所选配合实体以彼此间指定的距离来放置。
- 角度⊿：使所选配合实体以彼此间指定的角度来放置。
- 配合对齐：设置配合对齐条件，包括【同向对齐】🔛和【反向对齐】🔛。【同向对齐】是指与所选面正交的向量指向同一方向，如图 9-11a 所示；【反向对齐】是指与所选面正交的向量指向相反方向，如图 9-11b 所示。

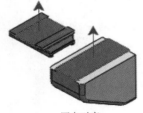

a. 同向对齐

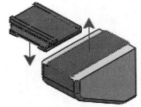

b. 反向对齐

图 9-11　配合对齐

技巧点拨：

　　对于圆柱特征，轴向量无法看见或确定。可选择【同向对齐】或【反向对齐】来获取对齐方式，如图 9-12 所示。

同向对齐

反向对齐

图 9-12　圆柱特征的配合对齐

3.【高级配合】选项区

【高级配合】选项区提供了相对比较复杂的零部件配合类型。表 9-1 列出了 7 种高级配合类型的说明及图解。

表 9-1 7 种高级配合类型的说明及图解

高级配合	说 明	图 解
轮廓中心 ⊕	将矩形和圆形轮廓互相中心对齐,并完全定义组件	
对称配合	对称配合强制使两个相似的实体相对于零部件的基准面、平面或者装配体的基准面对称	
宽度配合	宽度配合使零部件位于凹槽宽度内的中心	
路径配合	路径配合将零部件上所选的点约束到路径	路径
线性/线性耦合	线性/线性耦合配合在一个零部件的平移和另一个零部件的平移之间建立几何关系	
距离配合 ⊢⊣	距离配合允许零部件在一定数值范围内移动	
角度配合	角度配合允许零部件在角度配合一定数值范围内移动	45°

4.【机械配合】选项区

在【机械配合】选项区中提供了 6 种用于机械零部件装配的配合类型,如表 9-2 所示。

5.【配合】选项区

【配合】选项区包含【配合】属性面板打开时添加的所有配合或正在编辑的所有配合。

当【配合】列表中有多个配合时，可以选择其中一个进行编辑。

6. 【选项】选项区

【选项】选项区包含用于设置配合的选项。

- 添加到新文件夹：勾选此复选框，新的配合会出现在特征设计树的【配合】文件夹中。

表 9-2　6 种机械配合类型的说明及图解

机械配合	说　明	图　解
齿轮配合	齿轮配合会强迫两个零部件绕所选轴相对旋转。齿轮配合的有效旋转轴包括圆柱面、圆锥面、轴和线性边线	
铰链配合	铰链配合将两个零部件之间的转动限制在一定的范围内。其效果相当于同时添加同心配合和重合配合	
凸轮配合	凸轮配合为一相切或重合配合类型。它允许将圆柱、基准面或点与一系列相切的拉伸曲面相配合	
齿条小齿轮配合	通过齿条和小齿轮配合，某个零部件（齿条）的线性平移会引起另一零部件（小齿轮）做圆周旋转，反之亦然	
螺旋配合	螺旋配合将两个零部件约束为同心，还在一个零部件的旋转和另一个零部件的平移之间添加纵倾几何关系	
万向节配合	在万向节配合中，一个零部件（输出轴）绕自身轴的旋转是由另一个零部件（输入轴）绕其轴的旋转驱动的	

- 显示弹出对话：勾选此复选框，用户添加标准配合时会弹出配合工具栏。

- 显示预览：勾选此复选框，在为有效配合选择了足够对象后便会出现配合预览。
- 只用于定位：勾选此复选框，零部件会移至配合指定的位置，但不会将配合添加到特征设计树中。配合会出现在【配合】选项区中，以便用户编辑和放置零部件，但当关闭【配合】属性面板时，不会有任何内容出现在特征设计树中。

9.3 控制装配体

在装配过程中，当出现相同的多个零部件装配时使用"阵列"或"镜像"功能，可以避免多次插入零部件的重复操作。使用"移动"或"旋转"功能，可以平移或旋转零部件。

9.3.1 零部件的阵列

在装配环境下，SolidWorks 向用户提供了 3 种常见的零部件阵列类型：圆周零部件阵列、线性零部件阵列和阵列驱动零部件阵列。

1. 圆周零部件阵列

此种阵列类型可以生成零部件的圆周阵列。在【装配体】选项卡中的【线性零部件阵列】下拉菜单中选择【圆周零部件阵列】命令 ⊕ 圆周零部件阵列，打开【圆周阵列】属性面板，如图 9-13 所示。当指定阵列轴、角度和实例数（阵列数）及要阵列的零部件后，就可以生成零部件的圆周阵列，如图 9-14 所示。

图 9-13 【圆周阵列】属性面板

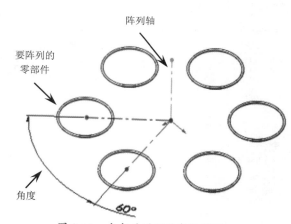

图 9-14 生成的圆周零部件阵列

若要将阵列中的某个零部件跳过，在激活【可跳过的实例】列表框后，再选择要跳过显示的零部件即可。

2. 线性零部件阵列

此种阵列类型可以生成零部件的线性阵列。在【装配体】选项卡中单击【线性零部件阵列】按钮，打开【线性阵列】属性面板，如图 9-15 所示。当指定了线性阵列的方向 1、方向 2，以及各方向的间距、实例数之后，即可生成零部件的线性阵列，如图 9-16 所示。

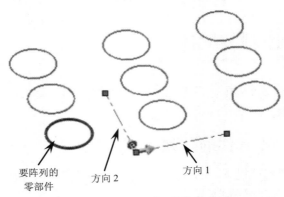

图 9-15　【线性阵列】属性面板

图 9-16　生成的线性零部件阵列

3. 阵列驱动零部件阵列

此种类型是根据参考零部件中的特征来驱动的，在装配 Toolbox 标准件时特别有用。

在【装配体】选项卡中的【线性零部件阵列】下拉菜单中选择【阵列驱动零部件阵列】命令 ，打开【阵列驱动】属性面板，如图 9-17 所示。例如，当指定了要阵列的零部件（螺钉）和驱动特征（孔面）后，系统自动计算出孔盖上有多少个相同尺寸的孔并生成阵列，如图 9-18 所示。

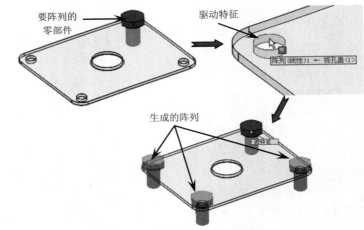

图 9-17　【阵列驱动】属性面板

图 9-18　生成阵列驱动零部件阵列

9.3.2　零部件的镜像

当固定的参考零部件为对称结构时，可以使用【镜像零部件】工具来生成新的零部件。新零部件可以是源零部件的复制版本或相反方位版本。

复制版本与相反方位版本之间的区别如下。

- 复制版本：源零部件的新实例将添加到装配体中，不会生成新的文档或配置。复制零部件的几何体与源零部件完全相同，只有零部件方位不同，如图 9-19 所示。

● 相反方位版本：会生成新的文档或配置。新零部件的几何体是镜像所得的，所以与源零部件不同，如图 9-20 所示。

在【装配体】选项卡中的【线性零部件阵列】下拉菜单中选择【镜像零部件】命令 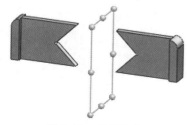，打开【镜像零部件】属性面板，如图 9-21 所示。

当选择了镜像基准面和要镜像的零部件以后（完成第一个步骤），在面板顶部单击【下一步】按钮 进入第二个步骤。在第二个步骤中，用户可以为镜像的零部件选择镜像版本和定向方式，如图 9-22 所示。

图 9-19　复制版本

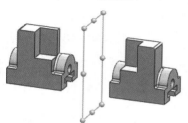

图 9-20　相反方位版本

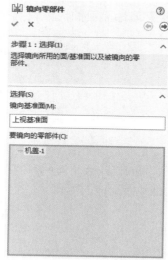

图 9-21　【镜像零部件】属性面板

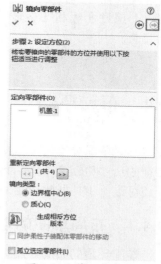

图 9-22　第二个步骤

在第二个步骤中，复制版本的定向方式有 4 种，如图 9-23 所示。

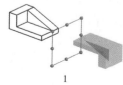

1

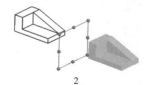

2

3

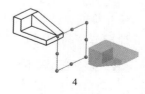

4

图 9-23　复制版本的 4 种定向方式

相反，方位版本的定向方式仅有一种，如图 9-24 所示。生成相反方位版本的零部件后，图标会显示在该项目旁边，表示已经生成该项目的一个相反方位版本。

技巧点拨：

对于设计库中的 Toolbox 标准件，镜像零部件操作后的结果只能是生成复制版本，如图 9-25 所示。

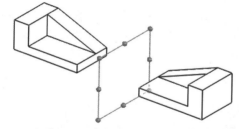

图 9-24　相反方位版本的定向

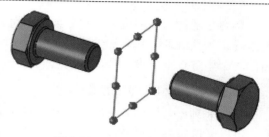

图 9-25　Toolbox 标准件的镜像

9.3.3 移动或旋转零部件

使用移动零部件和旋转零部件功能，可以任意移动处于浮动状态的零部件。如果该零部件被部分约束，则在被约束的自由度方向上是无法运动的。使用此功能，在装配中可以检查哪些零部件是被完全约束的。

在【装配体】选项卡中单击【移动零部件】按钮 ，打开【移动零部件】属性面板，如图 9-26 所示。【移动零部件】属性面板和【旋转零部件】属性面板的选项设置是相同的。

图 9-26 【移动零部件】属性面板

9.4 布局草图

布局草图对装配体的设计是一个非常有用的工具，使用装配布局草图可以控制零部件和特征的尺寸和位置。对装配布局草图的修改会引起所有零部件的更新，如果再采用装配设计表还可进一步扩展此功能，自动创建装配体的配置。

9.4.1 布局草图的功能

装配环境的布局草图有如下功能。

1. 确定设计意图

所有的产品设计都有一个设计意图，不管它是创新设计还是改良设计。总设计师最初的想法、草图、计划、规格及说明都可以用来构成产品的设计意图。它可以帮助每个设计者更好地理解产品的规划和零部件的细节设计。

2. 定义初步的产品结构

产品结构包含了一系列的零部件，以及它们所继承的设计意图。产品结构可以这样构成：在它里面的子装配体和零部件都可以只包含一些从顶层继承的基准和骨架，或者复制的几何参考，而不包括任何本身的几何形状或具体的零部件，还可以把子装配体和零部件在没有任何装配约束的情况下加入装配之中。这样做的好处是，这些子装配体和零部件在设计的初期是不确定也不具体的，但是仍然可以在产品规划设计时把它们加入装配中，从而可以为并行设计做准备。

3. 在整个装配骨架中传递设计意图

重要零部件的空间位置和尺寸要求都可以作为基本信息，放在顶层基本骨架中，然后传递给各个子系统，每个子系统就从顶层装配体中获得了所需要的信息，进而它们就可以在获得的骨架中进行细节设计了，因为它们基于同一设计基准。

4. 子装配体和零部件的设计

当代表顶层装配的骨架确定，设计基准传递下去之后，可以进行单个的零部件设计。这里，可以采用两种方法进行零部件的详细设计：一种方法是基于已存在的顶层基准，设计好零部件再进行装配；另一种方法是在装配关系中建立零部件模型。零部件模型建立好后，管理零部件之间的相互关联性。用添加方程式的形式来控制零部件与零部件之间，以及零部件与装配件之间的关联性。

9.4.2　布局草图的建立

由于自顶向下设计是从装配模型的顶层开始，通过在装配环境建立零部件来完成整个装配模型设计的方法，因此，在装配设计的最初阶段，按照装配模型的最基本的功能和要求，在装配体顶层构筑布局草图，用这个布局草图来充当装配模型的顶层骨架。随后的设计过程基本上都是在这个基本骨架的基础上进行复制、修改、细化和完善，最终完成整个设计过程。

要建立一个装配布局草图，可以在【开始装配体】属性面板中单击【生成布局】按钮，随后进入 3D 草图模式。在特征设计树中将生成一个【布局】文件，如图 9-27 所示。

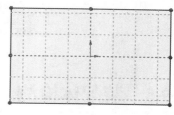

图 9-27　进入 3D 草图模式并生成布局文件

9.4.3　基于布局草图的装配体设计

布局草图能够代表装配模型的主要空间位置和空间形状，能够反映构成装配体模型的各个零部件之间的拓扑关系，它是整个自顶向下装配设计展开过程中的核心，是各个子装配体之间相互联系的中间桥梁和纽带。因此，在建立布局草图时，更注重在最初的装配总体布局中捕获和抽取各子装配体和零部件间的相互关联性和依赖性。

例如，在布局草图中绘制如图 9-28 所示的草图，完成布局草图绘制后单击【布局】按钮，退出 3D 草图模式。

从绘制的布局草图中可以看出，整个装配体由 3 个零部件组成。在【装配体】选项卡中使用【新零部件】工具，生成一个新的零部件文件。在特征设计树中选中该零部件文件并选择右键菜单中的【编辑】命令，即可激活新零部件文件，也就是进入零部件设计模式创建新零部件文件的特征。

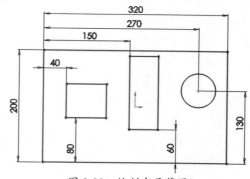

图 9-28　绘制布局草图

使用【特征】选项卡中的【拉伸凸台/基体】工具，使利用布局草图的轮廓，重新创建 2D 草图，并创建出拉伸特征，如图 9-29 所示。

图 9-29　创建拉伸特征

拉伸特征创建后在【草图】选项卡中单击【编辑零部件】按钮 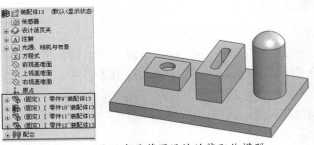，完成装配体第一个零部件的设计。同理，再使用相同操作方法依次创建出其余的零部件，最终设计完成的装配体模型如图 9-30 所示。

图 9-30　使用布局草图设计的装配体模型

9.5　装配体检测

零部件在装配环境下完成装配以后，为了找出装配过程中产生的问题，需使用 SolidWorks 提供的检测工具检测装配体中各零部件之间存在的间隙、碰撞和干涉，使装配设计得到改善。

9.5.1　间隙验证

【间隙验证】工具用来检查装配体中所选零部件之间的间隙。使用该工具可以检查零部件之间的最小距离，并报告不满足指定的"可接受的最小间隙"的间隙。

在【装配体】选项卡中单击【间隙验证】按钮 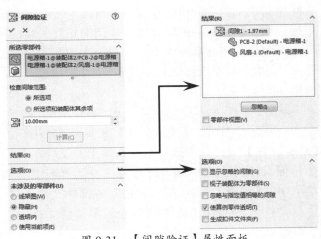，打开【间隙验证】属性面板，如图 9-31 所示。

【间隙验证】属性面板中各选项区、选项含义如下。

图 9-31　【间隙验证】属性面板

- 【所选零部件】选项区：该选项区用来选择要检测的零部件，并设定检测的间隙值。

  ➤ 检查间隙范围：指定只检查所选实体之间的间隙，还是检查所选实体和装配体其余实体之间的间隙。

  ➤ 所选项：选择此单选按钮，只检测所选的零部件。

  ➤ 所选项和装配体其余项：选择此单选按钮，将检测所选及未选的零部件。

  ➤ 可接受的最小间隙 ：设定检测间隙的最小值。小于或等于此值时将在【结果】选项区中列出报告。

- 【结果】选项区：该选项区用来显示间隙检测的结果。
  - ➤ 忽略：单击此按钮，将忽略检测结果。
  - ➤ 零部件视图：勾选此复选框，按零部件名称非间隙编号列出间隙。
- 【选项】选项区：该选项区用来设置间隙检测的选项。
  - ➤ 显示忽略的间隙：勾选此复选框，可在结果清单中以灰色图标显示忽略的间隙。当取消勾选时，忽略的间隙将不会列出。
  - ➤ 视子装配体为零部件：勾选此复选框，将子装配体作为一个零部件，而不会检测子装配体中的零部件间隙。
  - ➤ 忽略与指定值相等的间隙：勾选此复选框，将忽略与设定值相等的间隙。
  - ➤ 使算例零件透明：以透明模式显示正在验证其间隙的零部件。
  - ➤ 生成扣件文件夹：将扣件（如螺母和螺栓）之间的间隙隔离为单独文件夹。
- 【未涉及的零部件】选项区：使用选定模式来显示间隙检查中未涉及的所有零部件。

9.5.2　干涉检查

使用【干涉检查】工具，可以检查装配体中所选零部件之间的干涉。在【装配体】选项卡中单击【干涉检查】按钮 ，打开【干涉检查】属性面板，如图 9-32 所示。

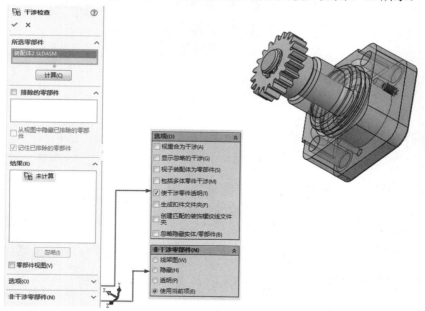

图 9-32　【干涉检查】属性面板

【干涉检查】属性面板中的属性设置与【间隙验证】属性面板中的属性设置基本相同，下面只介绍不同的选项含义。

- 视重合为干涉：勾选此复选框，将零部件重合视为干涉。
- 显示忽略的干涉：勾选此复选框，将在【结果】选项区列表中以灰色图标显示忽略的干涉。反之，则不显示。
- 包括多体零件干涉：勾选此复选框，将报告多体零件中实体之间的干涉。

技巧点拨：

　　默认情况下，除非预选了其他零部件，否则显示顶层装配体。当检查一装配体的干涉情况时，其所有零部件将被检查。如果选取单一零部件，则只报告涉及该零部件的干涉。

9.5.3　孔对齐

　　在装配过程中，使用【孔对齐】工具可以检查所选零部件之间的孔是否未对齐。在【装配体】选项卡中单击【孔对齐】按钮 ，打开【孔对齐】属性面板。在面板中设定【孔中心误差】后，单击【计算】按钮，系统将自动计算整个装配体中是否存在孔中心误差，计算的结果将列于【结果】选项区中，如图 9-33 所示。

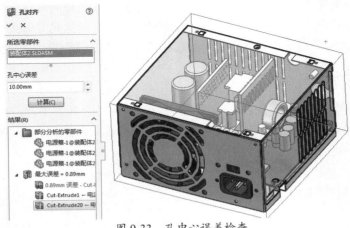

图 9-33　孔中心误差检查

9.6　爆炸视图

　　装配体爆炸视图是装配模型中组件按装配关系偏离原来的位置的拆分图形。爆炸视图的创建可以方便用户查看装配体中的零部件及其相互之间的装配关系。装配体的爆炸视图如图 9-34 所示。

9.6.1　生成或编辑爆炸视图

　　在【装配体】选项卡中单击【爆炸视图】按钮 ，打开【爆炸】属性面板，如图 9-35 所示。

【爆炸】属性面板中各选项区及选项含义如下。

图 9-34　装配体的爆炸视图

- 【爆炸步骤】选项区：该选项区用于收集爆炸到单一位置的一个或多个所选零部件。要删除爆炸视图，可以删除爆炸步骤中的零部件。
- 【设定】选项区：该选项区用于设置爆炸视图的参数。
- 爆炸步骤的零部件 ：激活此列表，在图形区中选择要爆炸的零部件，随后图形区中显示三重轴，如图 9-36 所示。

技巧点拨：

只有在改变零部件位置的情况下，所选的零部件才会显示在【爆炸步骤】选项区列表中。

- 爆炸方向：显示当前爆炸
  步骤所选的方向。可以单
  击【反向】按钮 改变
  方向。
- 爆炸距离 ：输入值以
  设定零部件的移动距离。
- 应用：单击此按钮，可
  以预览移动后的零部件
  位置。
- 完成：单击此按钮，保存
  零部件移动的位置。
- 拖动时自动调整零部件
  间距：勾选此复选框，将
  沿轴自动均匀地分布零
  部件组的间距。

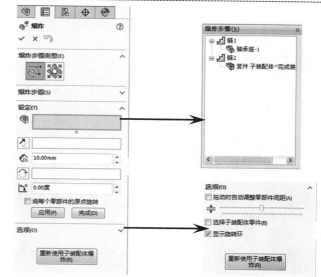

图 9-35　【爆炸】属性面板

- 调整零部件之间的间距 ：拖动滑块来调整放置的零部件之间的距离。
- 选择子装配体零件：勾选此复选框，可选择子装配体的单个零部件。反之，则选择
  整个子装配体。
- 重新使用子装配体爆炸：使用先前在所选子装配体中定义的爆炸步骤。

除了在面板中设定爆炸参数来生成爆炸视图，用户可以自由拖动三重轴的轴来改变零部件在装配体中的位置，如图 9-37 所示。

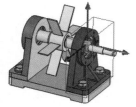

图 9-36　显示三重轴

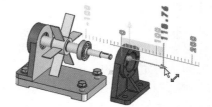

图 9-37　拖动三重轴改变零部件位置

9.6.2　添加爆炸直线

爆炸视图创建以后，可以添加爆炸直线来表达零部件在装配体中所移动的轨迹。在【装配体】选项卡中单击【爆炸直线草图】按钮 ，打开【步路线】属性面板，并自动进入 3D 草图模式，且系统弹出【爆炸草图】工具栏，如图 9-38 所示。可以通过在【爆炸草图】选项卡中单击【步路线】按钮 来打开或关闭【步路线】属性面板。

在 3D 草图模式下使用【直线】工具 来绘制爆炸直线，如图 9-39 所示，其将以幻影线显示。

在【爆炸草图】工具栏中单击【转折线】按钮 ，然后在图形区中选择爆炸直线并拖动草图线条以将转折线添加到该爆炸直线中，如图 9-40 所示。

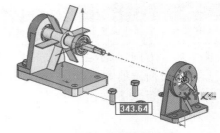

图 9-38 【步路线】属性面板和【爆炸草图】工具栏　　　　图 9-39 绘制爆炸直线

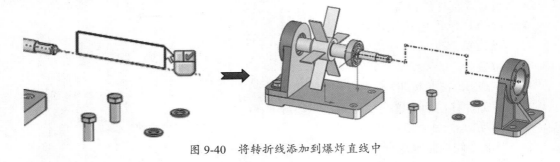

图 9-40 将转折线添加到爆炸直线中

9.7 综合案例

SolidWorks 装配设计分自顶向下设计和自底向上设计。下面以两个典型的装配设计实例来说明自顶向下和自底向上的装配设计方法及操作过程。

9.7.1 案例———脚轮装配设计

活动脚轮是工业产品，它由固定板、支承架、塑胶轮、轮轴及螺母构成。活动脚轮也就我们所说的万向轮，它的结构允许 360°旋转。

活动脚轮的装配设计的方式是自顶向下，即在总装配体结构下，依次构建出各零部件模型。装配设计完成的活动脚轮如图 9-41 所示。

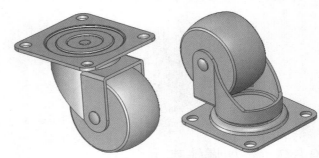

图 9-41 活动脚轮

1. 创建固定板零部件

① 新建装配体文件，进入装配环境，如图 9-42 所示。随后关闭属性管理器中的【开始装配体】属性面板。

② 在【装配体】选项卡中单击【插入零部件】按钮 下方的 ▼ 按钮，然后选择【新零部件】命令 新零件，随后新建一个零部件文件，然后将该零部件文件重命名为"固定板"，如图 9-43 所示。

③ 选择该零部件，在【装配体】选项卡中单击【编辑零部件】按钮 ，进入零部件设计环境。

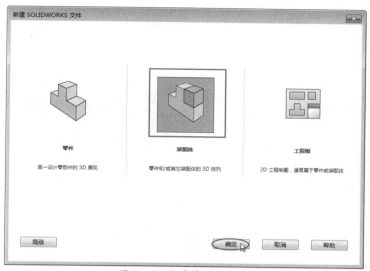

图 9-42　新建装配体文件

④　使用【拉伸凸台/基体】工具 ，选择前视基准面作为草绘平面，进入草图环境，绘制如图 9-44 所示的草图。

图 9-43　新建零部件文件并重命名

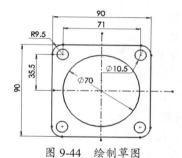

图 9-44　绘制草图

⑤　在【凸台-拉伸】属性面板中重新选择轮廓草图，设置如图 9-45 所示的拉伸参数后完成圆形实体的创建。

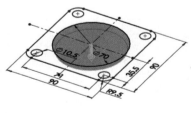

图 9-45　创建圆形实体

⑥　再使用【拉伸凸台/基体】工具 ，选择余下的草图曲线来创建实体特征，如图 9-46 所示。

技巧点拨：

　　创建拉伸实体后，余下的草图曲线被自动隐藏，此时需要显示草图。

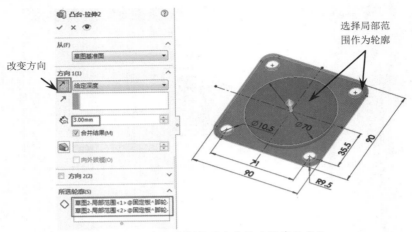

图 9-46　创建由其余草图曲线作为轮廓的实体

⑦ 使用【旋转切除】工具，选择上视基准面作为草绘平面，然后绘制如图 9-47 所示的草图。

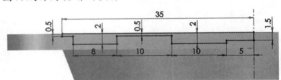

图 9-47　绘制旋转实体的草图

⑧ 退出草图环境后，以默认的旋转切除参数来创建旋转切除特征，如图 9-48 所示。

⑨ 使用【圆角】工具，为实体创建半径分别为 5、1 和 0.5 的圆角特征，如图 9-49 所示。

⑩ 在【特征】选项卡中单击【编辑零部件】按钮，完成固定板零部件的创建。

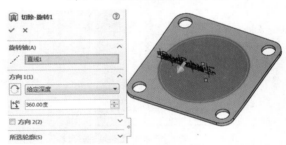

图 9-48　创建旋转切除特征

2. 创建支承架零部件

① 在装配环境下插入第二个新零部件文件，并重命名为"支承架"。

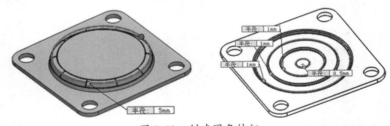

图 9-49　创建圆角特征

② 选择支承架零部件，然后单击【编辑零部件】按钮，进入零部件设计环境。

③ 使用【拉伸凸台/基体】工具，选择固定板零部件的圆形表面作为草绘平面，然后绘制如图 9-50 所示的草图。

④ 退出草图环境后，在【凸台-拉伸】属性面板中重新选择拉伸轮廓（直径为 54 的圆），并设置拉伸深度值为 3，如图 9-51 所示，最后关闭面板完成拉伸实体的创建。

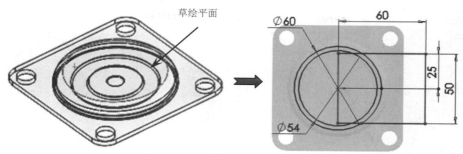

图 9-50　选择草绘平面并绘制草图

⑤　再使用【拉伸凸台/基体】工具 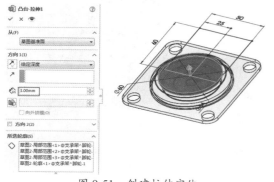 选择上一个草图中的圆（直径为 60）来创建深度为 80 的实体，如图 9-52 所示。

图 9-51　创建拉伸实体

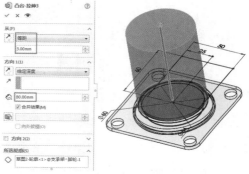

图 9-52　创建圆形实体

⑥　同理，再使用【拉伸凸台/基体】工具选择矩形来创建实体，如图 9-53 所示。

⑦　使用【拉伸切除】工具 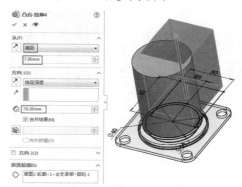，选择上视基准面作为草绘平面，绘制轮廓草图后再创建如图 9-54 所示的拉伸切除特征。

⑧　使用【圆角】工具 ，在实体中创建半径为 3 的圆角特征，如图 9-55 所示。

⑨　使用【抽壳】工具 ，选择如图 9-56 所示的面来创建厚度为 3 的抽壳特征。

图 9-53　创建矩形实体

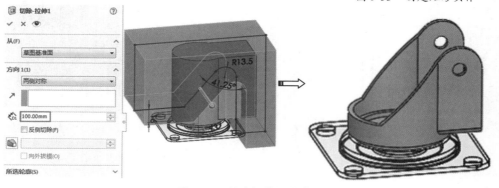

图 9-54　创建拉伸切除特征

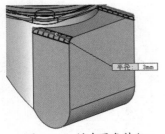

图 9-55　创建圆角特征

图 9-56　创建抽壳特征

⑩　创建抽壳特征后，即完成了支承架零部件的创建，如图 9-57 所示。

⑪　使用【拉伸切除】工具 ，在上视基准面上创建支承架上的孔，如图 9-58 所示。

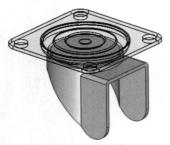

图 9-57　支承架

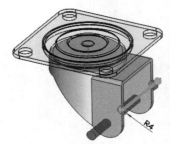

图 9-58　创建支承架上的孔

⑫　完成支承架零部件的创建后，单击【编辑零部件】按钮 ，退出零部件设计环境。

3．创建塑胶轮、轮轴及螺母零部件

①　在装配环境下插入新零部件并重命名为"塑胶轮"。

②　编辑"塑胶轮"零部件进入装配设计环境。使用【点】工具 ，在支承架的孔中心创建一个点，如图 9-59 所示。

③　使用【基准面】工具 ，选择右视基准面作为第一参考，选择点作为第二参考，然后创建新基准面，如图 9-60 所示。

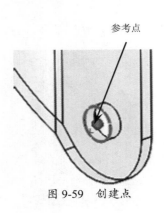

图 9-59　创建点

图 9-60　创建新基准面

技巧点拨：

  在选择第二参考时，参考点是看不见的。这需要展开图形区中的特征设计树，然后再选择参考点。

④ 使用【旋转凸台/基体】工具，选择参考基准面作为草绘平面，绘制如图9-61所示的草图后，完成旋转实体的创建。

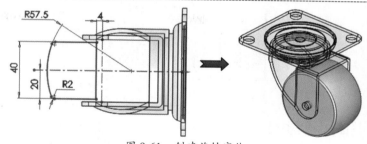

图 9-61　创建旋转实体

⑤ 此旋转实体即为塑胶轮零部件。单击【编辑零部件】按钮，退出零部件设计环境。

⑥ 在装配环境下插入新零部件并重命名为"轮轴"。

⑦ 编辑"轮轴"零部件并进入零部件设计环境。使用【旋转凸台/基体】工具，选择"塑胶轮"零部件中的参考基准面作为草绘平面，然后创建如图 9-62 所示的旋转实体。此旋转实体即为轮轴零部件。

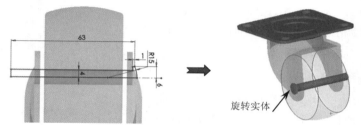

图 9-62　创建旋转实体

⑧ 单击【编辑零部件】按钮，退出零部件设计环境。

⑨ 在装配环境下插入新零部件并重命名为"螺母"。

⑩ 使用【拉伸凸台/基体】工具，选择支承架侧面作为草绘平面，然后绘制如图 9-63 所示的草图。

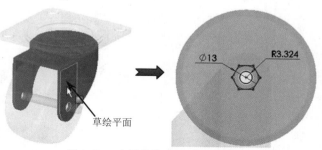

图 9-63　选择草绘平面并绘制草图

⑪ 退出草图环境后，创建深度为 7.9 的拉伸实体，如图 9-64 所示。

⑫ 使用【旋转切除】工具，选择"塑胶轮"零部件中的参考基准面作为草绘平面，进入草图环境后绘制草图，退出草图环境后创建旋转切除特征，如图 9-65 所示。

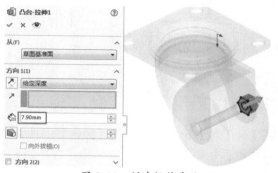

图 9-64　创建拉伸实体

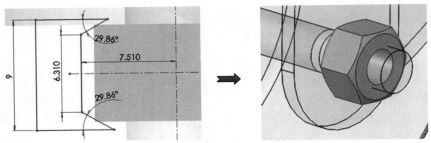

图 9-65　创建旋转切除特征

⑬　单击【编辑零部件】按钮，退出零部件设计环境。

⑭　至此，活动脚轮装配体中的所有零部件已全部设计完成。最后将装配体文件保存，并重命名为"脚轮"。

9.7.2　案例二——台虎钳装配设计

台虎钳是安装在工作台上用以夹稳加工工件的工具。

台虎钳主要由两大部分构成：固定钳座和活动钳座。本例中将使用装配体的自底向上的设计方法来装配台虎钳。台虎钳装配体如图 9-66 所示。

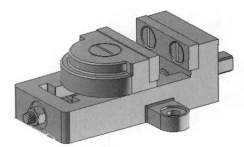

图 9-66　台虎钳装配体

1. 装配活动钳座子装配体

①　新建装配体文件，进入装配环境。

②　在【开始装配体】属性面板中单击【浏览】按钮，将本例源文件中的"活动钳口.sldprt"零部件文件插入装配环境，如图 9-67 所示。

图 9-67　将零部件插入装配环境

③　在【装配体】选项卡中单击【插入零部件】按钮，打开【插入零部件】属性面板。在该属性面板中单击【浏览】按钮，将本例源文件中的"钳口板.sldprt"零部件文件插入装配环境并任意放置，如图 9-68 所示。

④ 同理，依次将"开槽沉头螺钉. sldprt"和"开槽圆柱头螺钉.sldprt" 零部件插入装配环境，如图 9-69 所示。

⑤ 在【装配体】选项卡中单击【配合】 按钮，打开【配合】属性面板。在 图形区中选择钳口板的孔边线和 活动钳口中的孔边线作为要配合 的实体，如图 9-70 所示。

插入的钳口

图 9-68　插入钳口板

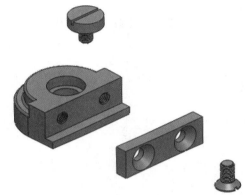

图 9-69　插入零部件

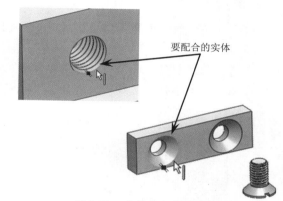

要配合的实体

图 9-70　选择要配合的实体

⑥ 随后钳口板自动与活动钳口孔对齐，并弹出标准配合工具栏。在该工具栏中单击【添加/ 完成配合】按钮 ☑，完成【同轴心】配合，如图 9-71 所示。

⑦ 接着在钳口板和活动钳口零部件上各选择一个面作为要配合的实体，随后钳口板自动与 活动钳口完成【重合】配合，在标准配合工具栏中单击【添加/完成配合】按钮 ☑ 完成 配合，如图 9-72 所示。

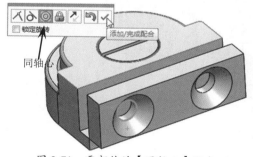

同轴心

添加/完成配合

图 9-71　零部件的【同轴心】配合

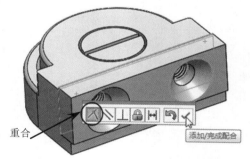

重合

添加/完成配合

图 9-72　零部件的【重合】配合

⑧ 选择活动钳口顶部的孔边线与开槽圆柱头螺钉的边线作为要配合的实体，并完成【同轴 心】配合，如图 9-73 所示。

技巧点拨：

　　一般情况下，有孔的零部件使用【同轴心】配合与【重合】配合或【对齐】配合。无孔的零部件可用 除【同轴心】外的配合来配合。

⑨ 选择活动钳口顶部的孔台阶面与开槽沉头螺钉的台阶面作为要配合的实体，并完成【重合】配合，如图 9-74 所示。

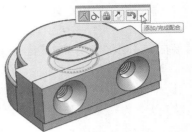

图 9-73　零部件的【同轴心】配合　　　　　图 9-74　零部件的【重合】配合

⑩ 同理，对开槽沉头螺钉与活动钳口使用【同轴心】配合和【重合】配合，结果如图 9-75 所示。

⑪ 在【装配体】选项卡中单击【线性零部件阵列】按钮，打开【线性阵列】属性面板。在钳口板上选择一边线作为阵列参考方向，如图 9-76 所示。

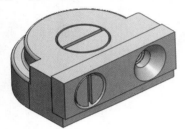

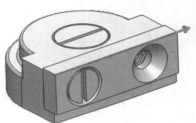

图 9-75　装配开槽沉头螺钉　　　　　图 9-76　选择阵列参考方向

⑫ 选择开槽沉头螺钉作为要阵列的零部件，在输入阵列距离及阵列数量后，单击【确定】按钮，完成零部件的阵列，如图 9-77 所示。

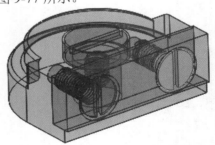

图 9-77　线性阵列开槽沉头螺钉

⑬ 至此，活动钳座装配体设计完成，最后将装配体文件另存为"活动钳座.sldasm"，然后关闭窗口。

2. 装配固定钳座

① 新建装配体文件，进入装配环境。

② 在【开始装配体】属性面板中单击【浏览】按钮，将本例源文件中的"钳座.sldprt"零部件文件插入装配环境，以此作为固定零部件，如图 9-78 所示。

③ 同理，使用【装配体】选项卡中的【插入零部件】工具，执行相同操作依次将丝杠、钳口板、螺母、方块螺母和开槽沉头螺钉等零部件插入装配环境，如图 9-79 所示。

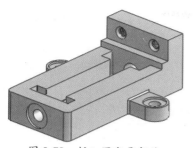

图 9-78　插入固定零部件

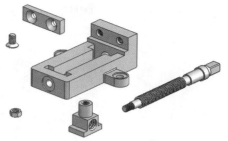

图 9-79　插入其他零部件

④　使用【配合】工具✎，选择丝杠圆形部分的边线与钳座孔边线作为要配合的实体，使用
　　【同轴心】配合。然后再选择丝杠圆形台阶面和钳座孔台阶面作为要配合的实体，并使
　　用【重合】配合，配合的结果如图 9-80 所示。

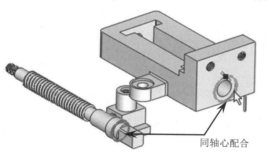

同轴心配合

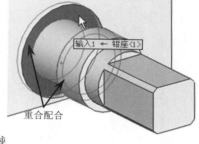

输入1 ← 钳座〈1〉

重合配合

图 9-80　装配丝杠与钳座

⑤　螺母与丝杠的装配也使用【同轴心】配合和【重合】配合，如图 9-81 所示。

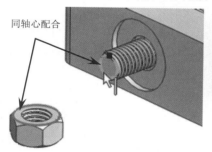

同轴心配合

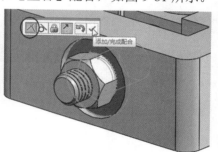

添加/完成配合

图 9-81　装配螺母和丝杠

⑥　装配钳口板与钳座时使用【同轴心】配合和【重合】配合，如图 9-82 所示。

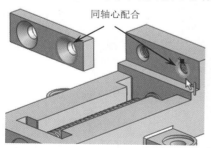

同轴心配合

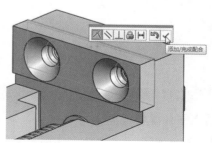

添加/完成配合

图 9-82　装配钳口板与钳座

⑦ 装配开槽沉头螺钉与钳口板时使用【同轴心】配合和【重合】配合，如图 9-83 所示。

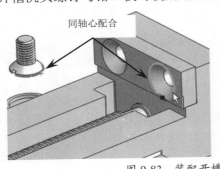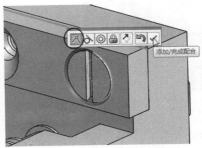

图 9-83　装配开槽沉头螺钉与钳口板

⑧ 装配方块螺母到丝杠。装配时方块螺母使用【距离】配合和【同轴心】配合。选择方块螺母上的面与钳座面作为要配合的实体后，方块螺母自动与钳座的侧面对齐，如图 9-84 所示。此时，在标准配合工具栏中单击【距离】按钮，在距离文本框中输入 70.00mm，再单击【添加/完成配合】按钮，完成【距离】配合，如图 9-85 所示。

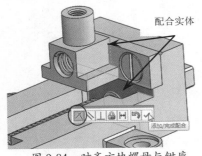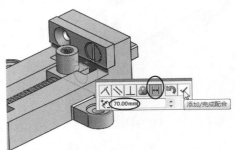

图 9-84　对齐方块螺母与钳座　　　　　　图 9-85　完成【距离】配合

⑨ 接着对方块螺母和丝杠再使用【同轴心】配合，配合完成的结果如图 9-86 所示。配合完成后，关闭【配合】属性面板。

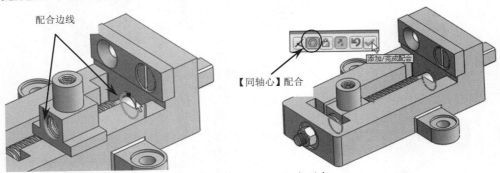

图 9-86　装配方块螺母与丝杠

⑩ 使用【线性阵列】工具，阵列开槽沉头螺钉，如图 9-87 所示。

3. 插入子装配体

① 在【装配体】选项卡中单击【插入零部件】按钮，打开【插入零部件】属性面板。

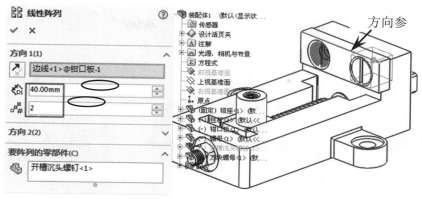

图 9-87 线性阵列开槽沉头螺钉

② 在面板中单击【浏览】按钮，然后在【打开】对话框中将先前另存为"活动钳座"的装配体文件打开，如图 9-88 所示。

图 9-88 打开"活动钳座"装配体文件

③ 打开装配体文件后，将其插入装配环境并任意放置。

④ 添加配合关系，将活动钳座装配到方块螺母上。装配活动钳座时先使用【重合】配合和【角度】配合将活动钳座的方位调整好，如图 9-89 所示。

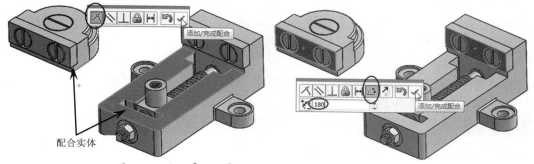

图 9-89 使用【重合】配合和【角度】配合定位活动钳座

⑤ 再使用【同轴心】配合，使活动钳座与方块螺母完全地同轴配合在一起，如图 9-90 所示。完成配合后关闭【配合】属性面板。

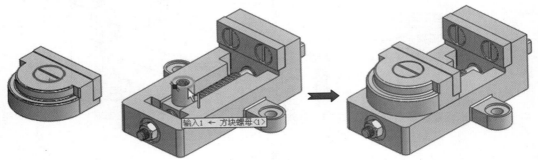

图 9-90　使用【同轴心】配合完成活动钳座的装配

⑥ 至此台虎钳的装配设计工作已全部完成。最后将结果另存为"台虎钳.SLDASM"装配体文件。

9.7.3　案例三——切割机工作部装配设计

本例要进行装配设计的切割机工作部装配体，如图 9-91 所示。

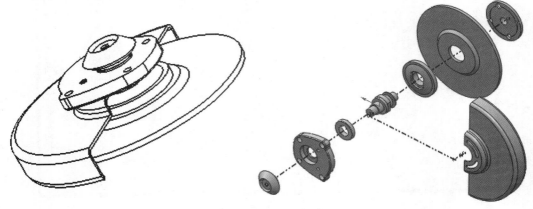

图 9-91　切割机工作部装配体

针对切割机工作部装配体的装配设计做出如下分析。

● 切割机工作部的装配将采用自底向上的装配设计方式。
● 对于盘类、轴类的零部件装配，其配合关系大多为【同轴心】与【重合】。
● 个别零部件需要【距离】和【角度】配合来调整零部件在装配体中的位置与角度。
● 装配完成后，使用【爆炸视图】工具创建爆炸视图。

① 新建装配体文件，进入装配环境。
② 在【开始装配体】属性面板中单击【浏览】按钮，将本例源文件中的"轴.sldprt"零部件文件打开，如图 9-92 所示。

技巧点拨：
要想插入的零部件与原点位置重合，请直接在【开始装配】属性面板中单击【确定】按钮 ✅。

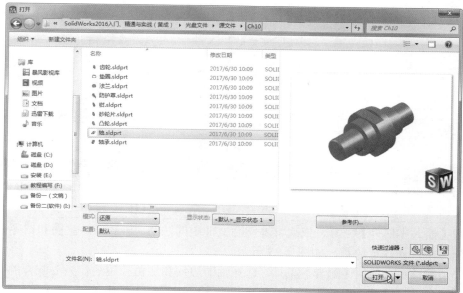

图 9-92 将轴零部件插入到装配环境中

③ 在【装配体】选项卡中单击【插入零部件】按钮，打开【插入零部件】属性面板。在该面板中单击【浏览】按钮，然后将本例源文件中的"轴.sldprt"零部件文件插入装配工具中并任意放置，如图 9-93 所示。

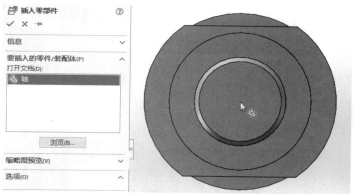

图 9-93 插入轴零部件到装配环境中

④ 下面对轴零部件进行旋转操作，这是为了便于装配后续插入的零部件。在特征设计树中选中轴零部件并在弹出的右键菜单中选择【浮动】命令，将默认的【固定】配合改为为【浮动】配合。

技巧点拨：

> 只有当零部件的位置状态为浮动时，才能移动或旋转该零部件。

⑤ 在【装配体】选项卡中单击【移动零部件】按钮，打开【移动零部件】属性面板。在图形区选择轴零部件作为旋转对象，在【旋转】选项区中选择【由 Delta XYZ】选项，设置△X 的值为 180，再单击【应用】按钮，完成旋转操作，如图 9-94 所示。完成旋转操作后关闭面板。

⑥ 完成旋转操作后，重新将轴零部件的位置状态设为固定。

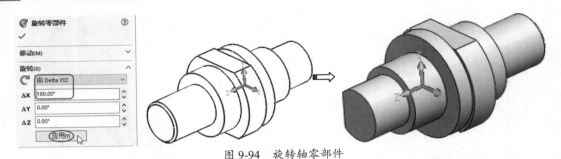

图 9-94　旋转轴零部件

技巧点拨：

　　当在【移动零部件】属性面板中展开【旋转】选项区时，面板的属性发生变化。即由【移动零部件】属性面板变为【旋转零部件】属性面板。

⑦　使用【插入零部件】工具，依次将本例源文件中的法兰、砂轮片、垫圈和钳零部件插入装配体中，并任意放置，如图 9-95 所示。

⑧　首先装配法兰。使用【配合】工具，选择轴的边线和法兰孔边线作为要配合的实体，法兰与轴自动完成【同轴心】配合。单击标准配合工具栏中的【添加/完成配合】按钮，完成【同轴心】配合，如图 9-96 所示。

图 9-95　依次插入的零部件

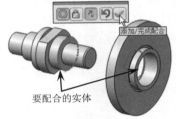

图 9-96　轴与法兰的【同轴心】配合

⑨　选择轴肩侧面与法兰端面作为要配合的实体，然后使用【重合】配合来装配轴零部件与法兰零部件，如图 9-97 所示。

图 9-97　轴与法兰的【重合】配合

⑩　装配砂轮片时，对砂轮片和法兰使用【同轴心】配合和【重合】配合，如图 9-98 所示。

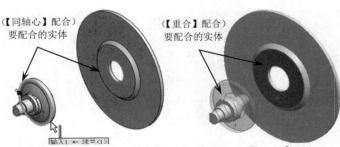

图 9-98　砂轮片与法兰的【同轴心】配合和【重合】配合

⑪ 装配垫圈时，对垫圈和法兰使用【同轴心】配合和【重合】配合，如图 9-99 所示。

⑫ 装配钳零部件时，首先对其进行【同轴心】配合，如图 9-100 所示。

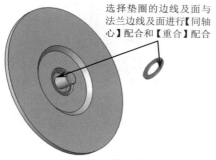

图 9-99　装配垫圈

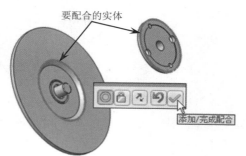

图 9-100　钳零部件的【同轴心】配合

⑬ 再选择钳零部件的面和砂轮片的面使用【重合】配合，然后在标准配合工具栏中单击【反转配合对齐】按钮，完成钳零部件的装配，如图 9-101 所示。

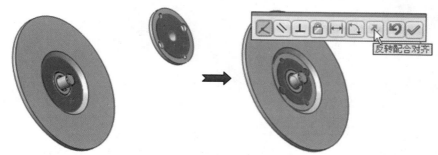

图 9-101　钳零部件的【重合】配合

⑭ 使用【插入零部件】工具，依次将本例源文件中的其余零部件（包括轴承、凸轮、防护罩和齿轮）插入装配体中，如图 9-102 所示。

⑮ 装配轴承将使用【同轴心】配合和【重合】配合，如图 9-103 所示。

⑯ 装配凸轮。选择凸轮的面及孔边线分别与轴承的面及边线应用【重合】配合和【同轴心】配合，如图 9-104 所示。

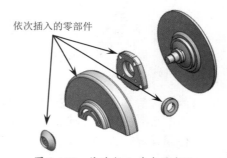

图 9-102　依次插入其余零部件

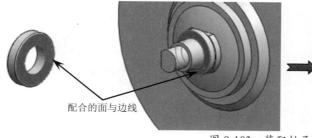

图 9-103　装配轴承

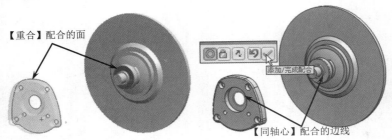

图 9-104　装配凸轮

⑰　装配防护罩。首先对防护罩和凸轮使用【同轴心】配合，然后使用【重合】配合，如图 9-105 所示。

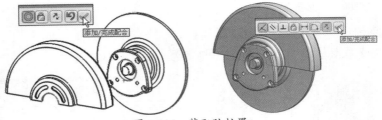

图 9-105　装配防护罩

⑱　选择轴上一侧面和防护罩上一截面作为要配合的实体，然后使用【角度】配合，如图 9-106 所示。

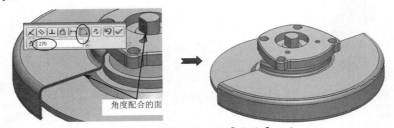

图 9-106　防护罩与轴的【角度】配合

⑲　最后对齿轮和凸轮使用【同轴心】配合和【重合】配合，结果如图 9-107 所示。完成所有配合后关闭【配合】属性面板。

⑳　使用【爆炸视图】工具和【爆炸直线草图】工具，创建切割机的爆炸视图，如图 9-108 所示。

图 9-107　装配凸轮

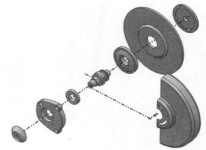

图 9-108　创建切割机装配体爆炸视图

㉑　至此，切割机装配体设计完成。将装配体文件另存为"切割机.SLDASM"，关闭窗口。

CHAPTER 10

工程图设计

本章导读

可以为 3D 实体零件和装配体创建 2D 工程图。零件、装配体和工程图是互相链接的文件，对零件或装配体所做的任何更改会导致工程图文件的相应变更。一般来说，工程图包含由模型建立的几个视图、尺寸、注解、标题栏、材料明细表等内容。本章介绍工程图设计的基本操作，使读者能够快速地绘制出符合国家标准、用于加工制造或装配的工程图样。

知识要点

- ☑ 工程图概述
- ☑ 标准工程视图
- ☑ 派生的工程视图
- ☑ 标注图纸
- ☑ 工程图的对齐与显示
- ☑ 打印工程图

10.1 工程图概述

在工程技术中，按一定的投影方法和有关标准的规定，把物体的形状用图形画在图纸上并用数字、文字和符号标注出物体的大小、材料和有关制造的技术要求、技术说明等，该图样称为工程图样。在工程设计中，图样用来表达和交流技术思想；在生产中，图样是加工制造、检验、调试、使用、维修等方而的主要依据。

可以为 3D 实体零件和装配体创建 2D 工程图。工程图包含由模型建立的几个视图，也可以由现有的视图建立视图。有多种选项可自定义工程图以符合国家标准或公司的标准，以及打印机或绘图机的要求。

10.1.1 设置工程图选项

不同的系统选项和文件属性设置将使生成的工程图文件内容也不同，因此在工程图绘制前首先要进行系统选项和文件属性的相关设置，以符合工程图设计的一些设计要求。

1. 工程图属性设置

在菜单栏中执行【工具】|【选项】命令，打开【系统选项-普通】对话框。

在【系统选项-普通】对话框的【系统选项】选项卡中，在左侧列表中单击【工程图】选项，右侧显示相关详细设置，如图 10-1、图 10-2 所示。

图 10-1　工程图的【显示类型】

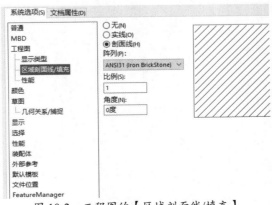

图 10-2　工程图的【区域剖面线/填充】

2. 文档属性设置

在【系统选项-普通】对话框的【文档属性】选项卡中，用户可以对工程图的【总绘图标准】项目进行设置，包括【注解】、【边界】、【尺寸】、【中心线/中心符号线】、【DimXpert】、【视图】、【表格】及【虚拟交点】等子项，如图 10-3 所示。

技巧点拨：

文件属性一定要根据实际情况设置正确，特别是总绘图标准，否则将影响后续的投影视角和标注标准。

图 10-3　【文档属性】选项卡

工程图的其他文件属性可在【出详图】、【工程图图纸】、【单位】、【线型】、【线条样式】和【线粗】等项目中设置。

10.1.2　建立工程图文件

工程图包含一个或多个由零件或装配体生成的视图。在生成工程图之前，必须先保存与它有关的零件或装配体。可以从零件或装配体文件内生成工程图。

技巧点拨：

工程图文件的扩展名为.slddrw。新工程图使用所插入的第一个模型的名称，该名称出现在标题栏中。当保存工程图时，模型名称作为默认文件名出现在【另存为】对话框中，并带有默认扩展名.slddrw。保存工程图之前可以编辑该名称。

1. 创建一个工程图

① 单击【标准】工具栏中的【新建】按钮 ，打开【新建 SOLIDWORKS 文件】对话框，如图 10-4 所示。

② 在【新建 SOLIDWORKS 文件】对话框中单击【高级】按钮，弹出如图 10-5 所示的【模板】选项卡。在【模板】选项卡中选择工程图模板，单击【确定】按钮，完成图纸模板的加载。

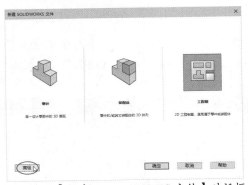

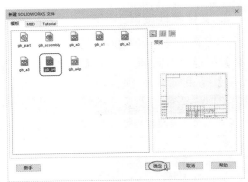

图 10-4　【新建 SOLIDWORKS 文件】对话框　　　　　图 10-5　【模板】选项卡

③ 加载图纸模板后弹出【模型视图】属性面板，如果事先打开了零件模型，可直接创建工程视图。若没有，可单击【浏览】按钮打开零件模型，如图 10-6 所示。

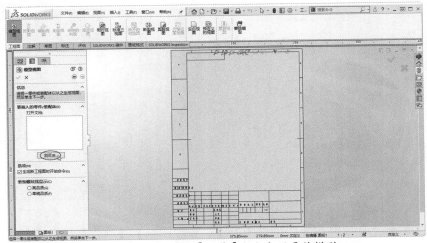

图 10-6　通过单击【浏览】按钮打开零件模型

④ 也可以关闭【模型视图】属性面板直接进入工程图制图环境，后续再导入零件模型并完成工程视图的建立和图纸注释，如图 10-7 所示。

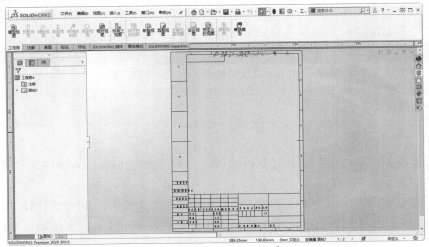

图 10-7　工程图制图环境

2. 从零件或装配体环境制作工程图

① 在零件建模环境中载入模型，在菜单栏中执行【文件】|【从零件制作工程图】命令，打开【新建 SOLIDWORKS 文件】对话框，选择一个工程图模板后单击【确定】按钮进入工程图制图环境。

② 在窗口右侧任务窗格的【视图调色板】面板中，将系统自动创建的默认视图按图纸需要一一拖进图纸中，如图 10-8 所示。

③ 也可选择一个视图作为主视图，然后用户自行创建所需的投影视图，如图 10-9 所示。

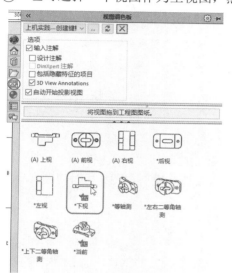

图 10-8 【视图调色板】面板

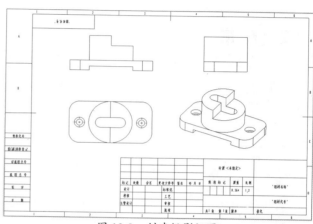

图 10-9 创建投影视图

3. 添加图纸

当一个装配体中有多个组成零件需要创建多张图纸以表达形状及结构时，可在一个工程图环境中同时创建多张工程图，也就是在一个制图环境中添加多张图纸。

添加图纸的方法如下。

- 在窗口底部的当前图纸名右侧单击【添加图纸】按钮，可打开【图纸格式/大小】对话框，选择图纸模板后单击【确定】按钮完成图纸的添加，如图 10-10 所示。
- 或者在特征设计树中右击已有图纸名，并在弹出的快捷菜单中选择【添加图纸】命令，完成图纸的添加，如图 10-11 所示。
- 也可在图纸空白处右击，在弹出的快捷菜单中选择【添加图纸】命令，完成图纸的添加，如图 10-12 所示。

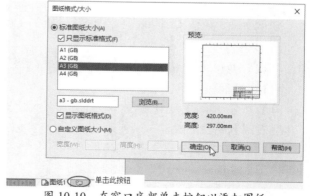

图 10-10 在窗口底部单击按钮以添加图纸

图 10-11 在特征设计树中添加图纸

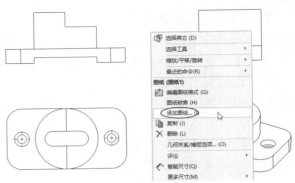

图 10-12 在图纸中添加图纸

10.2 标准工程视图

可以由 3D 实体零件和装配体创建 2D 工程图。一个完整的工程图可以包括一个或几个通过模型建立的标准视图，也可以在现有标准视图的基础上建立其他派生视图。

通常开始创建一个工程图的标准工程视图为：标准三视图、模型视图、相对视图和预定义的视图。

10.2.1 标准三视图

标准三视图工具能为所显示的零件或装配体同时生成三个相关的默认正交视图。前视图与上视图及侧视图有固定的对齐关系。上视图可以竖直移动，侧视图可以水平移动。俯视图和侧视图与主视图有对应关系。

上机实践——创建标准三视图

① 新建工程图文件，选择【gb_a4p】工程图模板进入工程图环境，如图 10-13 所示。

② 在随后弹出的【模型视图】属性面板中单击【取消】按钮 ⊠，关闭【模型视图】属性面板。

③ 在【视图布局】选项卡中单击【标准三视图】按钮 品，弹出【标准三视图】属性面板，如图 10-14 所示，单击【浏览】按钮打开要创建三视图的零件——支撑架。

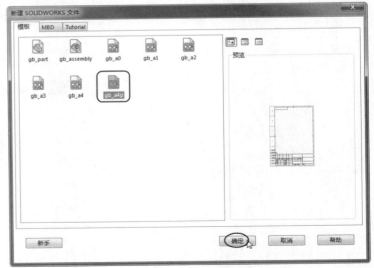

图 10-13 选择工程图模板

④　随后系统自动创建标准三视图，如图 10-15 所示。

图 10-14　【标准三视图】属性面板

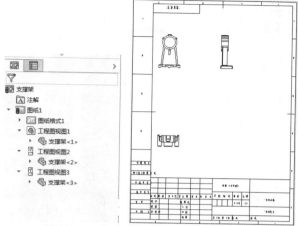

图 10-15　自动生成支撑架的标准三视图

10.2.2　自定义模型视图

用户可根据零件所要表达的结构与形状，增加一些零件视图的表达方法，在制图环境中可以为零件模型自定义模型视图。将一模型视图插入工程图文件中时，弹出【模型视图】属性面板。

上机实践——创建模型视图

①　新建工程图文件，选择【gb_a4p】工程图模板进入工程图环境，如图 10-16 所示。

②　在随后弹出的【模型视图】属性面板中单击【浏览】按钮，如图 10-17 所示，选择本例源文件"支撑架.sldprt"将其打开。

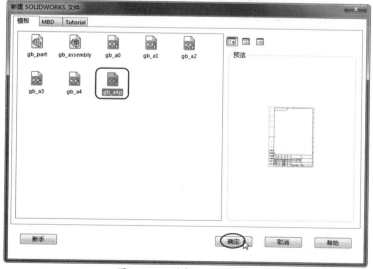

图 10-16　选择工程图模板

图 10-17　【模型视图】属性面板

③ 在【模型视图】属性面板的【方向】选项区中勾选【生成多视图】复选框，然后依次单击【前视】、【上视】和【左视】标准视图，再设置用户自定义的图纸比例为 1∶2.2，单击【确定】按钮✓，生成支撑架的标准三视图，如图 10-18 所示。

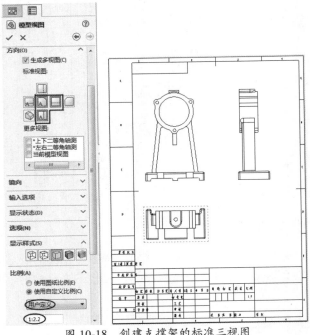

图 10-18　创建支撑架的标准三视图

10.2.3　相对视图

相对视图是一个正交视图，由模型中两个直交面或基准面及各自的具体方位的规格定义。零件工程图中的斜视图就是用相对视图方式生成的。

上机实践——创建相对视图

① 单击【工程图】选项卡中的【相对视图】按钮🖾，进入相对视图编辑环境。

② 同时会打开【相对视图】属性面板。在零件上选取一个面作为第一方向（前视方向），接着再选取一个面作为第二方向（右视方向），如图 10-19 所示。

③ 单击【确定】按钮✓返回工程图环境。

④ 在图纸空白处单击来放置相对视图，如图 10-20 所示。

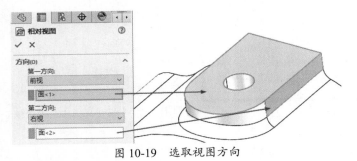

图 10-19　选取视图方向

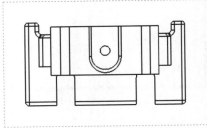

图 10-20　放置相对视图

10.3　派生的工程视图

　　派生的工程视图是在现有的工程视图基础上建立起来的视图，包括投影视图、辅助视图、局部视图、剪裁视图、断开的剖视图、断裂视图、剖面视图和旋转剖视图等。

10.3.1　投影视图

　　投影视图是利用工程图中现有的视图进行投影所建立的视图。投影视图为正交视图。

上机实践——创建投影视图

① 打开本例源文件"支撑架工程图-1.slddrw"。

② 单击【视图布局】选项卡中的【投影视图】按钮，弹出【投影视图】属性面板。

③ 在图形中选择一个用于创建投影视图的视图，如图 10-21 所示。

④ 将投影视图向下移动到合适位置。投影视图只能沿着投影方向移动，而且与源视图保持对齐，如图 10-22 所示。单击放置投影视图。

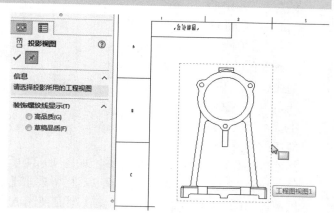

图 10-21　选择要投影的视图

⑤ 同理，再将另一投影视图向右平移到合适位置，单击放置投影视图。最后单击【确定】按钮，完成全部投影视图的创建，如图 10-23 所示。

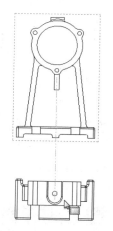

图 10-22　移动投影视图

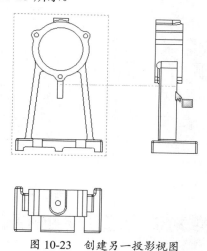

图 10-23　创建另一投影视图

10.3.2　剖面视图

　　可以用一条剖切线来分割父视图在工程图中生成一个剖面视图。剖面视图可以是直切剖面或是用阶梯剖切线定义的等距剖面。剖切线还可以包括同心圆弧。

上机实践——创建剖面视图

① 打开本例源文件"支撑架工程图-2.slddrw"。

② 单击【视图布局】选项卡中的【剖面视图】按钮 ⤢，在弹出的【剖面视图辅助】属性面板中选择【水平】切割线类型，在图纸的主视图中将光标移至待剖切的位置，光

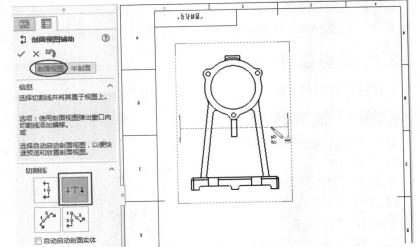

图 10-24　选择切割线类型并确定剖切位置

标处自动显示黄色的辅助剖切线，如图 10-24 所示。

③ 单击放置切割线，在弹出的选项工具栏中单击【确定】按钮 ✔，在主视图下方放置剖切视图，如图 10-25 所示。最后单击【剖面视图 A-A】属性面板中的【确定】按钮 ✔，完成剖面视图的创建。

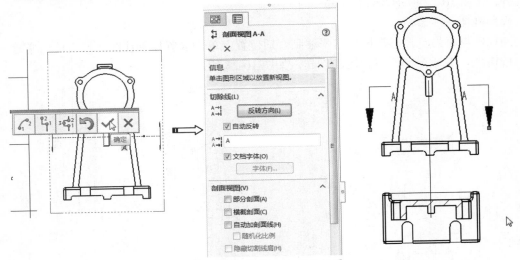

图 10-25　放置 A-A 剖面视图

> **技巧点拨：**
>
> 　　如果切割线的投影箭头指向上，可以在【剖面视图 A-A】属性面板中单击【反转方向】按钮改变投影方向。

④ 再单击【视图布局】选项卡中的【剖面视图】按钮 ⤢，在弹出的【剖面视图辅助】属性面板中选择【对齐】切割

线类型，在主视图中选取切割线的第一转折点，如图10-26 所示。

⑤ 选取主视图中的【圆心】约束点放置第一段切割线，如图 10-27 所示。

⑥ 在主视图中选取一点来放置第二段切割线，如图 10-28 所示。

⑦ 在随后弹出的选项工具栏中单击【单偏移】按钮，再在主视图中选取【单偏移】形式的转折点（第二转折点），如图10-29 所示。

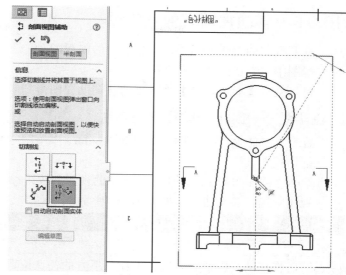

图 10-26　选择切割线类型并选取第一转折点

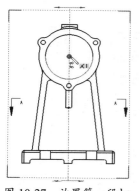

图 10-27　放置第一段切割线

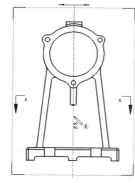

图 10-28　放置第二段切割线

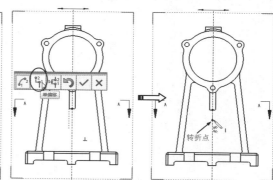

图 10-29　选取第二转折点

⑧ 水平向左移动光标来选取孔的中心点来放置切割线，如图 10-30 所示。

⑨ 单击选项工具栏中的【确定】按钮，将 B-B 剖面视图放置于主视图的右侧，如图 10-31 所示。

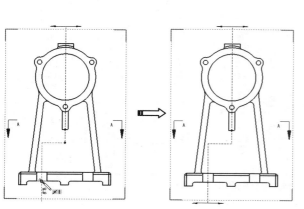

图 10-30　选取孔中心点放置切割线

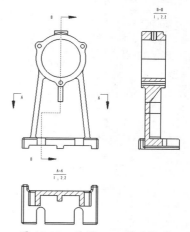

图 10-31　放置 B-B 剖面视图

10.3.3 辅助视图与剪裁视图

辅助视图的用途相当于机械制图中的向视图，它是一种特殊的投影视图，但它是垂直于现有视图中参考边线的展开视图。

可以使用【剪裁视图】工具来剪裁辅助视图得到向视图。

上机实践——创建向视图

① 打开本例源文件"支撑架工程图-3.slddrw"。打开的工程图中已经创建了主视图和 2 个剖切视图。

② 单击【视图布局】选项卡中的【辅助视图】按钮 ，弹出【辅助视图】属性面板。在主视图中选择参考边线，如图 10-32 所示。

> **技巧点拨：**
>
> 参考边线可以是零件的边线、侧轮廓边线、轴线或者所绘制的直线段。

③ 随后将辅助视图暂时放置在主视图下方的任意位置，如图 10-33 所示。

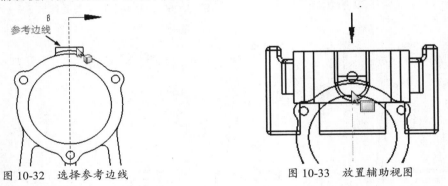

图 10-32 选择参考边线　　　　　图 10-33 放置辅助视图

④ 在工程图设计树中右击【工程图视图 4】，在弹出的快捷菜单中选择【视图对齐】|【解除对齐关系】命令，再将辅助视图移动至合适位置，如图 10-34 所示。

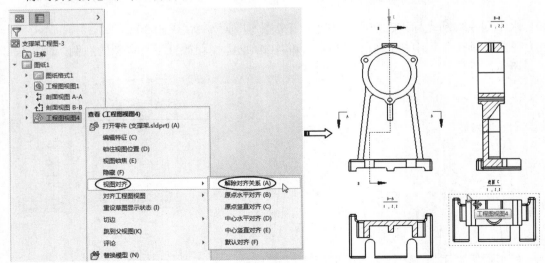

图 10-34 解除对齐关系后移动辅助视图

⑤　在【草图】选项卡中单击【边角矩形】按钮□，在辅助视图中绘制一个矩形，如图 10-35
　　所示。

⑥　选中矩形的一条边，再单击【剪裁视图】按钮🖻，完成辅助视图的剪裁，结果如图 10-36
　　所示。

⑦　选中剪裁后的辅助视图，在弹出的【工程图视图 4】属性面板中勾选【无轮廓】选项，
　　单击【确定】按钮✅后取消向视图中草图轮廓的显示，最终完成的向视图如图 10-37
　　所示。

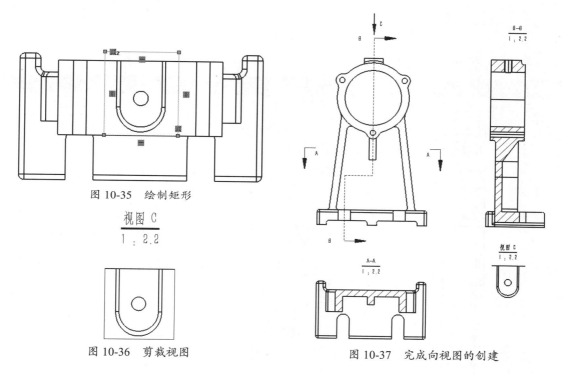

图 10-35　绘制矩形

视图 C
1 : 2.2

图 10-36　剪裁视图

图 10-37　完成向视图的创建

10.3.4　断开的剖视图

　　断开的剖视图为现有工程视图的一部分，而不是单独的视图。用闭合的轮廓定义断开的
剖视图，通常闭合的轮廓是样条曲线。材料被移除到指定的深度以展现内部细节。通过设定
一个数值或在相关视图中选择一条边线来指定深度。

技巧点拨：
> 不能在局部视图、剖面视图上生成断开的剖视图。

上机实践——创建断开的剖视图

①　打开本例源文件"支撑架工程图-4.slddrw"。打开的工程图中已经创建了前视图、右视
　　图和俯视图。

②　在【工程图】选项卡中单击【断开的剖视图】按钮🖾，按信息提示在右视图中绘制一个
　　封闭轮廓，如图 10-38 所示。

③　在弹出的【断开的剖视图】属性面板中设置剖切深度值为 70，并勾选【预览】复选框
　　预览剖切位置，如图 10-39 所示。

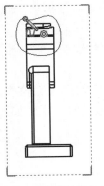

图 10-38　绘制封闭轮廓

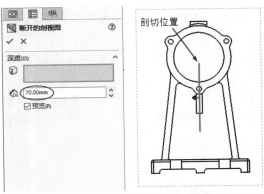

图 10-39　设定剖切位置

技巧点拨：

可以勾选【预览】复选框来观察所设深度是否合理，不合理须重新设定，然后再次预览。

④　单击属性面板中的【确定】按钮☑，生成断开的剖视图。但默认的剖切线比例不合理，需要单击剖切线进行修改，如图 10-40 所示。

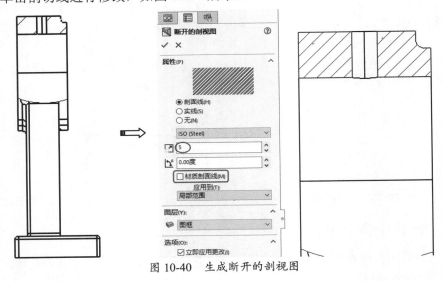

图 10-40　生成断开的剖视图

10.4　标注图纸

工程图除了包含由模型建立的标准视图和派生视图，还包括尺寸、注解和材料明细表等标注内容。标注是完成工程图的重要环节，通过标注尺寸、公差标注、技术要求注写等将设计者的设计意图和对零部件的要求完整表达出来。

10.4.1　标注尺寸

工程图中的尺寸标注是与模型相关联的，而且模型中的变更会反映到工程图中。通常在生成每个零件特征时即生成尺寸，然后将这些尺寸插入各个工程视图中。在模型中改变尺寸会更新工程图，在工程图中改变插入的尺寸也会改变模型。

系统默认插入的尺寸以黑色显示，参考尺寸以灰色显示，并带有括号。

当将尺寸插入所选视图时，可以插入整个模型的尺寸，也可以有选择地插入一个或多个零部件（在装配体工程图中）的尺寸或特征（在零件或装配体工程图中）的尺寸。

尺寸只放置在适当的视图中。不会自动插入重复的尺寸。如果尺寸已经插入一个视图中，则不会再插入另一个视图中。

1. 设置尺寸选项

可以设定当前文件中的尺寸选项。在菜单栏中执行【工具】|【选项】命令，在弹出的【文档属性(D) - 尺寸】对话框的【文档属性】选项卡中设置【尺寸】选项，如图 10-41 所示。

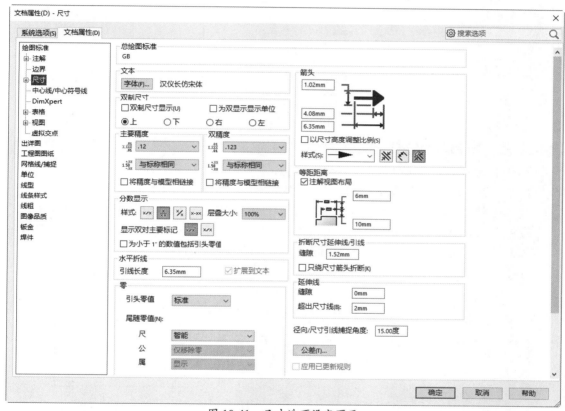

图 10-41 尺寸选项设定页面

在工程图图纸区域中，选中某个尺寸后，将弹出该尺寸的属性面板，如图 10-42 所示。可以选择【数值】、【引线】和【其他】选项卡进行设置。比如在【数值】选项卡中，可以设置尺寸公差/精度、自定义新的数值覆盖原来的数值、设置双制尺寸等。在【引线】选项卡中，可以定义尺寸线、设置尺寸边界的样式和显示。

2. 自动标注工程图尺寸

可以使用自动标注工程图尺寸工具将参考尺寸作为基准尺寸、链和尺寸插入工程图视图中，还可以在工程图视图的草图中使用自动标注尺寸工具。

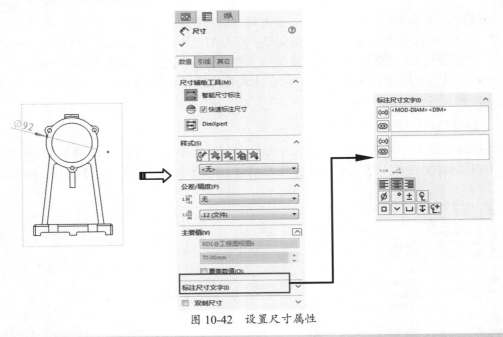

图 10-42　设置尺寸属性

上机实践——自动标注工程图尺寸

① 打开本例源文件"键槽支撑件.slddrw"。

② 在【注解】选项卡中单击【智能尺寸】按钮，弹出【尺寸】属性面板。

③ 进入【自动标注尺寸】选项卡，【尺寸】属性面板则变成【自动标注尺寸】属性面板。

④ 设置完成后在图纸中任意选择一个视图，然后单击【自动标注尺寸】属性面板中的【应用】按钮，即可自动标注该视图的尺寸，如图 10-43 所示。

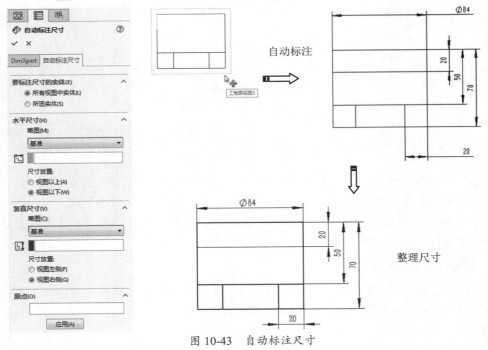

图 10-43　自动标注尺寸

　　一般自动标注的工程图尺寸比较散乱，且不太符合零件表达要求，这时就需要用户手动去整理尺寸。把不要的尺寸删除，再添加一些合理的尺寸，这样就能满足工程图尺寸要求了。

3. 标注智能尺寸

智能尺寸显示模型的实际测量值，但并不驱动模型，也不能更改其数值，但是当改变模型时，参考尺寸会相应更新。

可以使用与标注草图尺寸同样的方法添加平行、水平和竖直的参考尺寸到工程图中。标注智能尺寸的操作步骤如下。

① 在【注解】选项卡中单击【智能尺寸】按钮。
② 在工程图视图中选取要标注尺寸的对象。
③ 单击以放置尺寸。

　　按照默认设置，参考尺寸放在圆括号中，如要防止括号出现在参考尺寸周围，请在菜单栏中执行【工具】|【选项】命令，在打开的【系统选项】对话框的【文档属性】标签中的【尺寸】选项区中取消【添加默认括号】复选框的选择。

4. 插入模型项目的尺寸标注

可以将模型文件（零件或装配体）中的尺寸、注解以及参考几何体插入工程图中。

可以将项目插入所选特征、装配体零部件、装配体特征、工程视图或者所有视图中。当插入项目到所有工程图视图时，尺寸和注解会以最适当的视图出现。显示在部分视图（包括局部视图或剖面视图）的特征，会先在这些视图中标注尺寸。

将现有模型视图插入工程图中的步骤如下。

① 单击【注解】选项卡中的【模型项目】按钮。
② 在【模型项目】属性面板中设置相关的尺寸、注解及参考几何体等选项。
③ 单击【确定】按钮，即可完成模型项目的插入。

　　可以使用 Delete 键删除模型项目，使用 Shift 键将模型项目拖动到另一工程图视图中，使用 Ctrl 键将模型项目复制到另一工程图视图。

④ 通过插入模型项目标注尺寸，如图 10-44 所示。

5. 尺寸公差标注

可通过单击视图中标注的任一尺寸，在打开的【尺寸】属性面板中设置【公差/精度】选项区中的选项，来定义尺寸公差与精度。

① 单击视图中标注的任一尺寸，显示【尺寸】属性面板。
② 在【尺寸】属性面板中设

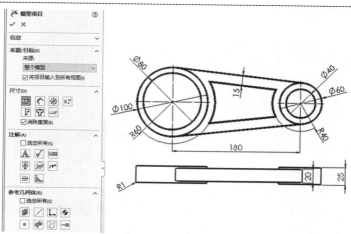

图 10-44　通过插入模型项目标注尺寸

置【公差/精度】选项区中的选项。

③ 最后单击【确定】按钮 ✔，完成尺寸公差的设定，如图 10-45 所示。

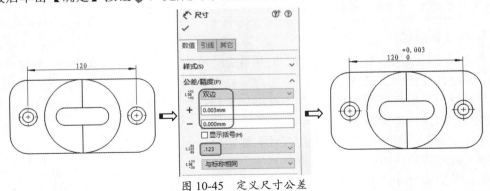

图 10-45　定义尺寸公差

10.4.2　注解的标注

　　可以将所有类型的注解添加到工程图文件中，可以将大多数类型添加到零件或装配体文档中，然后将其插入工程图文档中。在所有类型的 SolidWorks 文档中，注解的行为方式与尺寸相似。可以在工程图中生成注解。

　　注解包括注释、表面粗糙度、形位公差、零件序号、自动零件序号、基准特征、焊接符号、中心符号线和中心线等内容。如图 10-46 所示为轴零件工程图中所包含的注解内容。

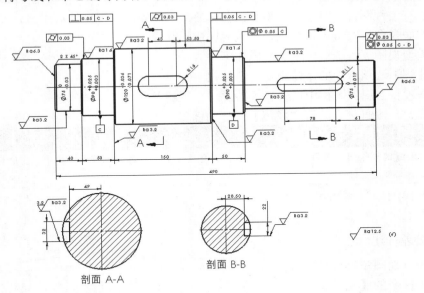

图 10-46　轴零件工程图中的注解内容

1. 文本注释

　　在工程图中，文本注释可为自由浮动或固定的，也可带有一条指向某项（面、边线或顶点）的引线而放置。文本注释可以包含简单的文字、符号、参数文字或超文本链接。

生成文本注释的过程如下。

① 单击【注解】选项卡中的【注释】按钮 **A**，弹出【注释】属性面板，如图 10-47 所示。

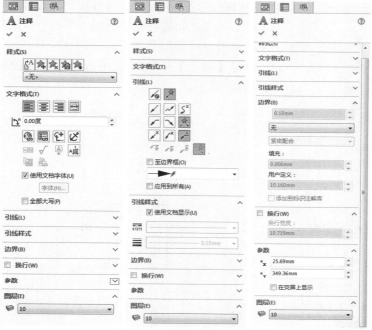

图 10-47 【注释】属性面板

② 在【注释】属性面板中设定相关的属性选项。然后在视图中单击放置文本边界框，同时会弹出【格式化】工具栏，如图 10-48 所示。

图 10-48 【格式化】工具栏和文本边界框

③ 如果注释有引线，在视图中单击以放置引线，再次单击来放置注释。

④ 在输入文字前拖动边界框以满足文本输入需要，然后在文本边界框中输入文字。

⑤ 在【格式化】工具栏中设定相关选项。接着在文本边界框外单击来完成文字输入。

⑥ 若需要重复添加注释，保持【注释】属性面板打开，重复以上步骤即可。

⑦ 单击【确定】按钮 ✔ 完成注释的添加。

技巧点拨：

　　若要编辑注释，双击注释，即可在属性面板或对话框中进行相应编辑。

2. 标注表面粗糙度符号

可以使用表面粗糙度符号来指定零件实体面的表面纹理。可以在零件、装配体或者工程图文档中选择面。

① 单击【注解】选项卡中的【表面粗糙度】按钮 √，弹出【表面粗糙度】属性面板，如图 10-49 所示。

② 在【表面粗糙度】属性面板中设置参数。

图 10-49 【表面粗糙度】属性面板

③ 在视图中单击以放置粗糙度符号。对于多个实例，根据需要多次单击以放置多个粗糙度符号与引线。

④ 可以在面板中更改每个符号实例的布局和格式等选项。

⑤ 对于引线，如果符号带引线，单击一次放置引线，然后再次单击以放置符号。

⑥ 单击【确定】按钮 ✅ 完成表面粗糙度符号的标注，如图10-50 所示。

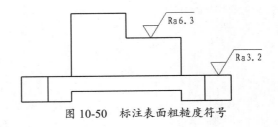

图 10-50 标注表面粗糙度符号

3. 基准特征符号

在零件或装配体中，可以将基准特征符号附加在模型平面或参考基准面上。在工程图中，可以将基准特征符号附加在显示为边线（不是侧影轮廓线）的曲面或实体剖面上。标注基准特征符号的操作过程如下。

① 单击【注解】选项卡中的【基准特征】按钮 🅰，或者在菜单栏中执行【插入】|【注解】|【基准特征符号】命令，弹出【基准特征】属性面板，如图10-51 所示。

② 在【基准特征】属性面板中设定选项。

③ 在图形区域中单击以放置附加项，然后放置该符号。如果将基准特征符号拖离模型边线，则会添加延伸线。

④ 根据需要继续插入多个符号。

⑤ 单击【确定】按钮 ✅ 完成基准特征符号的标注。

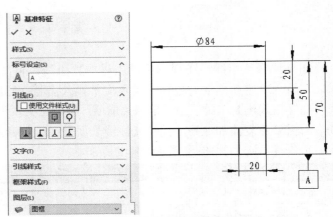

图 10-51 【基准特征】属性面板

10.4.3 材料明细表

装配体是由多个零部件组成的，需要在工程视图中列出组成装配体的零件清单，这可以通过材料明细表来表述。可将材料明细表插入工程图中。

在装配图中生成材料明细表的步骤如下。

① 在菜单栏中执行【插入】|【材料明细表】命令，打开【材料明细表】属性面板，如图 10-52 所示。

② 选择图纸中的主视图为生成材料明细表指定模型，随后弹出【材料明细表】属性面板，设置参数后，在图纸视图中的指针位置显示材料明细表格，如图 10-53 所示。

③ 移动指针至合适位置单击放置材料明细表。通常会将材料明细表与标题栏表格对齐放置，如图 10-54 所示。

④ 在工程图中生成材料明细表后，可以双击材料明细表中的单元格来输入或编辑文本内容。由于材料明细表是参考装配体生成的，对材料明细表内容的更改将在重建时被自动覆盖。

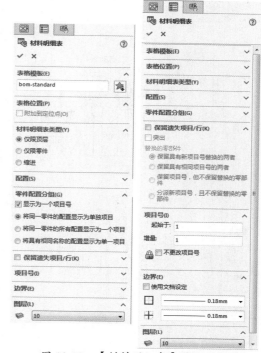

图 10-52 【材料明细表】属性面板

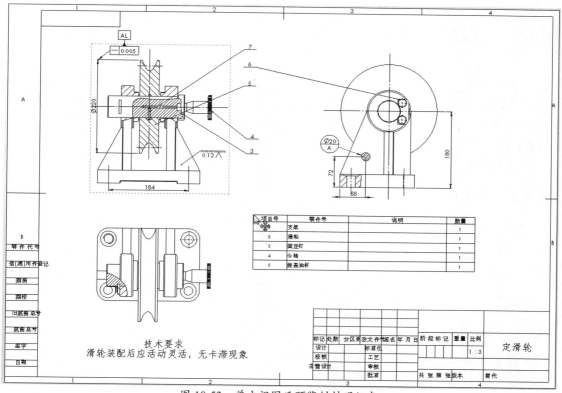

图 10-53 单击视图后预览材料明细表

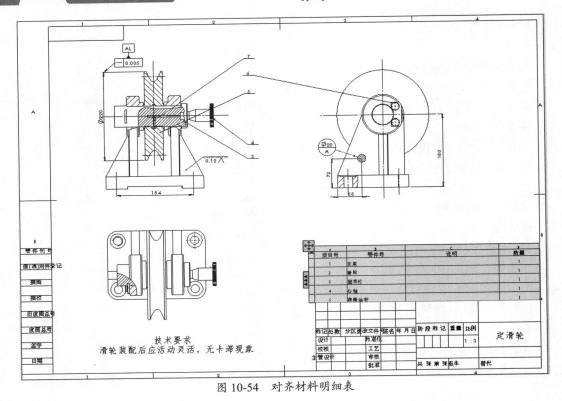

图 10-54   对齐材料明细表

10.5   工程图的对齐与显示

在工程图建立完后，往往需要对工程视图进行一些必要的操纵和显示。对视图的操纵包括设置工程视图属性、对齐视图、旋转视图、复制和粘贴视图、更新视图和删除视图等。对视图的隐藏和显示包括隐藏/显示视图、隐藏/显示零部件、隐藏基准面后的零部件、隐藏和显示草图等。

10.5.1   操纵视图

对建立的工程视图进一步操纵，使视图更符合设计的一些要求和规范。

1. 设置工程视图属性

在视图中右击并选择快捷菜单中的【属性】命令，打开【工程视图属性】对话框。利用该对话框可修改工程视图配置信息、模型边线显示与隐藏、零部件显示与隐藏、实体显示与隐藏等，如图 10-55 所示。

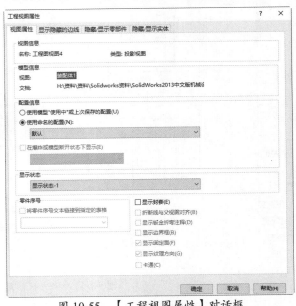

图 10-55   【工程视图属性】对话框

2. 对齐视图

视图建立时可以设置与其他视图对齐或不对齐。对于默认未对齐的视图，或者解除了对齐关系的视图，可以更改其对齐关系。

- 使一个工程视图与另一个视图对齐：选取一个工程视图，在菜单栏中执行【工具】|【对齐工程图视图】|【水平对齐另一视图】或【竖直对齐另一视图】命令，如图 10-56 所示。或者右击工程视图，在弹出的快捷菜单中选择一种对齐方式，如图 10-57 所示。指针会变为 ，然后选择要对齐的参考视图。

图 10-56　选择工程视图对齐方式

图 10-57　视图对齐方式

- 将工程视图与模型边线对齐：在工程视图中选择一线性模型边线，在菜单栏中执行【工具】|【对齐工程图视图】|【水平边线】或【竖直边线】命令。旋转视图，直到所选边线水平或竖直定位。

- 解除视图的对齐关系：对于已对齐的视图，可以解除对齐关系并独立移动视图。在视图边界内部右击，选择快捷菜单中的【对齐】|【解除对齐关系】命令，或者执行菜单栏中的【工具】|【对齐工程图视图】|【解除对齐关系】命令。

- 回到视图默认的对齐关系：可以使已经解除对齐关系的视图恢复原来的对齐关系。在视图边框内部右击，选择快捷菜单中的【对齐】|【默认对齐】命令，或者执行菜单栏中的【工具】|【对齐工程图视图】|【默认对齐关系】命令。

3. 剪切/复制/粘贴视图

在同一个工程图中，可以利用剪贴板工具从一张图纸剪切、复制工程图视图，然后粘贴到另一张图纸。也可以从一个工程图文件剪切、复制工程图视图，然后粘贴到另一个工程图文件。

- 在图纸中或特征设计树中选择要操作的视图。
- 在菜单栏中执行【编辑】|【剪切】或【复制】命令。
- 切换到目标图纸或工程图文档，在想要粘贴视图的位置单击，执行【编辑】|【粘贴】命令，即可粘贴工程视图。

技巧点拨：

如果要一次对多个视图执行操作，在选取视图时按住 Ctrl 键。

4. 移动视图

要想移动视图，须先解锁视图，如图 10-58 所示。

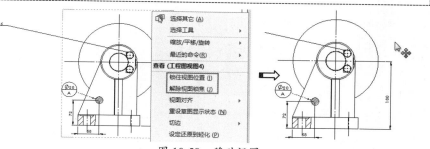

图 10-58　移动视图

10.5.2 工程视图的隐藏和显示

隐藏工程视图后，可以再次显示此视图。

当隐藏具有从属视图（局部、剖面或辅助视图）的视图时，可选择是否隐藏这些视图。再次显示母视图或其中一个从属视图时，同样可选择是否显示相关视图。

- 在图纸或特征设计树中右击视图，然后选择快捷菜单中的【隐藏】命令。如果视图有从属视图（局部、剖面等），则将被询问是否也要隐藏从属视图。

- 如要再次显示视图，右击视图并选择快捷菜单中的【显示】命令。如果视图有从属视图（局部、剖面或辅助视图），则将被询问是否也要显示从属视图。

如要查看图纸中隐藏视图的位置但不显示它们，在菜单栏中执行【视图】|【被隐藏的视图】命令，显示隐藏视图的边界，如图 10-59 所示。

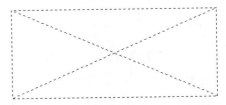

图 10-59　显示被隐藏视图的边界

10.6　打印工程图

SolidWorks 为工程图的打印提供了多种设定选项。可以打印或绘制整个工程图纸，或者只打印图纸中所选的区域。可以选择黑白打印或彩色打印。可为单独的工程图纸指定不同的设定。

10.6.1 为单独的工程图纸指定设定

在菜单栏中执行【文件】|【页面设置】命令，打开【页面设置】对话框。通过此对话框设置打印页面的相关选项。比如，设置图纸比例、图纸纸张的大小、打印方向等，如图 10-60 所示。

单击【预览】按钮可以预览图纸打印效果，如图 10-61 所示。

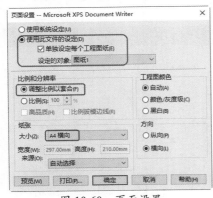

图 10-60　页面设置

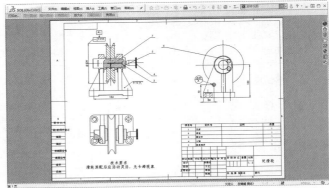

图 10-61　打印预览

10.6.2　打印整个工程图图纸

　　完成了工程图的视图创建、尺寸标注及文字注释等操作后可以将其打印出图。在菜单栏中执行【文件】|【打印】命令，弹出【打印】对话框，如图 10-62 所示。

　　若用户创建了多张图纸，可在【打印范围】选项区中选择【所有图纸】选项，或者选择【图纸】选项并输入图纸的数量或范围。也可选择【当前图纸】或【当前荧屏图像】选项来打印单张图纸。

　　在【文件打印机】选项区的【名称】列表中选择打印机硬件设备，如果没有安装打印机设备，可以选择虚拟打印机来打印 PDF 文档，便于日后图纸打印。还可单击【页面设置】按钮重新设定页面。打印设置完成后单击【确定】按钮，可自动打印工程图图纸。

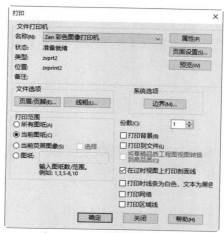

图 10-62　工程图的打印设置

10.7　综合案例——阶梯轴工程图

　　阶梯轴工程图中包括一组视图、尺寸和尺寸公差、形位公差、表面粗糙度和一些必要的技术要求说明等，如图 10-63 所示。

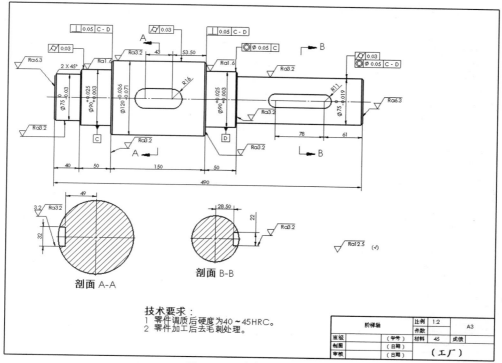

图 10-63　阶梯轴工程图

1. 生成新的工程图

① 单击【标准】工具栏中的【新建】按钮🗋，在【新建 SOLIDWORKS 文件】对话框中单击【高级】按钮进入【模板】选项卡。

② 在【模板】选项卡中选择【gb_a3】横幅图纸模板，单击【确定】按钮加载图纸，如图 10-64 所示。

③ 进入工程图环境后，指定图纸属性。在工程图图纸绘图区中右击，在弹出的快捷菜单中选择【属性】命令，在【图纸属性】对话框中进行参数设置，如图 10-65 所示。

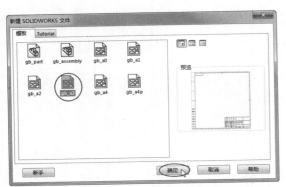

图 10-64　选择图纸模板

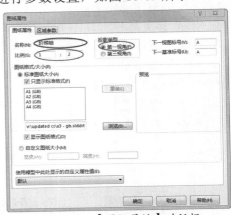

图 10-65　【图纸属性】对话框

2. 将模型视图插入工程图

① 单击【视图布局】选项卡中的【模型视图】按钮🗔，在打开的【模型视图】属性面板中设置选项，如图 10-66 所示。

② 单击【下一步】按钮➡。在【模型视图】属性面板中设置额外选项，如图 10-67 所示。

图 10-66　设置选项

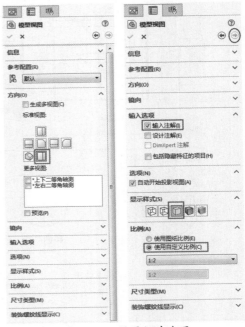

图 10-67　设置额外选项

③　单击【确定】按钮 ✅，将模型视图插入工程图，如图 10-68 所示。

④　在剖面视图中添加中心符号线。单击【注解】选项卡中的【中心线】按钮 回，为插入中心线选择圆柱面生成中心线，如图 10-69 所示。

3. 生成剖面视图

①　单击【视图布局】选项卡中的【剖面视图】按钮 🔁，在弹出的【剖面视图】属性面板中设置选项，如图 10-70 所示。

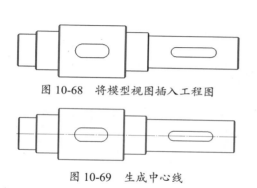

图 10-68　将模型视图插入工程图

图 10-69　生成中心线

图 10-70　设置选项

②　在主视图中选取点放置切割线，单击以放置视图。生成的剖面视图如图 10-71 所示。

③　编辑视图标号或字体样式，更改视图对齐关系，如图 10-72 所示。

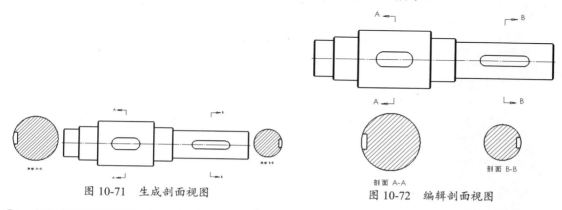

图 10-71　生成剖面视图

图 10-72　编辑剖面视图

④　在剖面视图中添加中心符号线。单击【注解】选项卡中的【中心符号线】按钮 ⊕，在弹出的【中心符号线】属性面板中进行参数设置，接着在剖面视图中生成中心符号线，如图 10-73 所示。

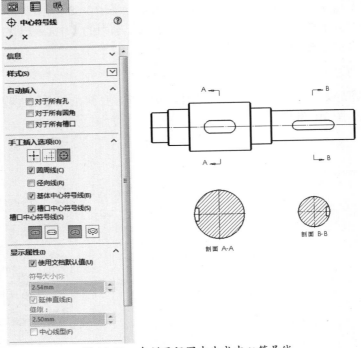

图 10-73　在剖面视图中生成中心符号线

4. 尺寸的标注

① 单击【注解】选项卡中的【智能尺寸】按钮 ![按钮]，在【智能尺寸】属性面板中设定选项，标注的工程图尺寸如图 10-74 所示。

② 单击需要标注公差的尺寸，进行尺寸公差标注，如图 10-75 所示。

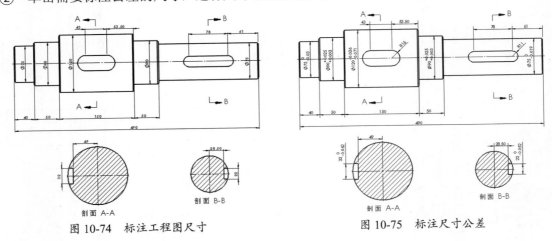

图 10-74　标注工程图尺寸　　　　　　图 10-75　标注尺寸公差

5. 标注基准特征

① 单击【注解】选项卡中的【基准特征】按钮 ![按钮]，在【基准特征】属性面板中设置选项。

② 在图形区域中单击以放置附加项然后放置该符号，根据需要继续插入基准特征符号，如图 10-76 所示。

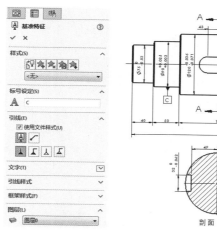
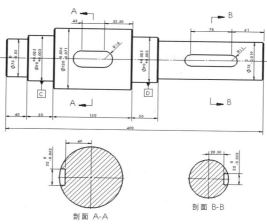

图 10-76 标注基准特征符号

6. 标注形位公差

① 在【注解】选项卡中单击【形位公差】按钮，在【属性】对话框和【形位公差】属性面板中设置选项，如图 10-77 所示。

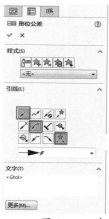

图 10-77 在【形位公差】属性面板和【属性】对话框中设置选项

② 单击以放置符号。工程图中标注的形位公差如图 10-78 所示。

7. 标注表面粗糙度

① 单击【注解】选项卡中的【表面粗糙度】按钮，在打开的【表面粗糙度】属性面板中设置选项。

② 在图形区域中单击以放置符号。工程图中标注的表面粗糙度如图 10-79 所示。

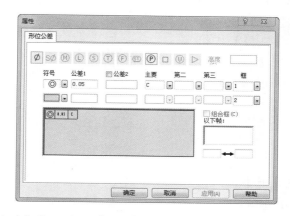

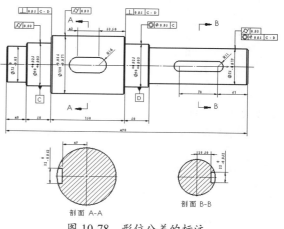

图 10-78 形位公差的标注

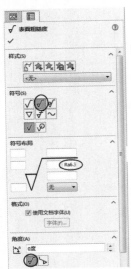

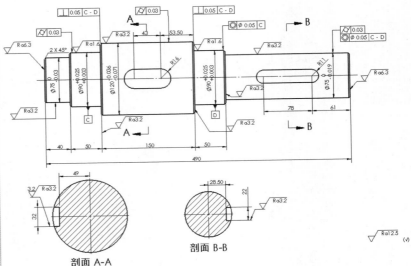

图 10-79　表面粗糙度的标注

8. 文本注释

① 单击【注解】选项卡中的【注释】按钮 **A**，在【注释】属性面板中设置选项，如图 10-80 所示。

② 单击并拖动生成的边界框，如图 10-81 所示。

③ 在边界框中输入文字，如图 10-82 所示。

④ 在【文字格式】选项区中设置文字选项。在图形区域中注释边界框外单击完成注释。

⑤ 进一步完善阶梯轴的工程图，如图 10-83 所示。

图 10-80　在【注释】属性面板中设置选项

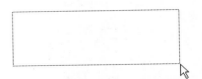

图 10-81　单击并拖动生成的边界框

技术要求：
1　零件调质后硬度为 40～45HRC。
2　零件加工后去毛刺处理。

图 10-82　在边界框中输入文字

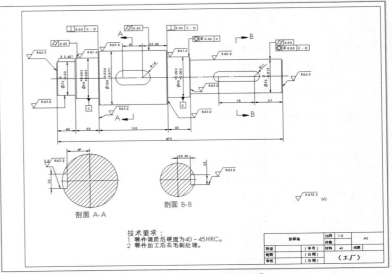

图 10-83　阶梯轴的工程图

CHAPTER 11

机械设计综合案例

本章导读

SolidWorks 在机械设计中应用最为广泛，其简便的操作和智能的工具，可以帮助设计师快速完成机械三维模型的创建。本章将介绍 SolidWorks 内置插件和外部插件的应用。

知识要点

- ☑　利用内置插件设计零件
- ☑　利用外部插件设计零件

11.1 利用内置插件设计零件

在 SolidWorks 中进行机械设计，零件建模是最重要的。机械零件的结构比一般塑胶产品的结构要简单许多，建模也轻松许多。下面学习如何利用 SolidWorks 插件来设计机械标准件和常用件。

11.1.1 应用 FeatureWorks 插件

FeatureWorks 插件可用来识别 SolidWorks 零件文件中输入实体的特征。识别的特征与 SolidWorks 生成的特征相同，并带有某些设计特征的参数。

1. FeatureWorks 插件载入

要应用 FeatureWorks 插件，可在【插件】对话框中勾选【FeatureWorks】插件，单击【确定】按钮即可，如图 11-1 所示。

2. FeatureWorks 选项

在菜单栏中执行【插入】|【FeatureWorks】|【选项】命令，打开【FeatureWorks 选项】对话框，如图 11-2 所示。

【FeatureWorks 选项】对话框中有 4 个选项页面。

图 11-1 应用【FeatureWorks】插件

- 普通：此选项页面主要设置打开其他格式文件时需要做出的动作。勾选【零件打开时提示识别特征】复选框可以对模型进行诊断，并对诊断出现的错误进行修复。
- 尺寸/几何关系：此选项页面主要控制输入模型的尺寸标注和几何约束关系，如图 11-3 所示。
- 调整大小工具：此选项页面用来控制模型识别后，特征管理器中所显示特征的排列顺序，如图 11-4 所示。

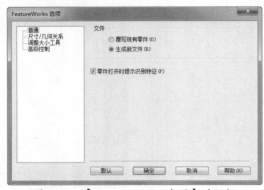

图 11-2 【FeatureWorks 选项】对话框

图 11-3 【尺寸/几何关系】选项页面

- 高级控制：此页面控制识别特征的方法和结果显示，如图 11-5 所示。

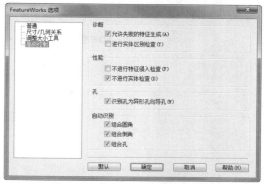

图 11-4　【调整大小工具】选项页面　　　　图 11-5　【高级控制】选项页面

3. 识别特征

对于软件初学者来说，此功能无疑极大地帮助你参考识别后的数据进行建模练习。

输入其他格式的文件模型后，在菜单栏中执行【插入】|【FeatureWorks】|【识别特征】命令，打开【FeatureWorks】属性面板，如图 11-6 所示。

通过此属性面板，可以识别标准特征（即在建模环境下创建的模型）和钣金特征。

4. 自动识别

自动识别是根据在【FeatureWorks 选项】对话框中设置的识别选项而进行的识别操作。自动识别的【标准特征】的特征类型在【自动特征】选项区中，包括拉伸、体积、拔模、旋转、孔、圆角/倒角、筋等常见特征。

若不需要识别某些特征，在【自动特征】选项区中取消勾选即可。

在【钣金特征】特征类型中，可以修复多个钣金特征，如图 11-7 所示。

5. 交互识别

交互识别是通过用户手动选取识别对象后进行的自我识别模式，如图 11-8 所示。例如，在【交互特征】选项区的【特征类型】中选择其中一种特征类型，然后

图 11-6　　　　图 11-7　能识别
【FeatureWorks】属　的钣金特征类型
性面板

选取整个模型，SolidWorks 会自动甄别模型中是否有要识别的特征。如果能识别，可以单击属性面板中的【下一步】按钮，查看识别的特征。例如，选择一个模型来识别圆角，如图 11-9 所示。

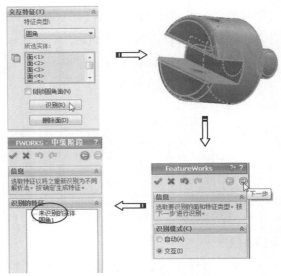

图 11-8　交互识别模式

图 11-9　交互识别的操作

技巧点拨：

　　如果选择了一种特征类型，而模型中却没有这种特征，那么是不会识别成功的，会弹出识别错误提示，如图 11-10 所示。

图 11-10　不能识别的提示

　　当完成一个特征的识别后，该特征将会隐藏，余下的特征将继续进行识别，如图 11-11 所示。

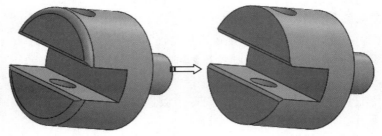

图 11-11　识别后（圆角）将不再显示此特征

　　单击【删除面】按钮，可以删除模型中的某些子特征。例如，选择要删除的一个或多个特征所属的曲面后，单击【删除】按钮，此特征被移除，如图 11-12 所示。

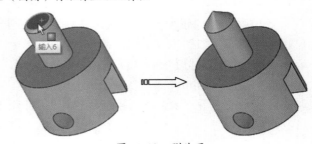

图 11-12　删除面

技巧点拨：

　　并非所有类型的特征都能删除。父特征（凸台/基体特征）及其子特征是不能删除的，强行删除时会弹出警告信息，如图 11-13 所示。要删除的特征必须是独立的特征，即独立的子特征。

此面（特征）中包含孔特征，因此也算是一个父特征，是不能删除的

图 11-13　不能删除的信息提示

上机实践——识别特征并修改特征

① 打开本例的源文件"零件.prt"，如图 11-14 所示。

② 随后弹出【SolidWorks】信息提示对话框，单击【是】按钮，自动对载入的模型进行诊断，如图 11-15 所示。

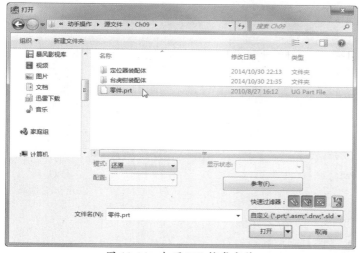

图 11-14　打开 UG 格式文件

图 11-15　诊断确认

技巧点拨：

　　进行诊断也是为了使特征的识别工作进行得更加顺利。

③ 随后打开【输入诊断】属性面板。面板中显示无错误，单击【确定】按钮 ✔，完成诊断并载入零件模型，如图 11-16 所示。

图 11-16　完成诊断并载入零件模型

一般情况下，实体模型在转换时是不会产生错误的，而其他格式的曲面模型则会出现错误，包括前面交叉、缝隙、重叠等，需要及时进行修复。

④ 在菜单栏中执行【插入】|【FeatureWorks】|【识别特征】命令，打开【FeatureWorks】属性面板。

⑤ 选择【自动】识别模式，全选模型中要识别的特征，如图 11-17 所示。

⑥ 单击【下一步】按钮 ⊙，运行自动识别，识别的结果显示在列表中。从结果中可以看出此模型中有 5 个特征被成功识别，如图 11-18 所示。

⑦ 单击【确定】按钮 ✔ 完成特征识别操作，在特征管理器中显示结果，如图 11-19 所示。

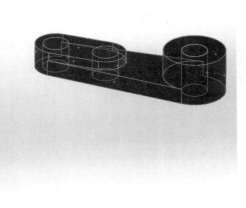

图 11-17 全选要识别的特征　　　　　　　　图 11-18　　　　　　图 11-19

识别特征　　　　　显示识别结果

⑧ 修改【凸台-拉伸 2】特征，将高度值更改为 15，如图 11-20 所示。

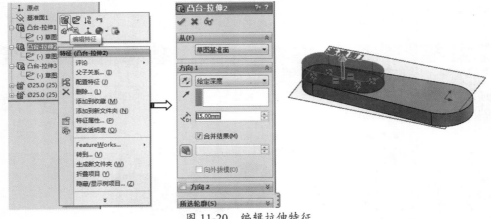

图 11-20　编辑拉伸特征

⑨ 保存结果。

11.1.2　应用 Toolbox 插件

Toolbox 是 SolidWorks 的内置标准件库，与 SolidWorks 软件集成为一体（在安装 SolidWorks 时将会一起安装）。利用 Toolbox，用户可以快速生成并应用标准件，或者直接向装配体中调入相应的标准件。Toolbox 中包含螺栓、螺母、轴承等标准件，以及齿轮、链轮等传动件。

管理 Toolbox 文件的过程实际上是配置 Toolbox 的过程。

- 选择菜单栏中的【工具】|【选项】命令，或者单击【标准】工具栏中的【选项】按钮，在弹出的【系统选项】对话框的【系统选项】选项卡的选项列表中选择【异形孔向导/Toolbox】选项，然后在对话框右侧显示的选项区域中单击【配置】按钮，如图 11-21 所示。

- 随后系统弹出如图 11-22 所示的 Toolbox 设置向导。设置向导共有 5 个步骤。

图 11-21　通过【系统选项】配置 Toolbox

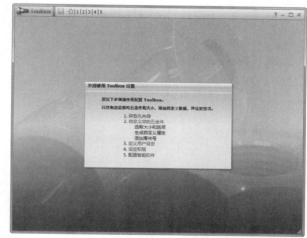

图 11-22　Toolbox 设置向导

提示：

截图中的"异型孔"应为"异形孔"。

1. 生成 Toolbox 标准件的方式

Toolbox 可以通过两种方式生成标准件：基于主零件建立配置，或者直接复制主零件为新零件。

Toolbox 中提供的主零件文件包含用于建立零件的几何形状信息，每一个文件最初安装后只包含一个默认配置。对于不同规格的零件，Toolbox 利用包含在 Access 数据库文件中的信息来建立。

用户向装配体中添加 Toolbox 标准件时，若是基于主零件建立配置，则装配体中的每个实例为单一文件的不同配置；若是直接通过复制的方法生成单独的零件文件，则装配体中每个不同的 Toolbox 标准件为单独的零件文件。

用户可以在配置 Toolbox 向导的第 3 个步骤中设定选项，以确定 Toolbox 零件的生成和管理方式。配置 Toolbox 向导中的第 3 个步骤如图 11-23 所示。

- 生成配置：向装配体中添加的 Toolbox 标准件为主零件中生成的一个新配置，系统不生成新文件。

- 生成零件：向装配体中添加的 Toolbox 标准件是单独生成的新文件。这种方式也可以通过在 Toolbox 浏览器中右击标准件图标，然后在弹出的快捷菜单中选择【生成零件】命令来实现。选择该选项后，【在此文件夹生成零件】选项被激活，用户可以指定生成零件保存的位置。如果用户没有指定位置，则 SolidWorks 默认把生成的零件保存到 "…\SolidWorks Data\CopiedParts" 文件夹中。

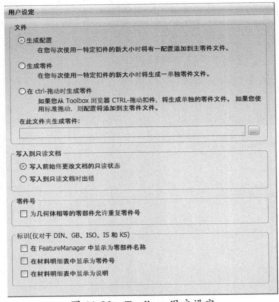

图 11-23　Toolbox 用户设定

- 在 ctrl-拖动时生成零件：允许用户在向装配体添加 Toolbox 标准件的过程中对上述两种方式做出选择。如果直接从 Toolbox 浏览器拖放标准件到装配体中，采用【生成配置】方式；如果按住 Ctrl 键从 Toolbox 浏览器拖放标准件到装配体中，采用【生成零件】方式。

2. Toolbox 标准件的只读选项

Toolbox 标准件是基于现有标准生成的，因此为了避免用户修改 Toolbox 零件，通常将 Toolbox 标准件设置为只读。

但是如果零件的属性为只读，就无法保存可能生成的配置，并且不能使用【生成配置】选项。为了解决这个问题，可以选择【写入到只读文档】选项区中的【写入前始终更改文档的只读状态】选项。SolidWorks 临时将 Toolbox 零件的权限改为写入权，从而写入新的配置。零件保存后，Toolbox 标准件又返回只读状态。

上机实践——应用 Toolbox 标准件

本例通过介绍在"台虎钳"装配体中添加螺母标准件的过程，来说明使用 Toolbox 的不同选项所得到的不同结果。本例中，Toolbox 安装在 "D:\Program Files\SolidWorks Corp\Solid Works Data" 文件夹中。

下面的步骤采用基于主零件建立配置的方式向装配体中添加零件，所添加的零件只是在主零件中建立的配置。

① 打开本例的"台虎钳.SLDASM"装配体文件，如图 11-24 所示。

② 打开的台虎钳装配体模型如图 11-25 所示。

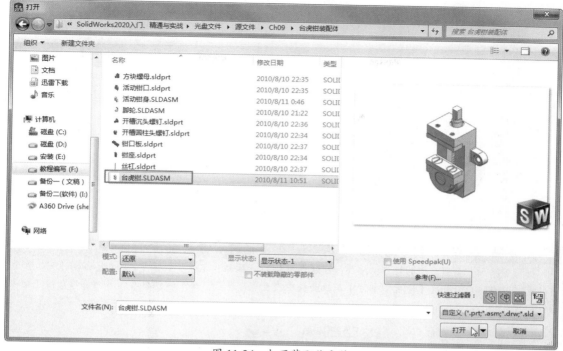

图 11-24　打开装配体文件

③ 在功能区的【评估】选项卡中，单击【测量】按钮 ，打开【测量】对话框。选择装
　配体中的螺杆组件进行测量，如图 11-26 所示。

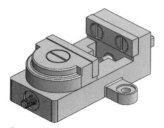

图 11-25　台虎钳装配体模型

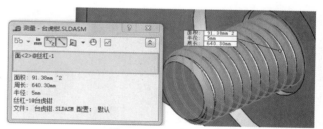

图 11-26　测量螺杆

④ 测量得到的螺杆半径为 5，可以确定螺母标准件的直径应
　是 M10。

⑤ 在【设计库】面板中展开 Toolbox 库，找到 GB 六角螺母，
　如图 11-27 所示。

⑥ 然后在 GB 六角螺母列表中选择 "1 型六角螺母 细牙
　GB/T 6171—2000" 螺母标准件，如图 11-28 所示。

⑦ 将选中的螺母拖移到图形区的空白区域，然后再选择螺母
　参数，如图 11-29 所示。

⑧ 接下来需要将螺母标准件装配到螺杆上。单击【装配】选
　项卡中的【配合】按钮 ，打开【配合】属性面板。

图 11-27　找到 GB 六角螺母

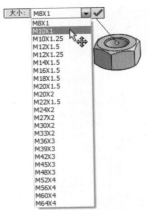

图 11-28 选择螺母类型

图 11-29 选择螺母参数

　　如果是添加多个同类型的螺母标准件，可以单击【OK】按钮，完成多个螺母的添加，如图 11-30 所示。当然也可以在随后打开的【配置零部件】属性面板中设置螺母参数，如果不需要添加多个螺母，按 Esc 键结束即可。

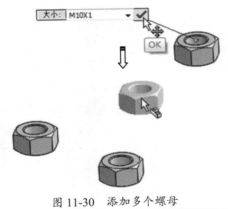

图 11-30 添加多个螺母

⑨ 选择螺母的螺纹孔面与螺杆的螺纹面进行【同心】约束，如图 11-31 所示。

⑩ 再选择螺母端面与台虎钳沉孔端面进行【重合】约束，如图 11-32 所示。

⑪ 单击【配合】属性面板中的【确定】按钮 ✔，完成装配。最后将结果保存。

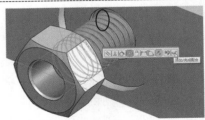

图 11-31 【同心】约束

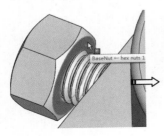

图 11-32 【重合】约束

11.1.3　应用 MBD（尺寸专家）插件

　　MBD（尺寸专家）主要根据 ASME Y14.41—2003 和 ISO 16792 两项 GD&T（全球尺寸与公差规定）标准在 SolidWorks 中自动生成尺寸标注和形位公差，避免了设计人员由于设计经验不足及 GD&T 知识的欠缺而导致产品质量下降及成本增加。

　　MBD 可以直接在 3D 图形中按照标准生成标注，还可以帮助用户查找图形是否缺少尺寸，并在工程图中直接根据标注生成图样，而出图时尺寸完全无须再标注。

　　在尺寸公差设计过程中，一部分设计人员可以通过装配关系查找手册，确定基本偏差及公差，另一部分设计人员则是按照公差的标准进行标注，这两种方式已经在企业中存在了很多年，并且一直沿用至今。而形状位置公差却是设计人员的一道门槛，大部分都是根据经验标注，有时甚至没有标注，如图 11-33 所示。

　　MBD 可以根据规范或提供详细的在线资源，以帮助设计人员自动、准确地标注形状位置公差，如图 11-34 所示。

图 11-33　原有标注

图 11-34　自动、准确地标注

　　DimXpert 的标注工具在【MBD Dimensions】选项卡中，如图 11-35 所示。

图 11-35　【MBD Dimensions】选项卡

> **技巧点拨：**
> 　　在装配体环境中，SolidWorks MBD 尺寸专家的标注工具在【MBD】选项卡中。

上机实践——手动和自动标注装配体中的组件

① 打开本例源文件 "\MBD\Drum_Pedal..SLDASM"，打开的装配体模型如图 11-36 所示。

② 选择如图 11-37 所示的零件（锤头），并在自动弹出的工具栏中单击【在当前位置打开零件】按钮🔧，进入锤头零件的建模环境。

图 11-36　装配体模型

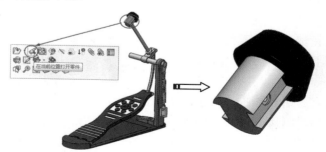

图 11-37　在当前位置打开零件

③ 在【MBD Dimensions】选项卡中单击【大小尺寸】按钮，选择孔进行标注，随后弹出

识别特征的特征选择器。在特征选择器中单击【生成复合孔】按钮，接着选择另一侧的孔面，如图 11-38 所示。

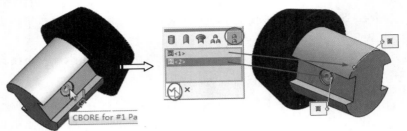

图 11-38　选择孔添加大小尺寸

④　单击【确定】按钮后在空白区域放置尺寸，完成大小尺寸的标注，如图 11-39 所示。

⑤　在【MBD Dimensions】选项卡中单击【位置尺寸】按钮，先选择零件的一个端面，如图 11-40 所示。

图 11-39　标注的大小尺寸

图 11-40　选择一个端面

⑥　再选择相对的另一端面，并将位置尺寸放置在下方，如图 11-41 所示。

图 11-41　选择另一端面并放置尺寸

⑦　同理，再添加一个位置尺寸，如图 11-42 所示。

⑧　再继续添加端面至复合孔的位置尺寸，如图 11-43 所示。

⑨　在零件的锥面添加大小尺寸（选择锥面即可），如图 11-44 所示。

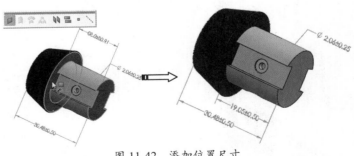

图 11-42　添加位置尺寸

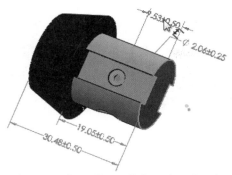

图 11-43　标注端面至复合孔的位置尺寸

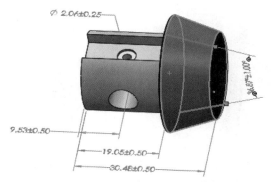

图 11-44　标注锥面的大小尺寸

⑩　添加位置尺寸到凹槽，如图 11-45 所示。

⑪　在菜单栏选择【窗口】|【1 drum_Pedal.SLDASM】命令，进入装配模式。选择弹簧系统的圆柱体零件在当前位置打开，如图 11-46 所示。

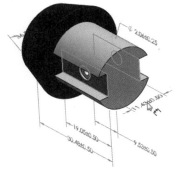

图 11-45　添加位置尺寸到凹槽

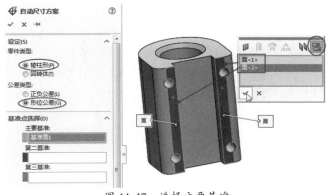

图 11-46　选择圆柱零件打开

⑫　单击【MBD Dimensions】选项卡中的【自动尺寸方案】按钮 ，设置【自动尺寸方案】属性面板中的选项，并选择主要基准，如图 11-47 所示。

⑬　接着选择第二基准（选中孔后单击鼠标右键确认）和第三基准（选择最大圆柱孔面），如图 11-48 和图 11-49 所示。

图 11-47　选择主要基准

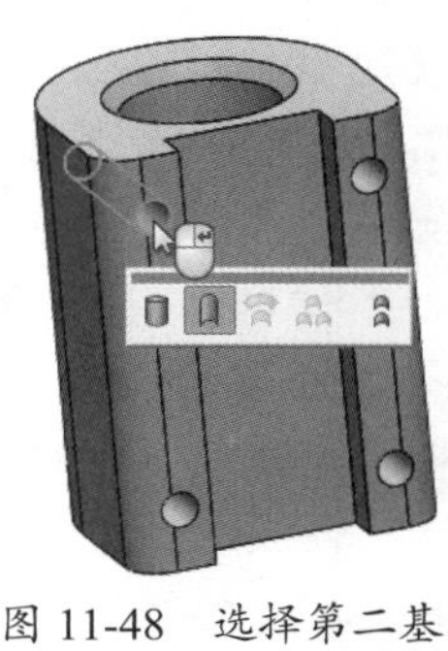

图 11-48　选择第二基准

⑭　在【自动尺寸方案】属性面板的【范围】选项区中选择【所选特征】单选选项，然后选择以下列出的面（如图 11-50 所示）。

图 11-49　选择第三基准

图 11-50　选择面

- 背面的较大部分圆柱（圆柱）。
- 较大圆柱旁的两个面（基准面）。
- 顶面和底面（基准面）。
- 右上角的小孔（孔阵列）。
- 内部右侧面（凹口）。

⑮ 单击【自动尺寸方案】属性面板中的【确定】按钮✓完成自动标注，结果如图 11-51 所示。

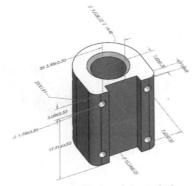

图 11-51　自动尺寸标注结果

11.1.4　应用 TolAnalyst（公差分析）插件

在 SolidWorks 中，MBD 和 TolAnalyst 正好构成一个公差设计系统，而 MBD 的标准直接关联到 TolAnalyst 中，因此能够更直观、更方便地帮助企业设计更好的产品。

由于标准规范与企业标准不兼容，企业往往会在尺寸标注过程中，使用实验中所获得的精度或配合方式，但是这样无法对批量生产的产品性能进行控制。

而 TolAnalyst 的主要作用之一就是解决公差设计的问题，TolAnalyst 可以帮助设计人员完成以下工作。

- 尺寸公差链的推导：依据蓝图上的规格，标示出各零件的加工顺序以及相互间的依存关系，即可找出相关的线性公差累积，以方便公差设计。
- 几何公差模式：指工件上某一部位的几何公差或所在位置的允许变化量。若工件的几何公差超出设定范围，可能会造成功能缺失或无法装配。
- 统计与概率公差模式：统计公差是设计者所给的尺寸误差范围，同时考虑上限与下限区间范围内其尺寸误差值的发生概率，在大量生产时更能发挥其效益。但是，统计公差分析数学运算较烦琐，对于复杂产品的累积公差分析较困难。

● 以分析和合成为基础的公差模式：公差设计基本程序包含了公差分析与公差合成。公差分析的主要目的是确定每一组件的公差与尺寸，以确保组合后的公差与尺寸的可行性。而公差合成是将组合后的公差在特定要求（如成本最低或产品对环境改变最小等）下，选定或分配到各组件中，以达到公差设计的目的。

● 成本-公差演算模式：利用数学规划的方法来配置各零件的公差，以求得最低的制造成本。

上机实践——TolAnalyst 等距公差与最小间隙分析

1. 首先要启用插件

① 在快速访问工具栏中展开【选项】下拉菜单，选择【插件】命令，打开【插件】对话框。在【插件】对话框中勾选【TolAnalyst】插件，单击【确定】按钮完成插件的启用，如图 11-52 所示。

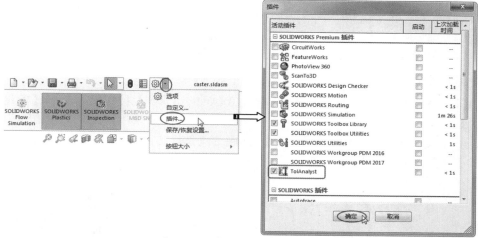

图 11-52　启用 TolAnalyst 插件

② 在【SOLIDWORKS 插件】选项卡中单击【TolAnalyst】按钮，激活 TolAnalyst 插件。此时，在管理器窗口中显示【DimXpert Manager】管理器，其中就包括【TolAnalyst 算例】工具，如图 11-53 所示。

2. 审核 MBD 尺寸

① 打开本例源文件"offset \caster.SLDASM"，打开的装配体模型如图 11-54 所示。

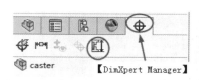

图 11-53　【DimXpert Manager】管理器

图 11-54　装配体模型

② 选择滚轮装配体中的一块底座板，在当前位置打开，进入该底座板部件的零件设计环境，如图 11-55 所示。

③ 在【DimXpert Manager】管理器中单击【显示公差状态】按钮📖，显示该零件的尺寸公差，如图 11-56 所示。

图 11-55　底座板零件

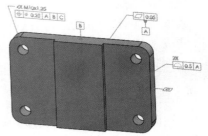

图 11-56　显示尺寸公差

④ 可以看出，零件中并没有完全的标注尺寸或公差。TolAnalyst 不要求完全约束每个零件以便估算算例。然而，TolAnalyst 在估算算例的公差链不完整或断开时会给予警告信息。

⑤ 返回装配模式。

⑥ 同理，再单独打开支架零件，观察其尺寸标注情况，如图 11-57 所示。

3. 定义测量

① 在【DimXpert Manager】管理器中单击【TolAnalyst 算例】按钮，显示【测量】属性面板。

② 在图形区域中右击轴的中心，选择快捷菜单中的【选择其他】命令，然后选择【axle_support <1>】上镗孔的面，如图 11-58、图 11-59 所示。

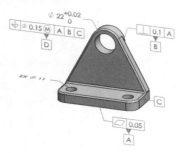

图 11-57　观察支架零件标注情况

图 11-58　选择轴

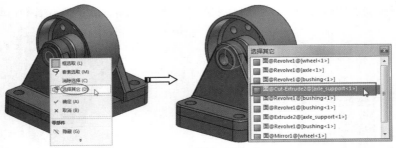

图 11-59　选择测量起点

③ 在【测量】属性面板中激活【测量到】收集框，然后在对称的另一边按上一步骤的方法

来选择【axle_support<2>】上镗孔的面，如图 11-60 所示。

④ 在图形区域中单击以放置尺寸（在两个镗孔之间沿 Z 轴应用长度为零的尺寸），如图
11-61 所示。

图 11-60　选择的面

图 11-61　放置测量尺寸

⑤ 在【测量】属性面板的【测量方向】选项区中单击 Y 按钮，改变测量方向，如图 11-62
所示。

4. 定义装配顺序

① 在随后显示的【装配体顺序】属性面板中单击【下一步】按钮 ⟳，然后选择底座板作为
公差装配体，如图 11-63 所示。

图 11-62　改变测量方向

图 11-63　选择公差装配体

技巧点拨：

top_plate-1@caster（底座板）作为基体零件出现在公差装配体之下，并作为第一个零部件出现在零部
件和顺序之下。基体的相邻零件变成透明的并出现在 PropertyManager 装配管理器中的相邻内容之下。所有
其他零件以线架图形式显示。

② 在【装配体顺序】属性面板的【相邻内容】列表中选择【axle_support-1】零部件进行添
加，如图 11-64 所示。再选择【axle_support-2】零部件进行添加，单击【下一步】按钮 ⟳，
如图 11-65 所示。

图 11-64　添加第一个零部件

图 11-65　添加第二个零部件

5. 定义装配约束

① 随后打开【装配体约束】属性面板。此时图形区中显示约束标注，每个标注代表可在轴支撑和顶盘上在 MBD 特征之间应用的约束。

② 在【零部件】列表中选择【axle_support-2】零部件，随之图形区显示该零件的全部约束（P1、P2）。在 P1 重合约束过滤器中单击【1】按钮，如图 11-66 所示。

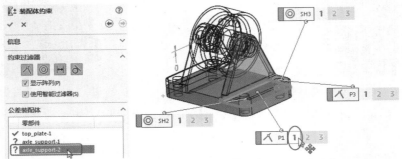

图 11-66　显示【axle_support-2】零部件的主要约束

③ 同理，选择【axle_support-1】零部件，在 P1 约束过滤器中单击【1】按钮，显示该零部件的主要约束，单击【下一步】按钮，如图 11-67 所示。

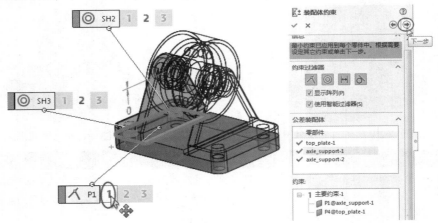

图 11-67　显示【axle_support-1】零部件的主要约束

6. 显示结果并修改促进值公差

① 随后打开【分析结构】属性面板。

② 从【分析摘要】列表中可以看到装配组件之间的最大装配公差（0.67）和最小装配公差（-0.67），如图 11-68 所示。

图 11-68　装配零部件之间的最大公差与最小公差

③ 在【促进值】列表中选择【P4@top_plate-1=37.31%】项目或者【P5@top_plate-1=37.31%】项目，零部件上会显示公差值，如图 11-69 所示。

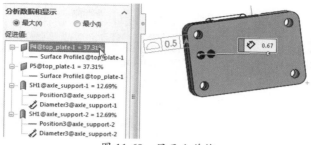

图 11-69　显示公差值

④ 在【P4@top_plate-1】项目中双击【Surface Profile1@top_plate-1】，可以修改形位公差值，将 0.5 修改成 0.2，如图 11-70 所示。

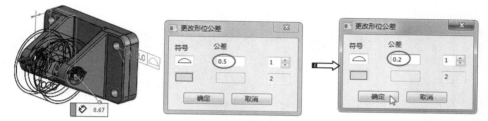

图 11-70　修改形位公差值

⑤ 单击【分析参数】选项区中的 重算(R) 按钮，重新计算，结果如图 11-71 所示。

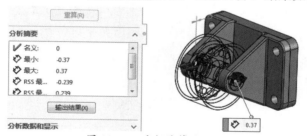

图 11-71　重新计算的结果

⑥ 关闭【分析结果】属性面板，最后保存装配体文件。

11.2　利用外部插件设计零件

利用 Toolbox 插件往图形区中插入齿轮、螺钉、螺母、销钉或轴承等标准件时，可直接从标准件库中拖放到图形区中，操作非常简便。尽管如此，由于其提供的标准类型不够丰富（比如皮带轮、蜗轮蜗杆、链轮、弹簧等标准件就没有提供），所以在本节中，我们将使用 GearTrax（齿轮插件）、弹簧宏程序这样的外部插件来帮助我们完成诸多系列传动件、常用件的设计。

11.2.1 GearTrax 齿轮插件的应用

GearTrax 2020 需要安装，是一个独立的插件，不能从 SolidWorks 中启动，在设置好齿轮参数准备创建模型时，必须先启动 SolidWorks 软件。

> 提示:
>
> GearTrax 2020 目前没有简体中文版。初次打开 GearTrax 2020 为英文版，需要单击【选项】按钮 ✥，选择界面语言。

GearTrax 2020 的中文界面如图 11-72 所示。

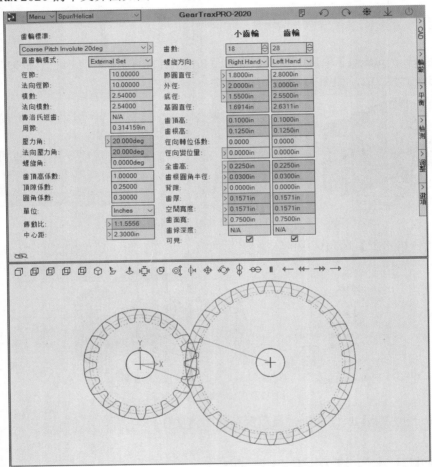

图 11-72　GearTrax 2020 的中文界面

GearTrax 2020 齿轮插件可以设计各种齿轮、带轮及蜗轮蜗杆、花键等标准件，当然也可以自定义非标准件。利用 GearTrax 设计齿轮非常简单，要设置的参数不多，有机械设计基础的读者理解这些参数的定义是没有问题的。

上机实践——设计外啮合齿轮标准件

① 启动 SolidWorks 软件。

② 再启动 GearTrax 2020 插件，在标准件类型列表中选择【直/斜齿轮】选项，选择【大节距渐开线 20°】齿轮标准，再选择【公制】单位，其余参数保持默认，如图 11-73 所示。

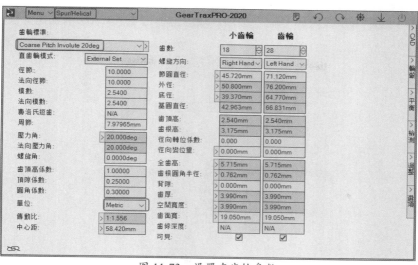

图 11-73 设置直齿轮参数

如要创建内啮合齿轮，可在【直齿轮模式】列表中选择【Internal Set（内齿轮）】选项，即可创建内啮合齿轮组，如图 11-74 所示。

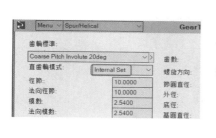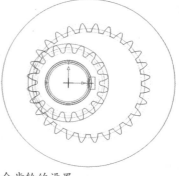

图 11-74 创建内啮合齿轮的设置

③ 在 GearTrax 面板右侧选择【轮毂】选项卡，弹出【轮毂安装】面板，设置轮毂的参数，如图 11-75 所示。

图 11-75 设置轮毂参数

④ 在【CAD】选项卡中设置两个输出选项，最后再单击【在 CAD 中创建】按钮，如图 11-76 所示。

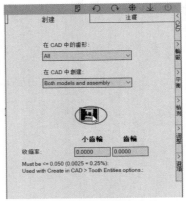

图 11-76　设置输出选项

⑤ 随后自动在 SolidWorks 中依次创建外啮合齿轮组的两个零件模型和装配体，如图 11-77 所示。

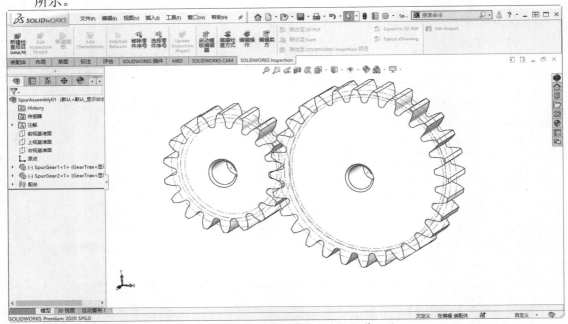

图 11-77　创建完成的外啮合齿轮组装配体

上机实践——设计链轮和带轮

　　链传动由主动链轮（1）、从动链轮（2）和中间挠性件（链条 3）组成，如图 11-78 所示。通过链条的链节与链轮上的轮齿相啮合传递运动和动力。

　　带传动是机械传动系统中用以传递运动和动力的常用传动装置之一。带传动是由带和带轮组成的挠性传动。按其工作原理分为摩擦型带传动和啮合型带传动，如图 11-79 所示。摩擦型带传动靠带与带轮接触面上的摩擦力来传递运动和动力；啮合型带传动靠带齿与带轮齿之间的啮合实现传动。

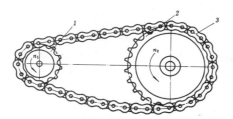

图 11-78 链传动的组成

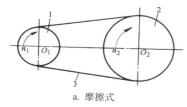 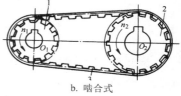

a. 摩擦式   b. 啮合式

图 11-79 带传动的组成

在 GearTrax 插件中设计带轮跟设计链轮的方法类似,摩擦式带轮在 GearTrax 中称为"皮带轮",而啮合式带轮则称为"同步带轮"。

在 GearTrax 插件中设计链轮也很简单,主要是选择链条规格和齿轮齿数,如图 11-80 所示。

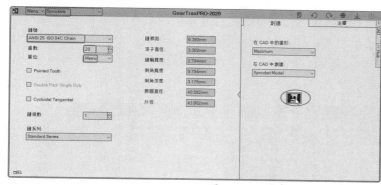 

图 11-80 创建链轮模型

GearTrax 中的【同步带轮】选项卡设置如图 11-81 所示。

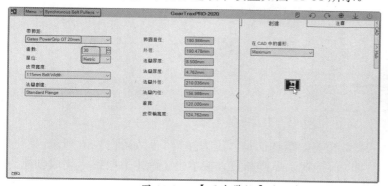 

图 11-81 【同步带轮】选项卡及创建的同步带轮

【皮带轮】选项卡设置如图 11-82 所示。

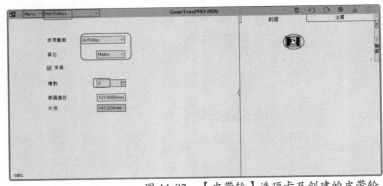

图 11-82 【皮带轮】选项卡及创建的皮带轮

11.2.2 SolidWorks 弹簧宏程序

宏程序是运用 Visual Basic for Applications（VBA）编写的程序，也是在 SolidWorks 中录制、执行或编辑宏的引擎。录制的宏以 .swp 项目文件的形式保存。

即将介绍的 SolidWorks 弹簧宏程序就是通过 VBA 编写的弹簧标准件设计的程序代码。

上机实践——利用 SolidWorks 弹簧宏程序设计弹簧

① 新建 SolidWorks 文件。

② 在前视基准面上绘制草图，如图 11-83 所示。

③ 在菜单栏中执行【工具】|【宏】|【运行】命令，打开本例源文件 "SolidWorks 弹簧宏程序.swp"，如图 11-84 所示。

④ 弹出【弹簧参数】属性面板，如图 11-85 所示。在该属性面板中可以创建 4 种弹簧类型。

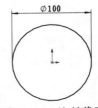

图 11-83 绘制草图

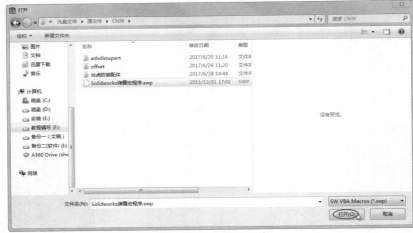

图 11-84 打开宏程序

⑤ 选择草图，随后可以看见弹簧预览，默认的是"压力弹簧"，如图 11-86 所示。

⑥ 选择【拉力弹簧】类型，可以保持默认弹簧参数直接单击【确定】按钮☑完成创建，也可以修改弹簧参数，如图 11-87 所示。

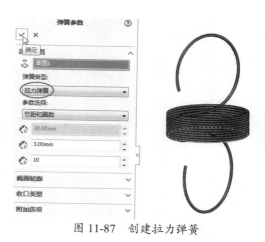

图 11-85 【弹簧参数】
属性面板

图 11-86 压力弹簧预览

图 11-87 创建拉力弹簧

11.3 机械零件设计综合案例

本节将以几个常见的机械零件设计案例为大家介绍在 SolidWorks 中如何利用插件和功能模块进行零件设计、运动仿真和有限元分析等操作。

11.3.1 案例一——Toolbox 凸轮设计

① 新建 SolidWorks 零件文件。

② 在【SOLIDWORKS 插件】选项卡单击【SOLIDWORKS 插件】按钮，开启 Toolbox 工具栏（在【SOLIDWORKS 插件】选项卡右侧显示该工具栏）。

③ 单击 Toolbox 工具栏中的【凸轮】按钮，打开【凸轮-圆形】对话框。

④ 首先设置【设置】选项卡，如图 11-88 所示。

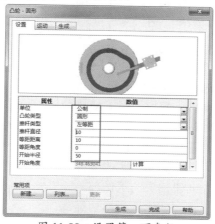

图 11-88 设置第一页参数

⑤ 接着设置【运动】选项卡。单击【添加】按钮，弹出【运动生成细节】对话框，参数设置如图 11-89 所示。

⑥ 同理，继续添加其余 3 个运动类型，如图 11-90 所示。

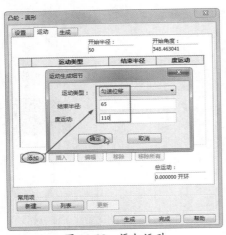

图 11-89 添加运动

图 11-90 添加运动类型

⑦ 最后在【生成】选项卡中设置属性和数值，单击【生成】按钮，如图 11-91 所示。

⑧ 最终创建的凸轮模型如图 11-92 所示。

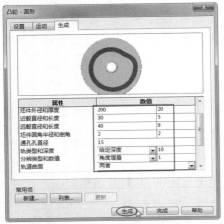

图 11-91 设置属性和数值

图 11-92 凸轮模型

11.3.2 案例二——钻头零件设计

轴套类零件结构的主体部分大多是同轴回转体，它们一般起支承转动零件、传递动力的作用，因此，常带有键槽、轴肩、螺蚊及退刀槽或砂轮越程槽等结构。

本例要设计的轴套类零件——钻头，如图 11-93 所示。针对钻头零件做出如下设计分析。

● 使用【旋转凸台/基体】工具来创建钻头的主体。

● 使用【拉伸切除】工具，创建钻头的夹持部。

● 使用【弯曲】工具，创建钻头的工作部。

● 使用【旋转切除】工具，创建钻头的切削部。

① 新建零件文件进入零件建模环境。

② 在【特征】选项卡中单击【旋转凸台/基体】按钮⚬，打开【旋转】面板。在图形区中选择前视基准面作为草绘平面。

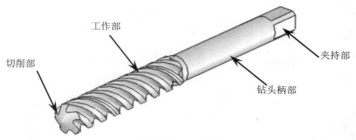

图 11-93　钻头

③　进入草图环境绘制如图 11-94 所示的旋转截面草图。

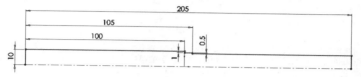

图 11-94　绘制钻头的截面草图

④　单击【草图】选项卡中的【退出草图】按钮 ，
在【旋转】面板中单击【确定】按钮 ，完成钻
头主体特征的创建，如图 11-95 所示。

⑤　在【特征】选项卡中单击【拉伸切除】按钮 ，
打开【切除-拉伸】面板。在图形区中选择钻头
主体特征的一个端面作为草绘平面，如图 11-96
所示。

图 11-95　创建钻头主体特征

⑥　在草图环境中绘制如图 11-97 所示的矩形截面草图后，退出草图环境。

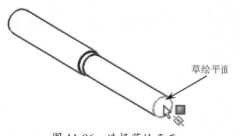

图 11-96　选择草绘平面

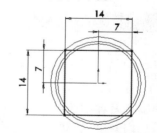

图 11-97　绘制矩形截面草图

⑦　在【切除-拉伸】面板中，输入深度值，并勾选【反侧切除】复选框，最后单击【确定】
按钮，完成钻头夹持部特征的创建，如图 11-98 所示。

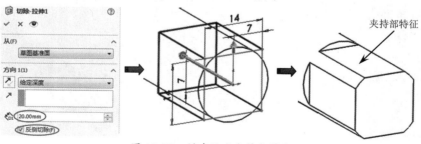

图 11-98　创建钻头夹持部特征

⑧ 在菜单栏中执行【插入】|【特征】|【分割】命令，打开【分割】属性面板。按信息提示在图形区选择主体中的一个横截面作为剪裁曲面，再单击【切除零件】按钮，完成主体的分割，如图 11-99 所示。最后关闭该面板。

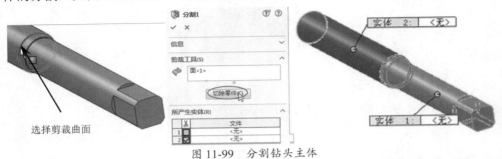

图 11-99　分割钻头主体

⑨ 使用【拉伸切除】工具，在主体最大直径端创建如图 11-100 所示的工作部退屑槽特征。

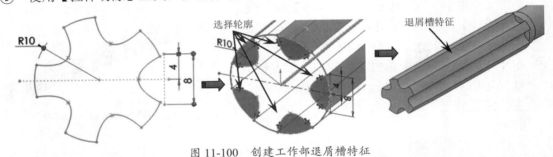

图 11-100　创建工作部退屑槽特征

⑩ 在菜单栏中执行【插入】|【特征】|【弯曲】命令，打开【弯曲】属性面板。

⑪ 在【弯曲】属性面板的【弯曲输入】选项区中选择【扭曲】单选按钮，然后在图形区中选择钻头主体作为弯曲的实体，随后显示弯曲的剪裁基准面，如图 11-101 所示。

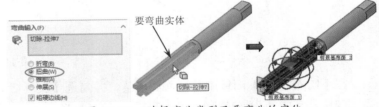

图 11-101　选择弯曲类型及要弯曲的实体

⑫ 在【弯曲输入】选项区中输入扭曲角度值，然后单击【确定】按钮 ✓ 完成钻头工作部的创建，如图 11-102 所示。

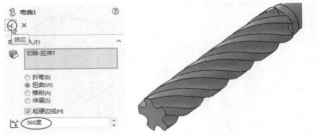

图 11-102　创建钻头工作部

⑬ 在特征设计树中选择上视基准面，然后使用【旋转切除】工具，在工作部顶端创建切削部，如图 11-103 所示。

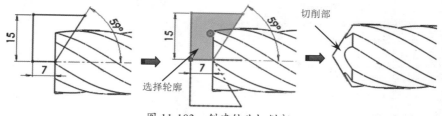

图 11-103 创建钻头切削部

⑭ 设计完成的钻头如图 11-104 所示。

图 11-104 钻头

11.3.3 案例三——凸轮机构运动仿真

凸轮传动是通过凸轮与从动件间的接触来传递运动和动力，是一种常见的高副机构，结构简单，只要设计出适当的凸轮轮廓曲线，就可以使从动件实现任何预定的复杂运动规律。阀门凸轮机构的装配工作已经完成，下面进行仿真操作。

① 打开本例源文件"阀门凸轮机构.SLDASM"，如图 11-105 所示。

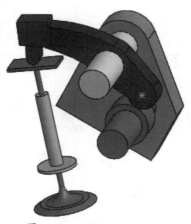

图 11-105 阀门凸轮机构

② 在图形区底部（状态栏之上）单击【运动算例1】选项卡打开运动算例界面。在 MotionManager 工具栏的【算例类型】列表中选择【Motion 分析】算例，如图 11-106 所示。

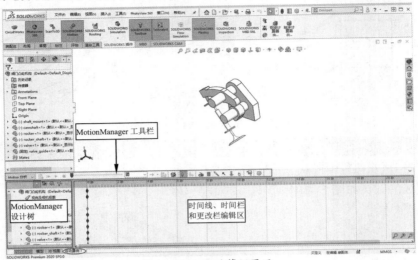

图 11-106　运动算例界面

③ 首先为阀门凸轮机构添加动力马达。在时间线、时间栏和更改栏编辑区中拖动键码点到 1 秒处以设置动画时间。然后单击【马达】按钮，为凸轮添加旋转马达，如图 11-107 所示。

图 11-107　设置动画时间

④ 在弹出的【马达】属性面板中设置马达选项及参数，如图 11-108 所示。

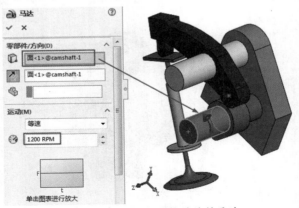

图 11-108　添加凸轮的旋转马达

⑤ 在凸轮接触的另一机构中需要添加压缩弹簧，以保证凸轮运动过程中时时接触。单击【弹簧】按钮，弹出【弹簧】属性面板，然后设置弹簧参数，如图 11-109 所示。

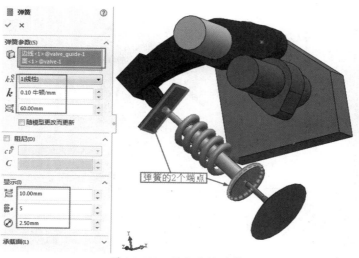

图 11-109 添加线性弹簧

⑥ 接下来再设置两个实体接触:一是凸轮接触,二是打杆与弹簧位置接触。单击【接触】
按钮⑧,在凸轮位置添加第一个实体接触,如图 11-110 所示。

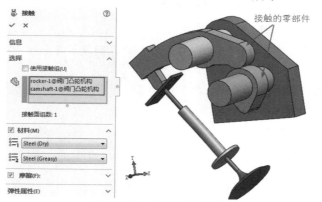

图 11-110 添加凸轮接触

⑦ 同理,再添加弹簧端的实体接触,
如图 11-111 所示。

⑧ 在 MotionManager 工具栏中单击
【计算】按钮🖩。计算运动算例,
完成马达减速运动动画。单击【从
头播放】按钮⏹,播放减速运动
的仿真动画,如图 11-112 所示。

⑨ 在 MotionManager 工具栏中单击
【保存动画】按钮🖼,保存减速
运动的动画仿真视频文件。

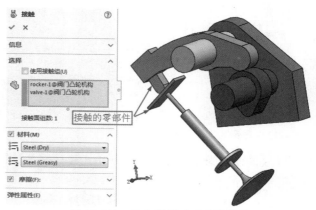

图 11-111 添加弹簧端的实体接触

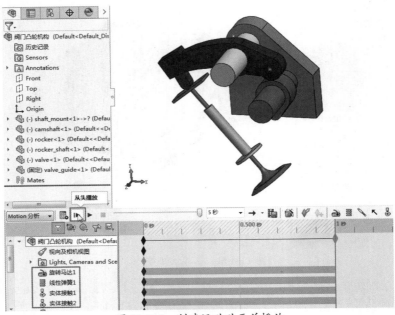

图 11-112　创建运动动画并播放

⑩　当完成模型动力学的参数设置后，就可以进行仿真分析了。单击 MotionManager 工
具栏中的【运动算例属性】按钮，打开【运动算例属性】面板设置参数，如图 11-113
所示。

⑪　将时间栏拖到 0.1 秒位置，并单击右下角的【放大】按钮，如图 11-114 所示，然后从
头播放动画。

图 11-113　设置运动算例属性

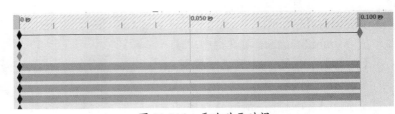

图 11-114　更改动画时间

⑫　修改播放时间为 5 秒，并重新单击【计算】按钮，生成新的动画，如图 11-115 所示。

图 11-115　重新计算动画时间

⑬　在 MotionManager 工具栏中单击【结果和图解】按钮，打开【结果】属性面板。在【选
取类型】列表中选择【力】类型，选择子类型为【接触力】，选择结果分量为【幅值】，
然后选择凸轮接触部位的两个面作为接触面，如图 11-116 所示。

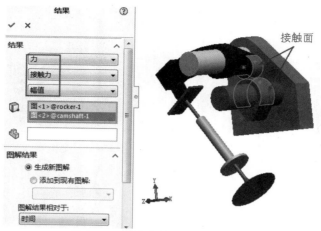

图 11-116 设置结果和图解的属性

⑭ 单击【结果】属性面板中的【确定】按钮☑，生成运动算例图解，如图 11-117 所示。

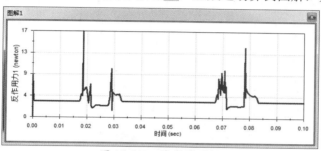

图 11-117 生成的图解

⑮ 通过图解表，可以看出 0.02 秒、0.08 秒位置的曲线振荡幅度较大，如果不调整，会对凸轮机构的使用寿命造成破坏。需要重新对运动仿真的参数进行修改。

⑯ 在图形区底部的【运动算例 1】选项卡中右击，选择快捷菜单中的【复制算例】命令，复制运动算例整个项目，如图 11-118 所示。

⑰ 在复制的运动算例中，编辑【旋转马达 2】，如图 11-119 所示。

图 11-118 复制算例

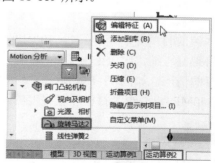

图 11-119 编辑【旋转马达 2】

⑱ 更改马达的转速，如图 11-120 所示。

⑲ 鉴于弹簧的强度不够会导致运动过程中接触力不足，所以按照修改马达参数的方法修改弹簧常数，如图 11-121 所示。

⑳ 单击【计算】按钮🖳重新仿真分析计算。

图 11-120　修改马达转速

图 11-121　更改弹簧常数

㉑ 在 MotionManager 设计树的【结果】项目下右击【图解 2<反作用力 2>】，再选择快捷菜单中的【显示图解】命令，查看新的运动仿真图解，如图 11-122 所示。

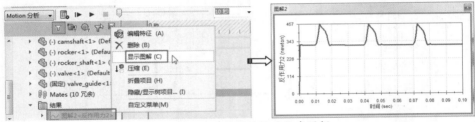

图 11-122　显示新的运动仿真图解

㉒ 从新的图解表中可以看到，运动曲线的振动幅度不再那么大，显示较为平缓了，说明运动过程中的力度比较稳定。

㉓ 最后保存动画，并保存结果文件。

11.3.4　案例四——夹钳装配体静应力分析

夹钳装配体模型由四部分组成：两只相同的钳臂、一个销钉和夹钳夹住的螺钉，如图 11-123 所示。

本例的目的是计算当一个 300N 的压力作用在夹钳臂末端时钳臂上的应力分布。分析时，将螺钉压缩，钳口处用【平行】配合并添加【固定几何体】的夹具约束，来模拟平板被夹住时的情形，如图 11-124 所示。本例中夹钳材料为 45 钢，屈服强度为 355MPa，设计强度为 150MPa，大约为材料屈服强度的 42%。

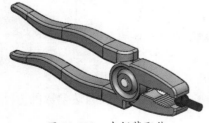

图 11-123　夹钳装配体

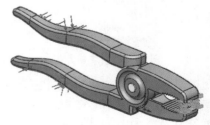

图 11-124　添加载荷与约束后的夹钳

1. 建立算例

① 打开"夹钳装配体\pliers.sldasm"夹钳装配体文件。

② 在【SOLIDWORKS 插件】选项卡中单击【SOLIDWORKS Simulation】按钮 ，开启 Simulation 有限元分析模块，并在功能区中增加【Simulation】选项卡，如图 11-125 所示。

图 11-125 【Simulation】选项卡

③ 在特征设计树中将零部件"bolt.sldprt"压缩，如图 11-126 所示。

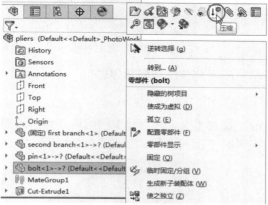

图 11-126 压缩零部件

④ 在【Simulation】选项卡中单击【新算例】按钮 新算例，创建名为【静应力分析 1】的静态算例，如图 11-127 所示。创建新算例后，在特征设计树的下方显示 Simulation 设计树。

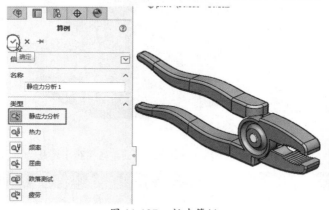

图 11-127 新建算例

2. 应用材料

① 在 Simulation 设计树中右击 零件 图标，在弹出的快捷菜单中选择【应用材料到所有】命令，弹出【材料】对话框。

② 在【SolidWorks GB materials】材料库中选择【碳素钢】的【45】材料，如图 11-128 所示（前面已经介绍如何使用自定义的材料库）。

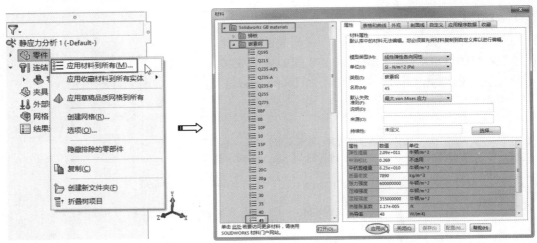

图 11-128　指定材料

③　单击【应用】按钮将材料应用到整个装配体零部件。

3. 添加约束和接触

①　在夹钳的两个钳口表面上添加【固定几何体】的约束条件，该约束条件能模拟出平板零件的作用，假定夹钳夹紧时平板无滑移，如图 11-129 所示。

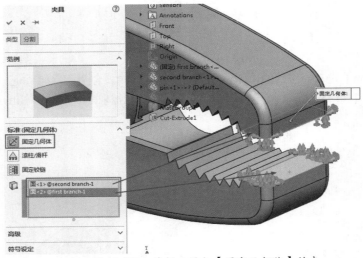

图 11-129　为钳口添加【固定几何体】约束

技巧点拨：

如果新建算例时，在 Simulation 设计树的【连结】项目下就自动生成了零部件接触，请把它删除，重新创建零部件接触。

②　右击【连结】图标，在弹出的快捷菜单中选择【零部件接触】命令，弹出【零部件相触】属性面板。选择装配体模型作为接触对象，为了允许模型因加载而产生变形时钳臂有相对的移动，在【零部件接触】中设置如图 11-130 所示的参数。

4. 添加载荷

①　右击 Simulation 设计树中的 外部载荷 图标，在弹出的快捷菜单中选择【力】命令，弹出

【力/扭矩】属性面板。

② 在【力/扭矩】属性面板中选择【法向】选项，设置力的大小为300N，如图11-131所示。

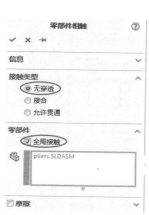

图11-130 设置全局接触

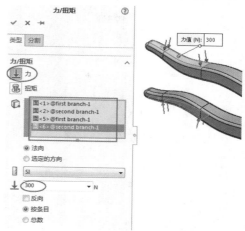

图11-131 添加载荷

5. 划分网格

由于装配体中零件几何尺寸差别很大，因此装配体分析时需要对个别零部件使用网格控制。本例中需要对"销"进行网格控制。

① 在Simulation设计树中右击 网格 图标，在弹出的快捷菜单中选择【生成网格】命令，弹出【网格】属性面板。

② 设置网格大小为2.5，单击【确定】按钮完成网格划分，如图11-132所示。

③ 从生成的网格看，网格划分不均匀，如图11-133所示。需要将模型进行简化，再重新生成网格。

图11-132 设置网格参数

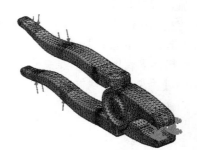

图11-133 生成的网格

④ 在Simulation设计树中右击 网格 图标，在弹出的快捷菜单中选择【为网格化简化模型】命令，任务窗格中弹出【简化】面板，如图11-134所示。

⑤ 在【特征】下拉列表中选择【圆角，倒角】选项，设置简化因子为1，单击【现在查找】按钮，查找装配体中所有的圆角和倒角特征，并将结果列出，如图11-135所示。

图 11-135　查找圆角和倒角特征

图 11-134　【简化】面板

⑥　勾选【所有】复选框选择所有列出的结果，单击【压缩】按钮，将这些圆角和倒角特征压缩，得到如图 11-136 所示的新装配体。

⑦　由于手柄位置的受力面太大了会影响到分析效果，需要重新定义受力面。又由于不能在钳子前端施加作用力，因此需要将受力面重新进行分割，如图 11-137 所示。

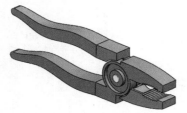

图 11-136　简化的模型

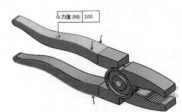

图 11-137　需要分割的面

⑧　在特征设计树中，依次将第一个零部件和第二个零部件分别进行编辑：绘制草图曲线，创建 分割线 ，得到如图 11-138 所示的效果。

⑨　在 Simulation 设计树中右击【外部载荷】项目，再选择快捷菜单中的【力】命令，弹出【力/扭矩】属性面板。重新选择受力面，如图 11-139 所示。完成后单击【确定】按钮☑关闭【力/扭矩】属性面板。

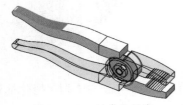

图 11-138　创建分割线

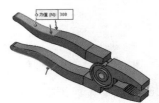

图 11-139　重新选择受力面

⑩　最后重新生成网格，得到比较理想的网格密度，如图 11-140 所示。

图 11-140 重新生成网格

6. 运行分析与结果查看

① 右击 Simulation 设计树中的【静应力分析 1】项目，在弹出的快捷菜单中选择【运行】命令，运行静应力分析算例，如图 11-141 所示。

图 11-141 运行算例

② 经过一段时间的分析后，在 Simulation 设计树【结果】节点项目下列出了应力、位移和应变分析结果。双击【应力 1】结果 **应力1 (-vonMises-)**，图形区中会显示 von Mises 应力图解，如图 11-142 所示。

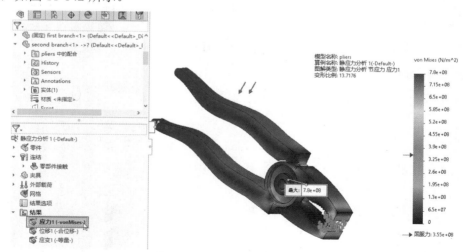

图 11-142 von Mises 应力图解

③ 更改图解。右击【应力 1】图标，在弹出的快捷菜单中选择【图表选项】命令，弹出【应力图解】属性面板。在【图表选项】选项卡中勾选部分复选框选项，单击【确定】按钮 完成操作，如图 11-143 所示。

④ 随后在图解中可以清楚地看到变形比例及变形效果，如图 11-144 所示。施加了 300N 的力，变形还是比较小的，说明钳子本身的强度及刚度还是符合设计要求的。

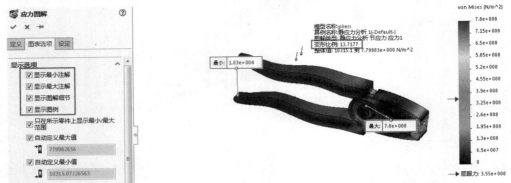

图 11-143　设置【图表选项】选项　　　　　　图 11-144　查看变形

⑤ 从【位移 1】图解中可以看出，钳子手柄末端的位移量最大，如图 11-145 所示。

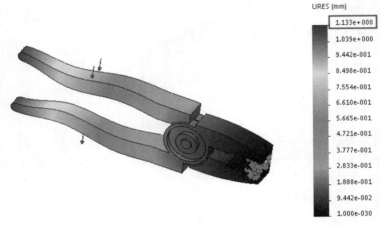

图 11-145　位移图解

⑥ 最后保存分析结果。